U0079272

【全圖解】
初學者の鉤織入門BOOK
金倫廷——著

PROLOGUE ×××

這本書除了教授鉤針編織的基礎之外，
也是為了那些因為不知道特定的鉤織法而中途放棄的人所寫的。
請跟著書一邊慢慢地學習每個技巧，一邊編出小巧可愛的作品吧。
不知不覺就會和鉤針成為獨一無二的朋友喔！

從籌備以來到出書，我有很多要感謝的人。
首先是從頭到尾都很能幹的編輯大人，
托您的福，書才得以順利出版，謝謝您幫了這麼多忙，愛您喔。
天生的攝影師——夏天工作室的朴永夏（박영하）室長，
因為您知道怎樣才能把鉤針編織拍得很漂亮，讓我可以很安心地依靠，
謝謝您一直到很晚的時間都還不願錯過任何作品，將它們一個個都拍攝得很美。
韓國最棒的插畫家——具智慧（구지혜）小姐，
再困難的請託，您也是以「不管是什麼我都會畫給您」來回應我，
謝謝您將編織圖及步驟的插圖畫得這麼好看易懂。
具智慧和蘇菲亞（소피아），我愛您們。
負責協力整理鉤織要點的洙媛（주원）媽媽，
像影子一樣在我背後幫忙打理各種事情、叫我加油，
也給了許多令人充滿幹勁的回應，一直都很感謝您。
我親愛的里亞（리아）以及
因為我無法成為體貼的賢內助而總是對你感到抱歉的愛人宗久（종구），
默默支持著我並經常替我祈禱的婆婆、媽媽、爸爸、奶奶，
經常陪伴在我身邊並伸出援手的熙載（희재）、珍熙（진희），
謝謝你們，我愛你們。
最後，我要感謝於 2010-2017 年間曾經一起在「露西世界」上課的成員們，
和各位一起度過的時光總是這麼燦爛耀眼。
衷心感謝其他幫助本書出版的人。感謝之意，無以言表。

金倫廷 김윤정

CONTENTS

WARMING UP 1

鉤針編織的事前準備

WARMING UP 2

鉤針編織的基本技巧

開始練習基礎鉤織法

織出不同造型的花樣織片

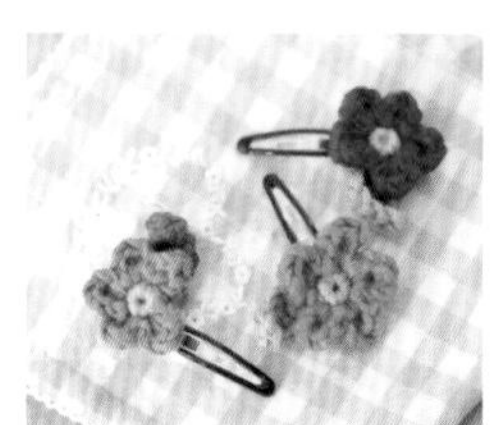

LESSON 3 挑戰容易出錯的來回平編

LESSON 4 結合生活實用性的鉤織小物

××× 本書使用方法

LESSON 1
可以學到基本的 9 種鉤織法

一開始要教各位在進行鉤針編織時，最常用到的 9 種鉤織法。由於希望能讓初學者感受到鉤針編織的樂趣，因此在教學設計上不是單純的只教導編織方法，而是能夠同時鉤織出小作品。開始練習前，請先看看鉤出的圖案型態並參考簡略的編織圖。看著易懂且仔細的步驟照片，一個個跟著做，就可以編織出來，逐漸也能自行解析編織圖。步驟照片中有標示著★的照片，是初學者最容易出錯的地方，所以如果看見★的話，要更加細心地進行編織。

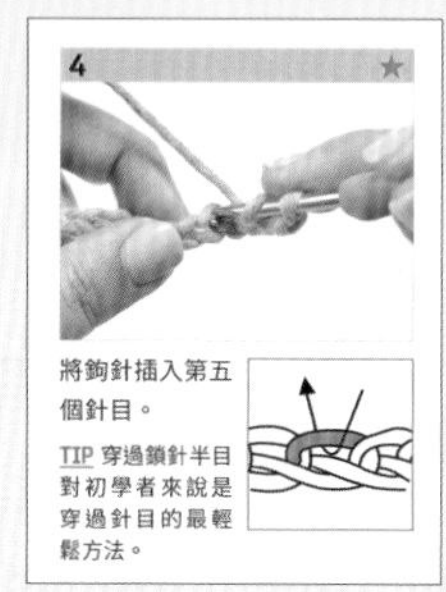

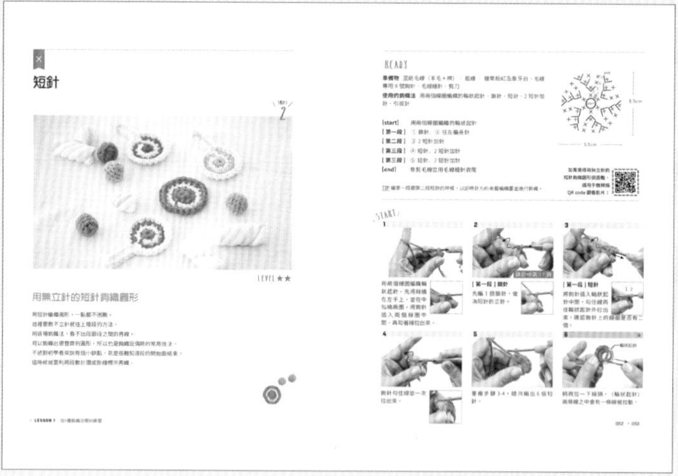

LESSON 2
用 9 種鉤織法 編出花樣織片和小物

如果充分地熟悉了鉤針編織法後，就可以正式地編看看「花樣織片」。花樣織片可分成圓形、四角形、六角形、三角形，還可挑選編得細密或者鏤空的樣貌。可以按照書中順序一個一個進行編織，也可以試著從某個最感興趣的特定形狀來練習所有編織法。將花樣織片連接在一起或靈活運用各種副材料，就能做出可愛的小物。

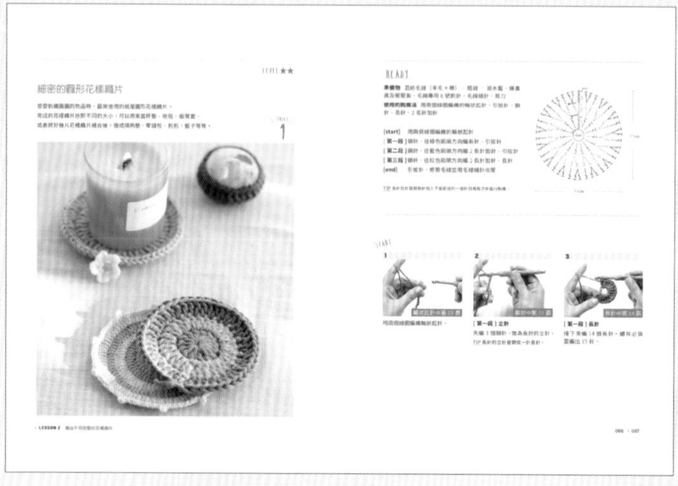

LESSON 3

初學者也可以練習困難的平編

試著練習從左邊到右邊、再從右邊到左邊來回往返的「平編」吧。由於平編可能會漏針或多針，所以初學者容易感到很困難，因此這裡會仔細地告訴各位針目的位置，也標示出需要特別注意的區段。第一次只要認真地編織，比起編「花樣織片」，更容易編出漂亮的作品，請不用擔心。

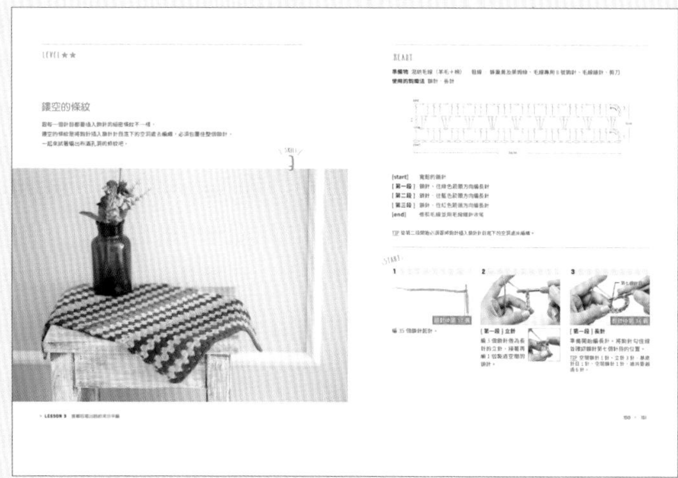

LESSON 4

挑戰做出實用又繽紛的鉤織小物

如果在 LESSON 1-3 裡已感受到鉤針編織的樂趣，接下來就是跟更加華麗的生活小物相見歡的時刻。這章節裡共收錄 11 款療癒鉤織小物，涵蓋了小型束口袋、可愛鑰匙圈、精心製作的玩偶、毛毯等等。請試著回想之前學過的內容，編出一個喜歡的東西吧！

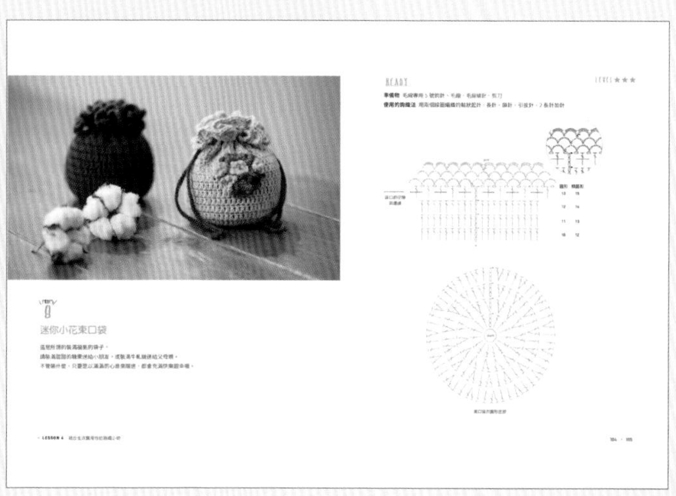

WARMING UP
××× 1 ×××

鉤針編織的事前準備

在開始鉤針編織之前，先從需要的工具開始認識，並了解各式各樣的名稱與記號。
我已將常用的鉤針編織用語列舉出來，請一定要先翻閱並確認。

準備工具與材料

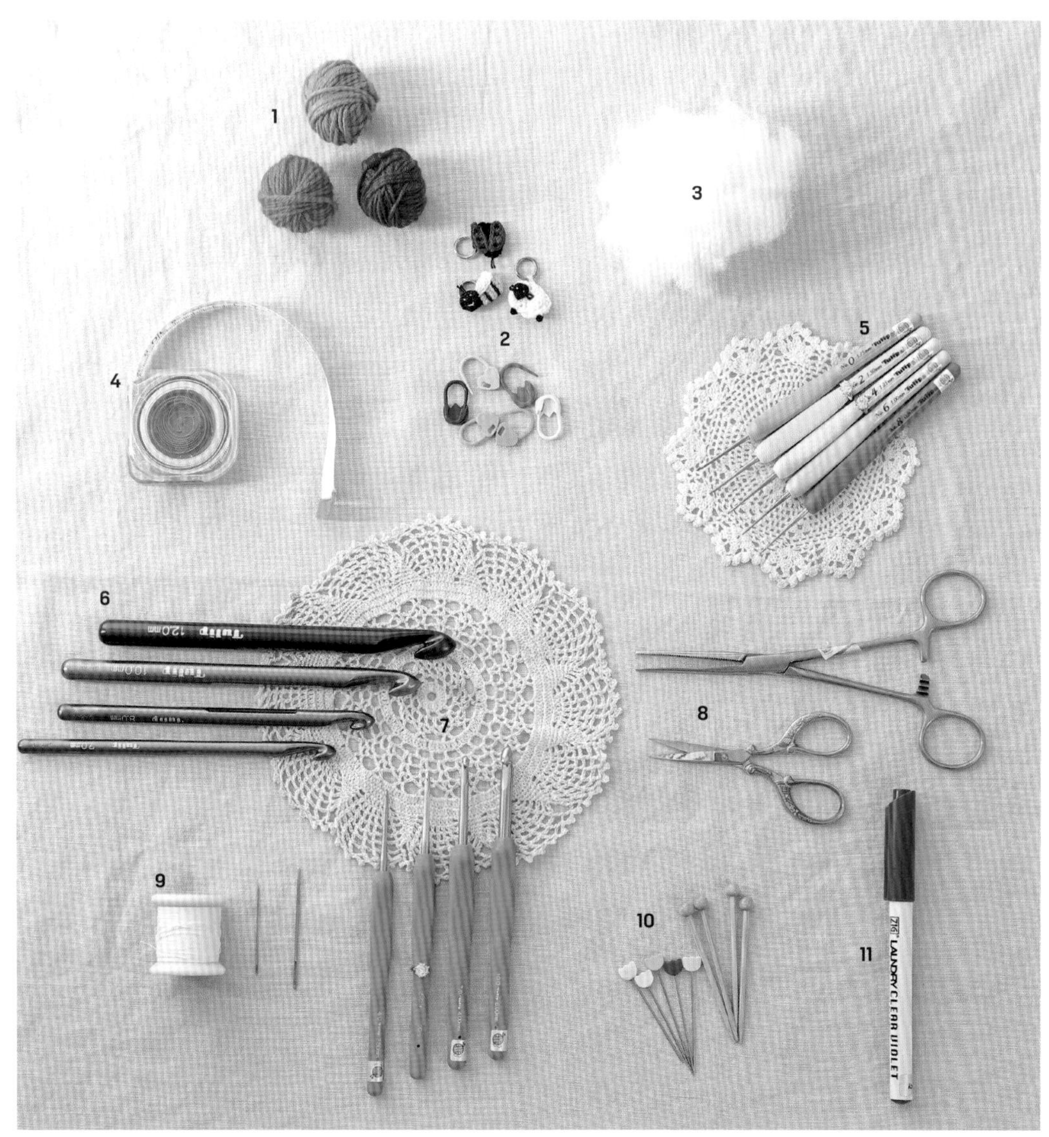

① **線** 經常使用毛、棉、麻、羊毛等線材。

② **段數計環** 段數計環是掛在編織針目上，用來標示段數及針數。

③ **棉花** 要增加作品體積、呈現立體感的時候使用。

④ **量尺** 要正確測量長度的時候使用。

⑤ **蕾絲鉤針** 針的號數越大，表示針越細。

⑥ **大鉤針** 粗細在 7 mm以上的鉤針，是用來編織像布線一樣的粗線。

⑦ **毛線專用鉤針** 是一般常用的鉤針，針的號數越大針越粗。

⑧ **返裡鉗、剪刀** 返裡鉗是用於需要在作品裡填充棉花的時候。剪刀是用來剪線材或布料。

⑨ **毛線縫針、縫線** 請使用粗且尾端鈍鈍的針當毛線縫針。縫線是將鉤織品和鈕扣、毛球等副材料縫合的時候使用。

⑩ **編織用待針（固定針）** 毛線編織專用固定針的外型細長，而且不容易變彎，用來固定鉤織片。

⑪ **氣消筆** 用來標示位置、做記號。隨著時間過去，墨水會自行消失。

認識鉤針編織記號

鉤針編織總共有 50 個以上的記號，編織圖都是以這些記號繪製而成。
也就是說，必須要熟背記號才能看得懂編織圖。
但是對初學者來說，背下大量的記號，並沒有什麼太大的意義。
以下列舉 18 種記號，其中以綠底標示的 9 種記號最常使用到，
初學者只要先熟記這些記號就好，之後再一邊看著衍生出來的記號一邊練習編織即可。

			記號
1	基本鉤針編織記號	引拔針	●
2		鎖針	⬭
3		短針	×
4		中長針	T
5		長針	
6		長長針	
7	加針編織記號	2 短針加針	
8		2 長針加針（插入針目中）	
9		2 長針加針（撐開後從針目下方穿過）	
10		3 長針加針（插入針目中）	
11		3 長針加針（撐開後從針目下方穿過）	
12		7 長針加針	
13	減針編織記號	2 短針併針	
14		2 長針併針	
15		3 長針併針	
16	立體編織記號	長針 3 針玉編	
17		中長針 3 針玉編（泡泡編）	
18		長針 4 針爆米花編	

了解針法名稱

從來沒有接觸過鉤針編織的人，
可能會對書裡一直出現的針目、起針、立針等陌生詞彙感到混亂。
但是你知道嗎？一旦認識這些用語之後，會發現其實也沒這麼困難。
接下來請一邊看照片，一邊依序認識鉤針編織裡常見的用語吧！

起針

起針是開始編織之前必須要編的針目。在平編的時候，要練習以鎖針做為起針，接著再將鉤針插入鎖針半目的一條線，然後試著編出引拔針、短針、長針。起針不列入段數計算。

針目的頭

針目上方 V 字形的線就叫做「針目的頭」。編織第二段的時候，就是從針目的頭進行鉤織。還有用短針鉤織的時候，也是將鉤針插入針目的頭裡，然後替段做收尾。針目的頭就是兩條線。

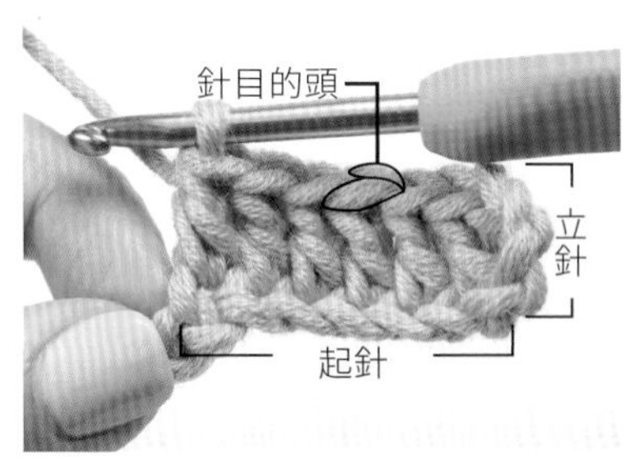

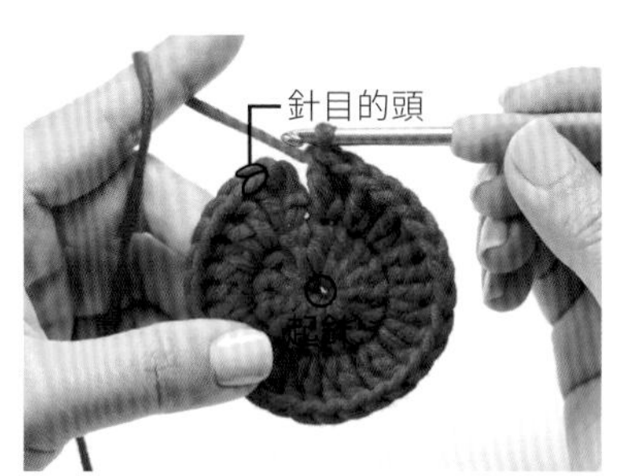

裡山、半目

裡山和半目是組成鎖針的線的名稱。編出起針，接著要織鉤織品的時候，鉤針必須要插入半目並穿過才行。這是初學者最容易學會穿針的方式。將鉤針插入起針針目並編出引拔針或平編要編最後一個針目的時候，將鉤針插入並穿過半目和裡山兩條線。

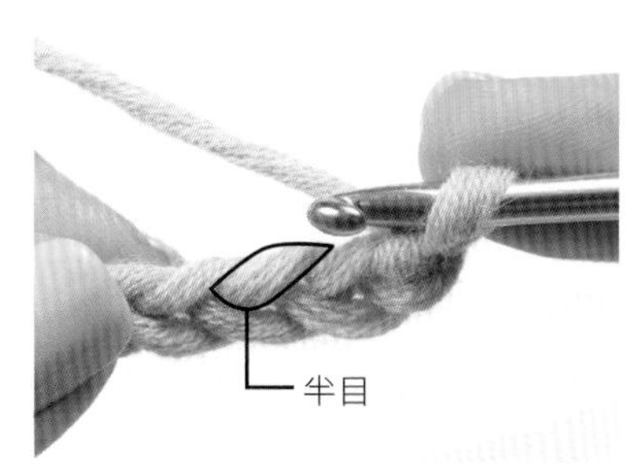

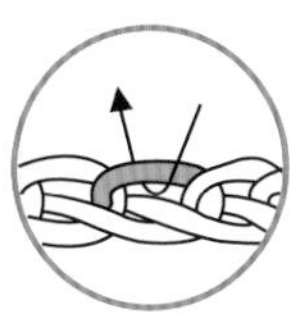

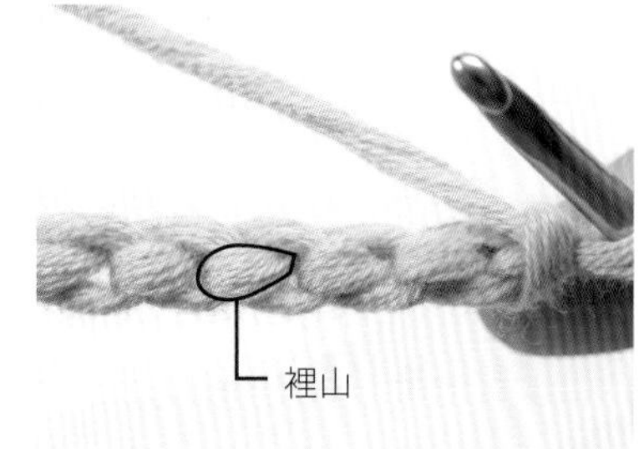

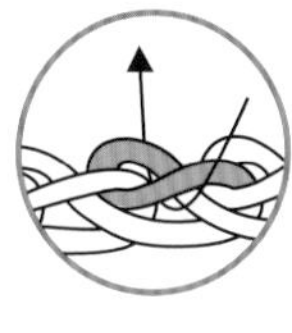

針目的高度

針目的高度會根據不同的鉤織法而有所不同。說得更仔細一點就是根據短針、中長針、長針等不同的鉤織法，針目的高度就會不一樣。直接看下面的圖片將會更容易理解。如圖片所示，引拔針的高度最矮，接著依序是鎖針、短針，最高的是長長針。

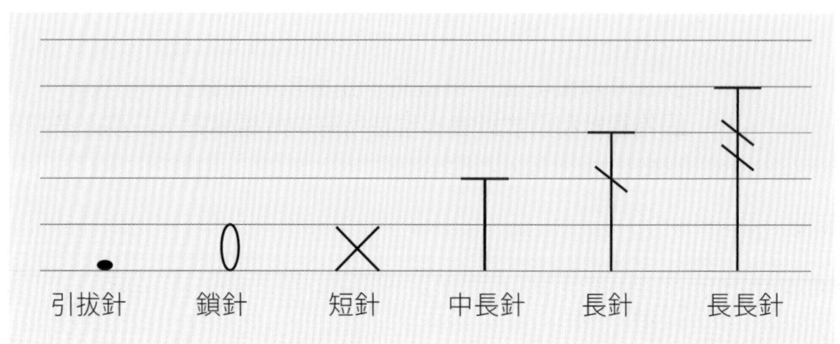

立針

立針是開始編織每一段之前立起的高度。萬一沒有先編立針就開始織，針目就會散掉，因此一定要編立針。立針根據不同高度的鉤織法而有不同的針目數。如下圖所示，短針的立針必須鉤出鎖針 1 針，中長針的立針必須鉤出鎖針 2 針，長針的立針必須鉤出鎖針 3 針，長長針的立針必須鉤出鎖針 4 針。其他鉤織法的立針都有相對應的針目數。短針的立針不用算入針目數裡，直接在立針旁邊的針目編出短針即可。中長針、長針、長長針則要將立針算進針目數裡。

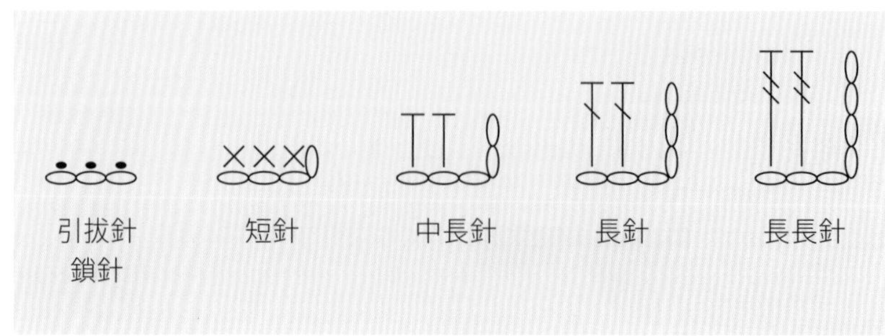

WARMING UP
××× 2 ×××

鉤針編織的
基本技巧

此篇章詳細記載了編織時一定會用到的鎖針、引拔針，以及輪狀起針的方法等。
因為鎖針和引拔針會出現在所有鉤針編織裡，請務必多加練習。

拿針與掛線

不同形貌的線團，線頭可能是塞進中心或落在外面，
撕開線團標籤的時候，也可能會發現線頭正附著在上面。
留意每種線團的差異，編織時會更順手，也能預防拉線時糾結成團。
跟著照片一起來學習在手上掛線的方法，以及鉤針的拿法。

用手機掃描 QR Code
就能觀看示範影片

1

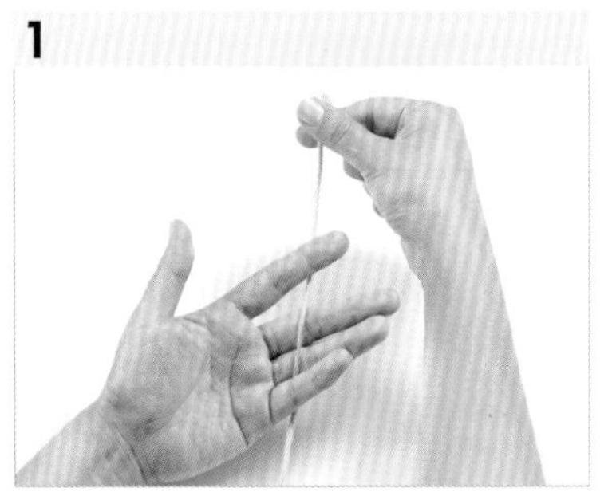

右手抓線頭，將線夾在左手無名指和小拇指之間。

2

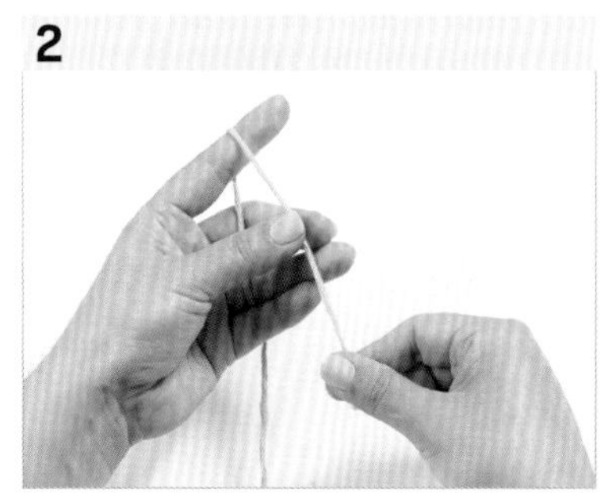

將線由後往前掛到左手食指上，並用大拇指和中指抓住線頭。

3

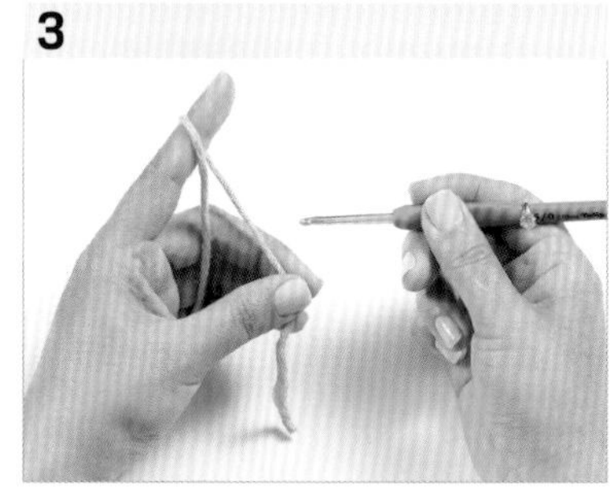

右手持鉤針，針頭朝下，像握筆一樣用大拇指和食指拿鉤針。移動鉤針的時候，中指自然地跟在食指旁邊協助。

4 ★

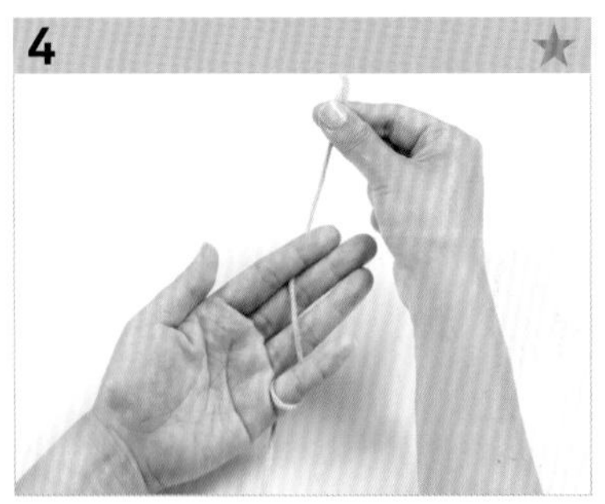

這是另一種掛線的方法。將線繞過左手小拇指，不要纏太緊，保持可以輕鬆拉動的狀態。

5 ★

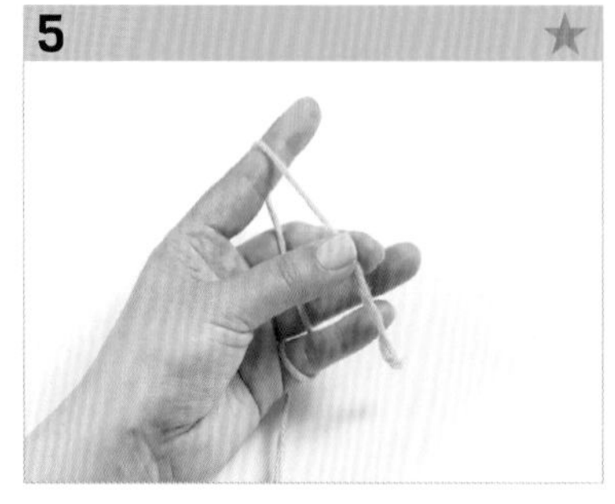

再將線掛到同手的食指上，用大拇指和中指抓住線頭。

6

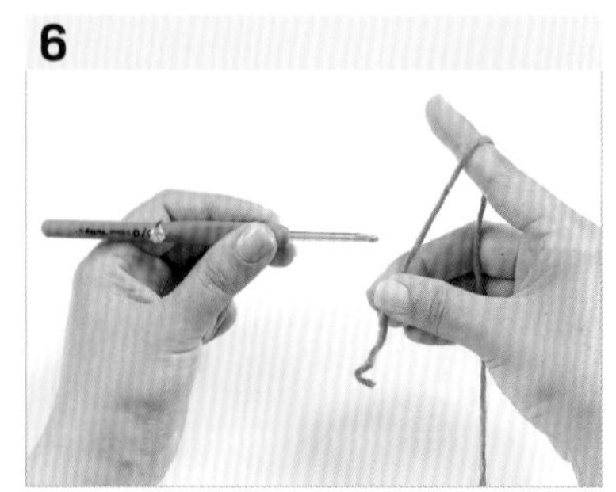

慣用左手的拿鉤針方法和用右手拿的方式一樣。留意針頭必須要隨時朝下。

鎖針

鎖針是鉤針編織的基本。

如果鉤成一條線，看起來就像是鎖鏈，所以被稱為「鎖針」。

鎖針的用途是當作開始編織時的起針，及立起高度的立針，

或是要製造編織空間上的空洞時也會使用到鎖針 (在此稱為「空間鎖針」)。

鎖針也被稱作鎖目、鎖鏈針等詞，共同點是都包含「鎖」字，

所以遇到翻譯用語改變時，不用感到困惑，通常都是指同一個編織法。

用手機掃描 QR Code
就能觀看鎖針的示範影片

1

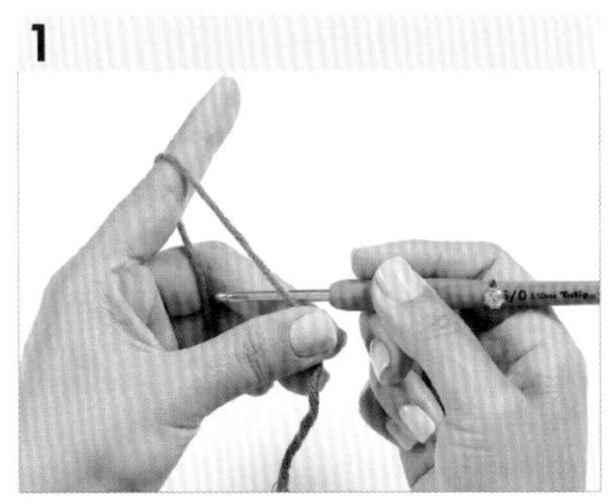

在鉤鎖針之前必須先將線掛好。把鉤針放在線後面。

2

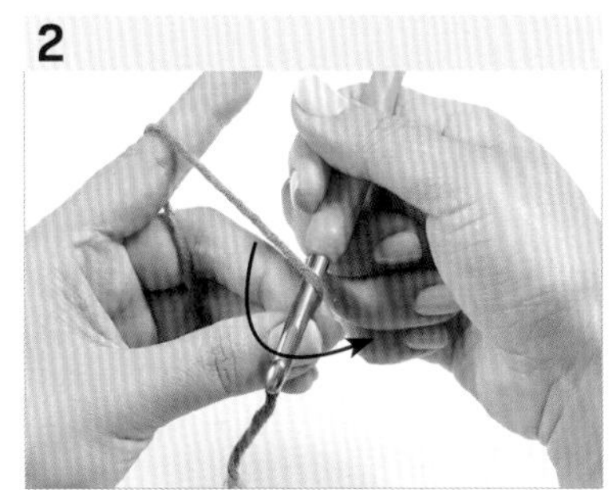

鉤針貼著線往前轉一圈並纏住。

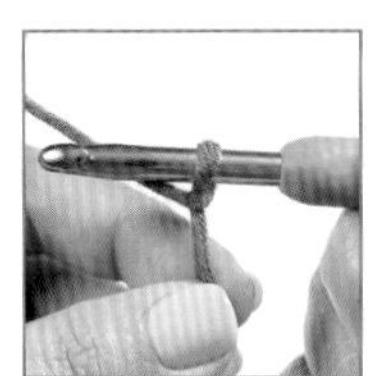

3

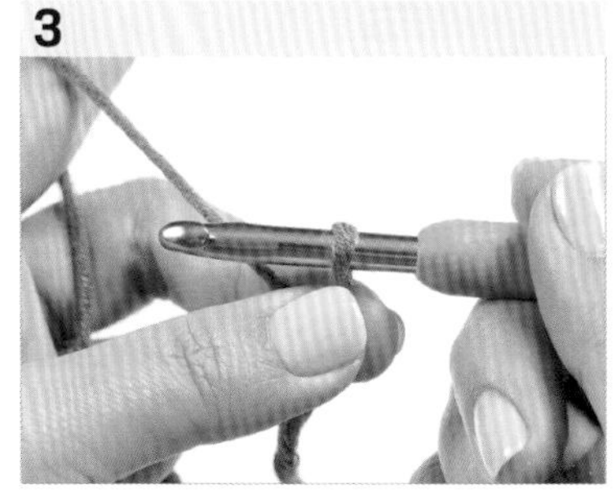

纏住的線有可能會散開，所以用大拇指和中指抓住交叉點。

4

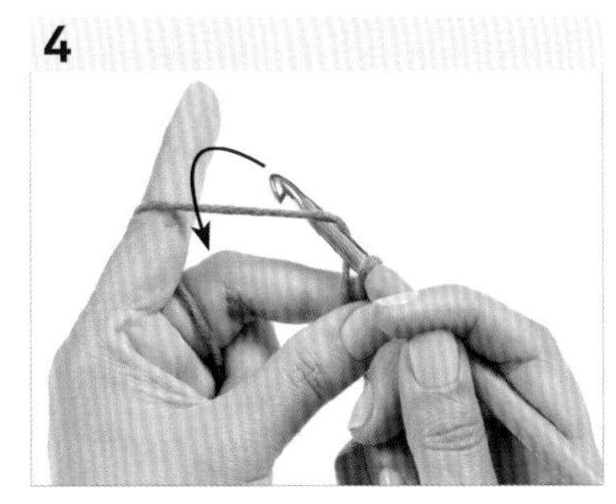

在抓住交叉點的狀態下，用鉤針的針背像按壓一樣推線，鉤針針頭鉤住線。這個過程稱為「鉤針鉤線」。

5

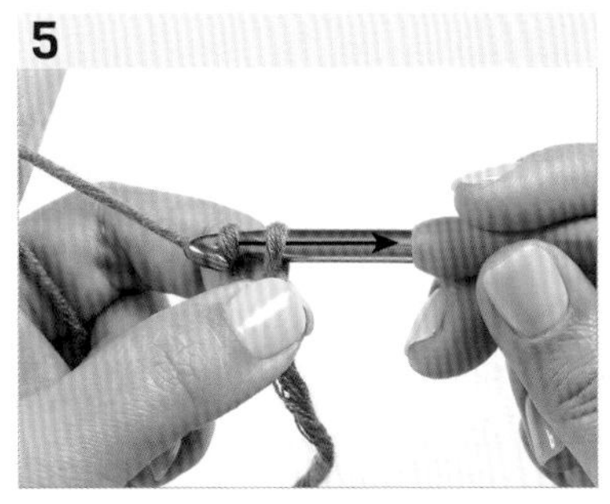

把針頭朝下，從線圈中間一次拉出來。

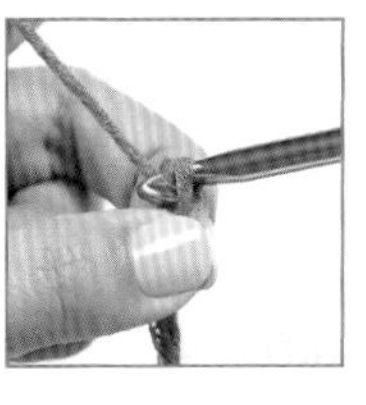

TIP 從線圈中間拉出時，一定要抓緊線的交叉點。

6

這是鉤針拉出來的樣子。拉動線頭將線圈拉緊。這個結不列入針目數計算。

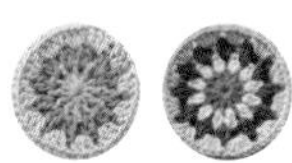

7

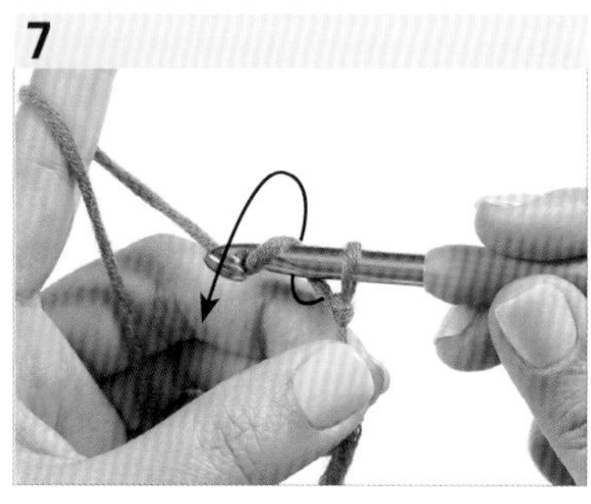

鉤針往線方向前移，用針背像按壓一樣推線，讓鉤針針頭鉤住線。

8

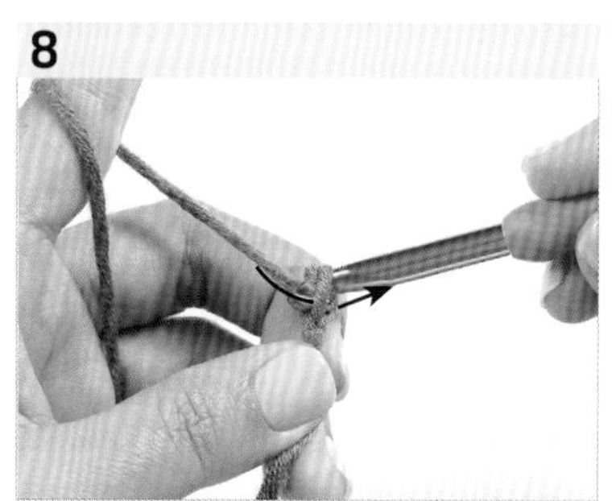

將針頭鉤住的線從線圈中間一次拉出來。這時候針頭必須要朝下才行。

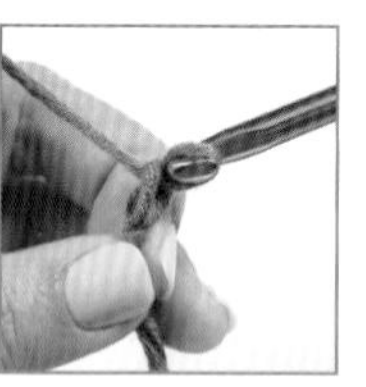

9

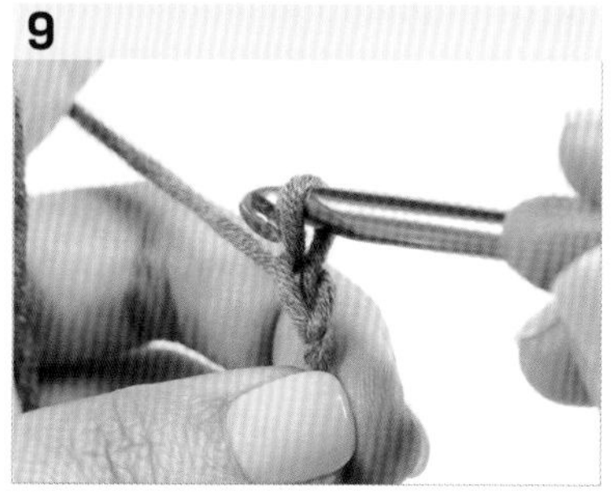

這是編好 1 個鎖針的樣子。

10

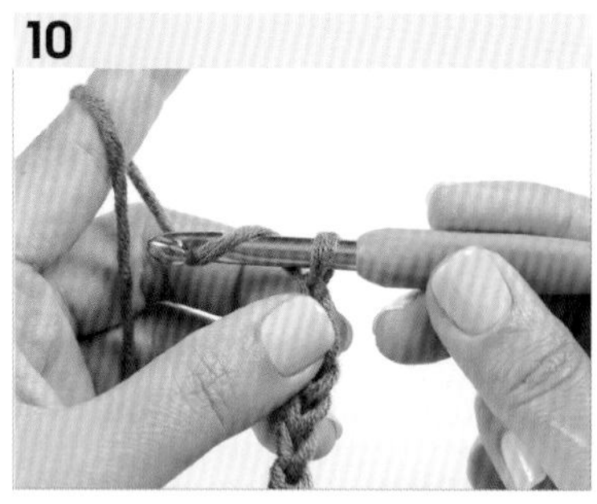

請持續練習直到熟悉鎖針為止。如果發現鎖針針目變鬆，將左手大拇指和中指移到鉤針附近，並抓住鎖針針目。

11

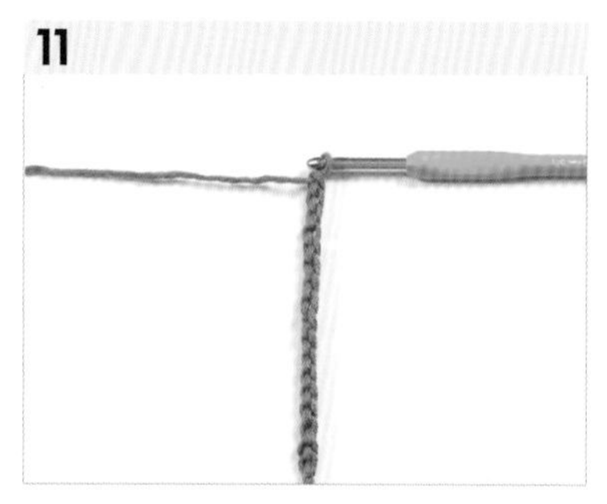

連續編出好幾個鎖針後，就會呈現鎖鏈形狀。

引拔針

用鎖針鉤織出的束口袋拉繩、花圈底繩，
若再加上引拔針就能成為堅實的繩子。
織片在做一段收尾時或是將數個花樣織片連接時，都是使用引拔針的時機。
引拔針會依照編織不同的東西，
有不一樣的入針位置，請多加注意。

用手機掃描 QR Code
就能觀看引拔針的示範影片

1

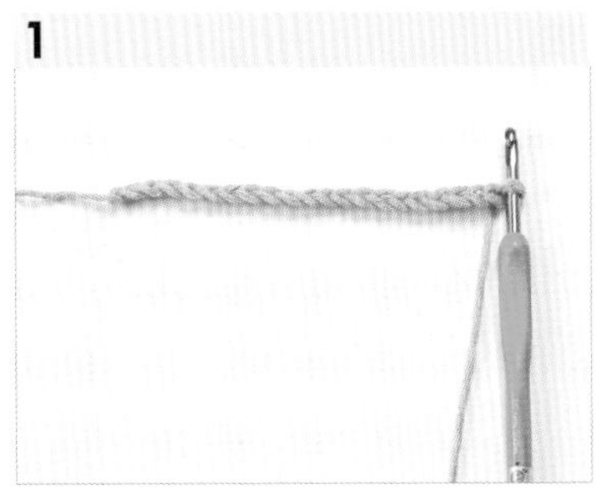

要編引拔針之前，先編幾個鎖針做準備。為了讓手熟悉編織的感覺，請多編一些鎖針來練習引拔針。

2

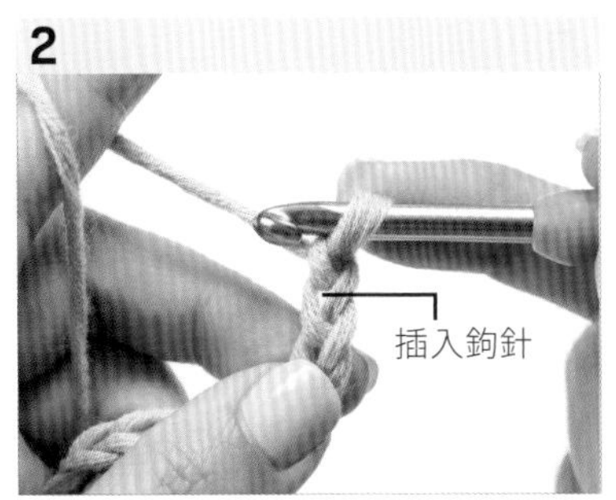

接著嘗試編織引拔針。一個鎖針針目必須要編一個引拔針。請確認鉤針插入的位置。

3

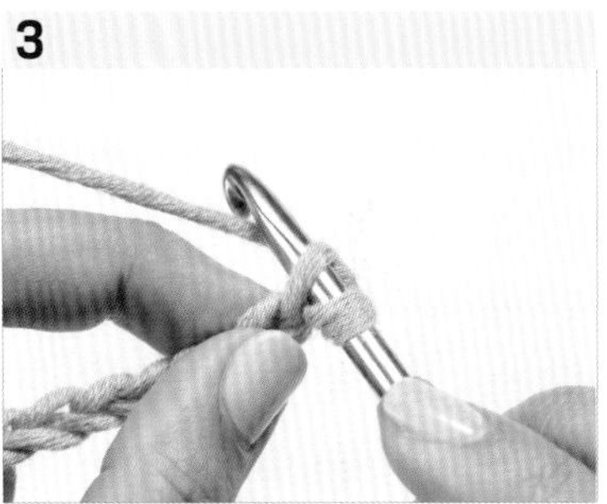

將鉤針插入第二個鎖針半目裡。這過程稱為「穿過鎖針半目」。

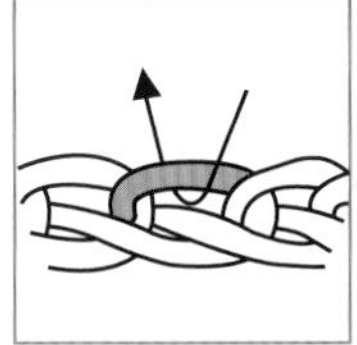

4

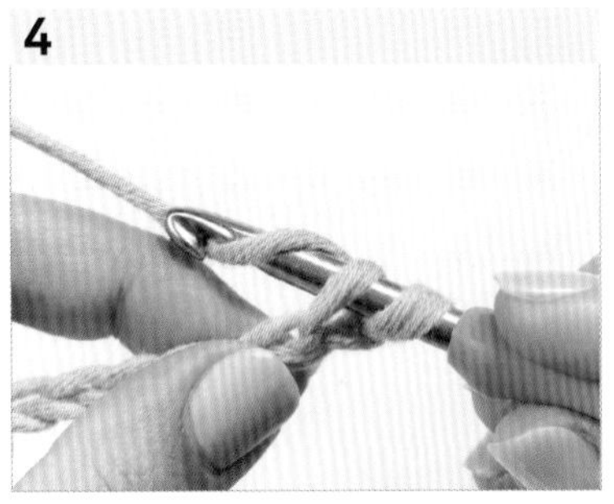

鉤針往線方向前移，用鉤針的針背像按壓一樣推線，鉤針針頭鉤住線後，將鉤針從線圈中間一次拉出來。

TIP 如果無法一次就拉出來，先從一條線圈中拉出，輕輕轉動鉤針再從另一條線圈拉出。

5

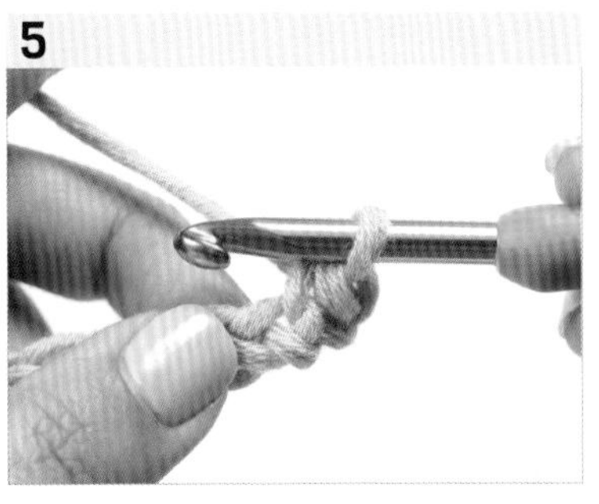

這是編好 1 個引拔針的樣子。

6

在鎖針起針上面編成的引拔針。由於鎖針和引拔針是很常用的鉤織法，必須要充分練習至熟悉才行。

圓形編

接下來要向各位介紹兩種圓形編的起針方法。
一是用鎖針編成環的起針，使用於要將中間的洞做很大的時候；
另一個是在手上繞兩個線圈開始的輪狀起針，完成後中間的洞會緊密貼合。
除了短針之外也能用長針等其他技法編織出來。

用手機掃描 QR Code
就能觀看用鎖針編成環的起針示範影片

用鎖針編成環的起針

1

如圖所示，編 6 個鎖針做起針。

2

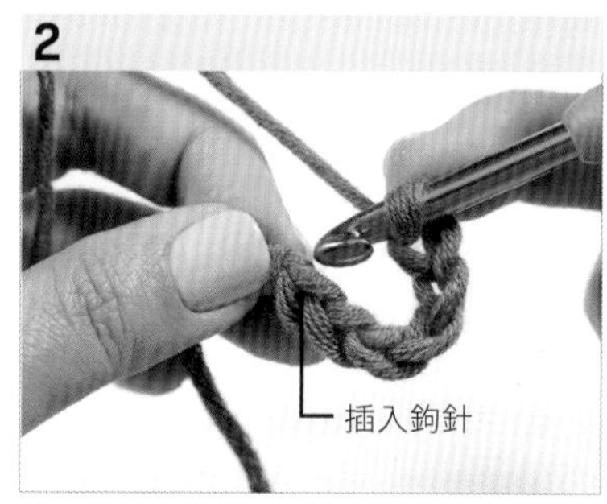

接著要編 1 個引拔針並編成環狀。將鉤針插入起針的第一個鎖針半目中。

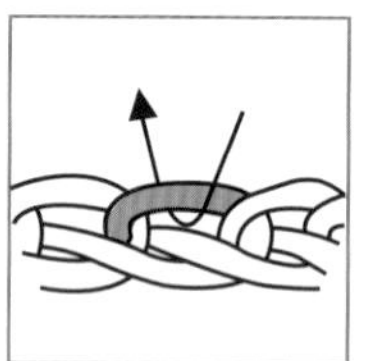

3

圖為將鉤針插入起針的第一個鎖針半目的樣子。

TIP 在編引拔針的時候，就是要把鉤針插入鎖針半目內。

4

往前鉤住線再拉出來，編出 1 個引拔針。

5

編好環狀的樣子。

6

先編 1 個鎖針做為短針的立針。

TIP 立針是在開始正式編織之前所編的針目。如果不先編立針就開始編的話，所有的針目都會散掉。立針的詳細說明請參考第 14 頁。

將鉤針插入環狀中間，再延箭頭方向繞出。

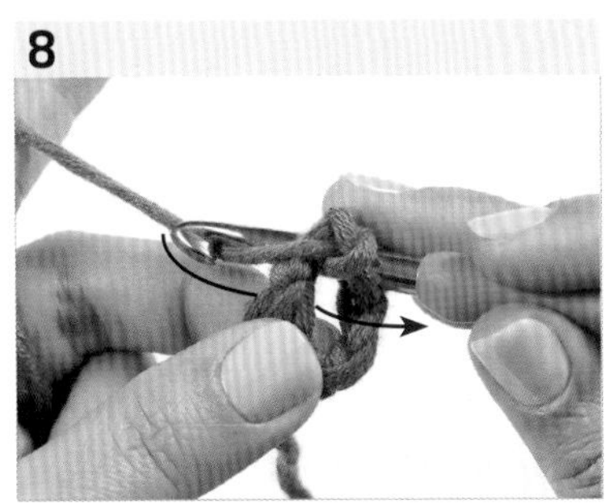

鉤住線後再從中間向外拉出來。

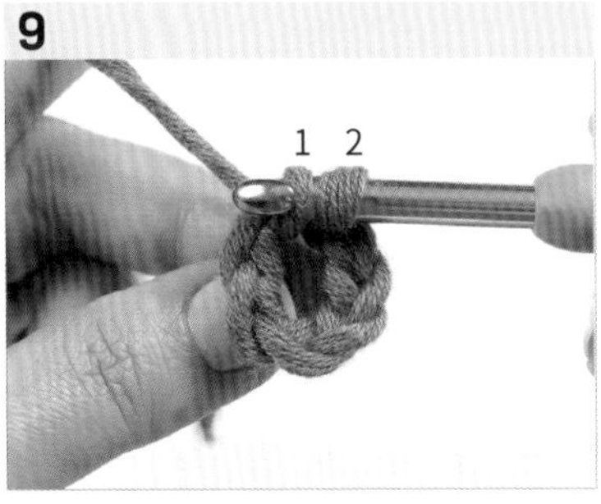

這是鉤針鉤著線從中間拉出來的樣子。請確認鉤針上的線圈是否有 2 個。

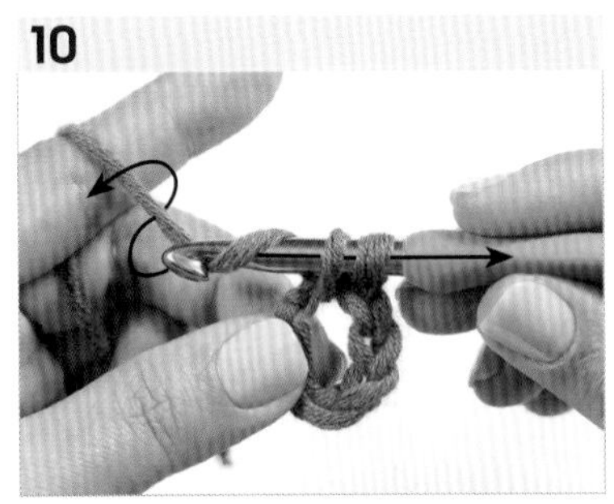

接著要鉤出 1 個短針。鉤針鉤住線後一次從 2 個線圈中拉出來。

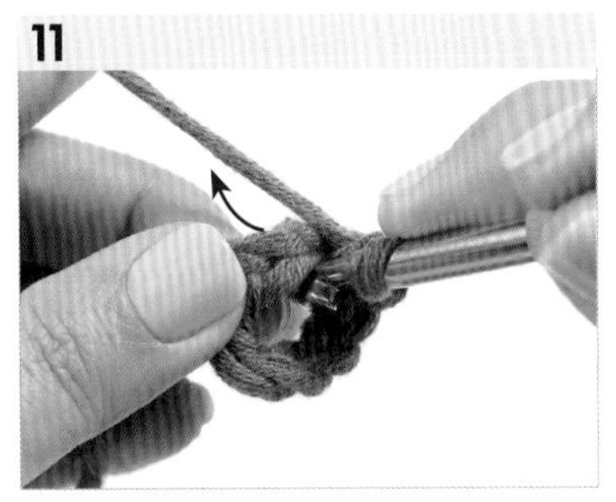

將鉤針重新插入環狀中間。

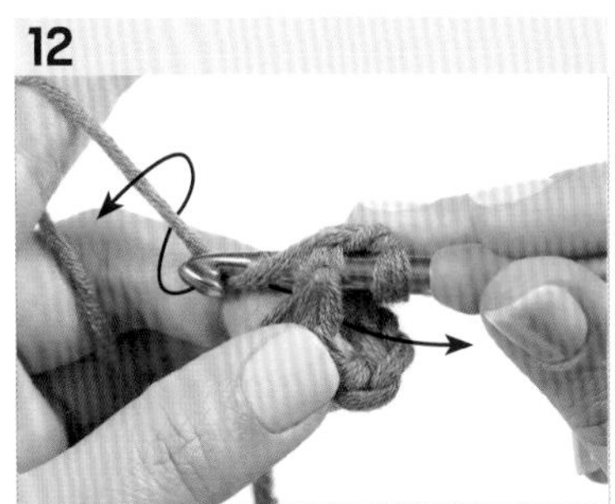

鉤針鉤住線再從中間拉出來。

TIP 後面有一個短針的線圈，千萬不可以從那個線圈中間拉出來。

13

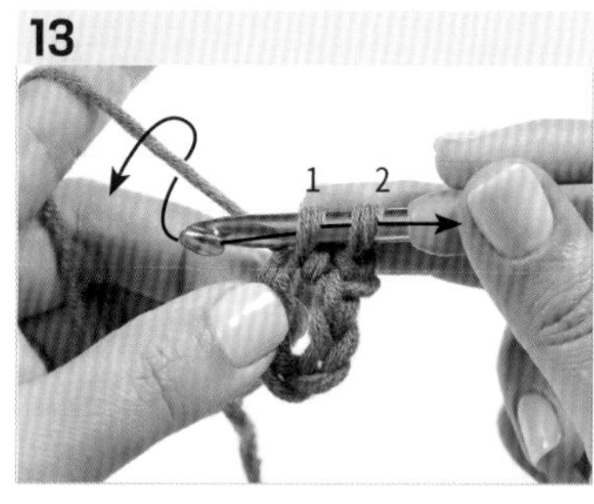

這是鉤針鉤住線再從中間拉出來的樣子。請確認鉤針上的線圈是否有 2 個。接著鉤針鉤住線並一次從 2 個線圈中拉出來。

14

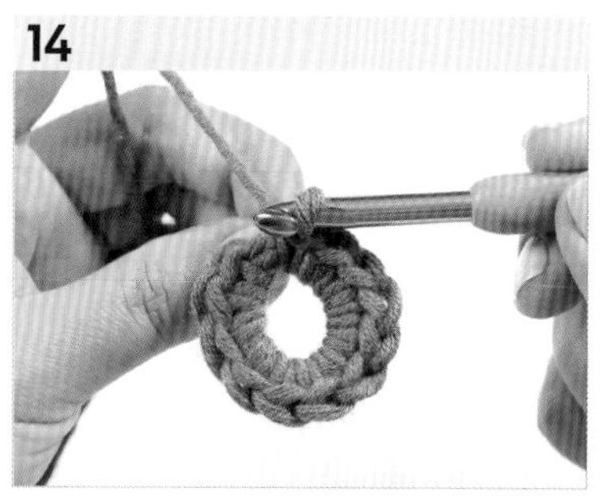

重複將針插入環狀中間，鉤針鉤住線後從 2 個線圈中拉出來，這樣就完成第一段。

15

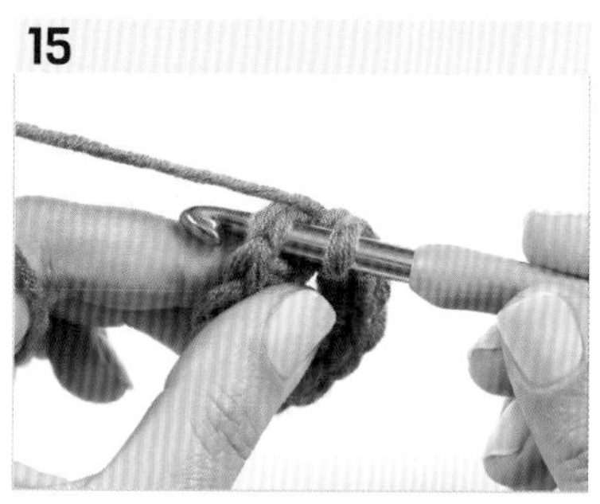

最後要用引拔針收尾。把鉤針插入第一段的第一個針目的頭裡。

TIP 關於針目的頭，第 13 頁有詳細的描述。

16

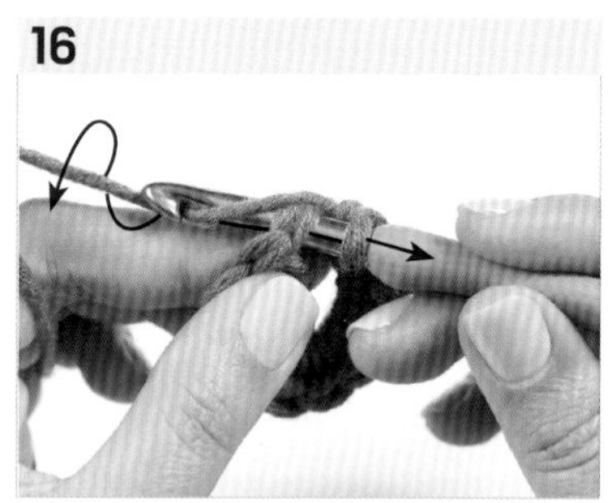

鉤針鉤住線並一次拉出來。

17

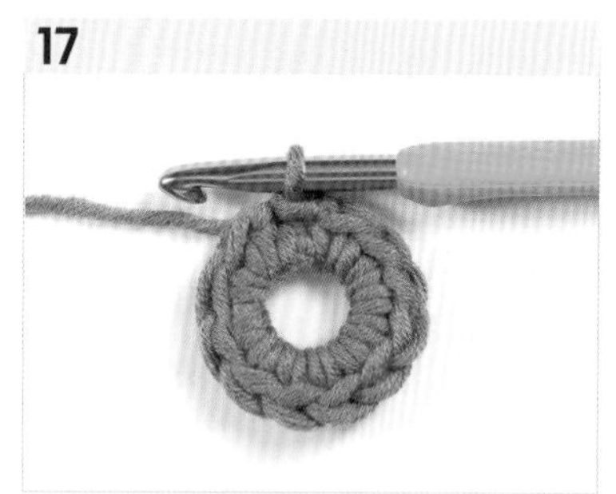

完成圓形編。

18

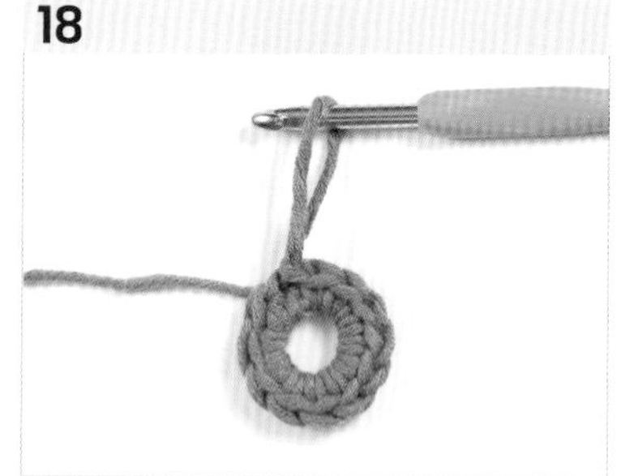

把最後一個線圈稍微拉長後抽出鉤針，並把線圈剪開。

19

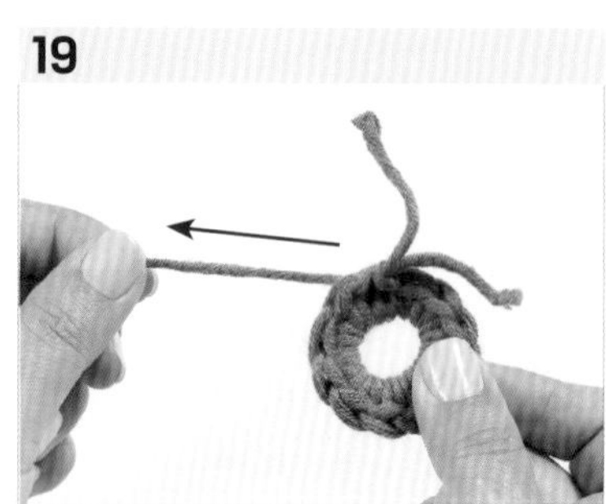

拉住線的尾端，把線抽掉。

用兩個線圈編織的輪狀起針

用手機掃描 QR Code
就能觀看輪狀起針的示範影片

1

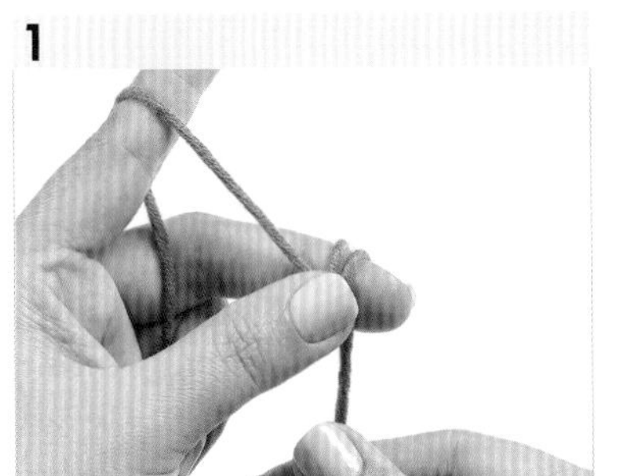

將線掛在左手食指上並抓住線頭那端。將線在中指上繞兩圈。

TIP 將線纏兩圈在中指，就能穩穩的編出環狀。

2

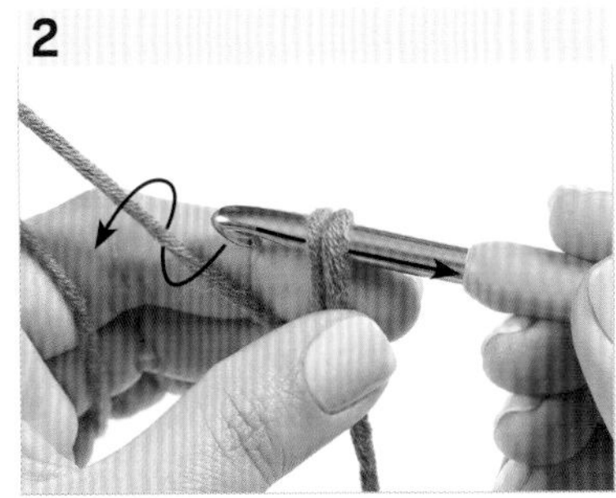

鉤針穿過中指上的兩圈線圈，鉤住線後再拉進來。

3

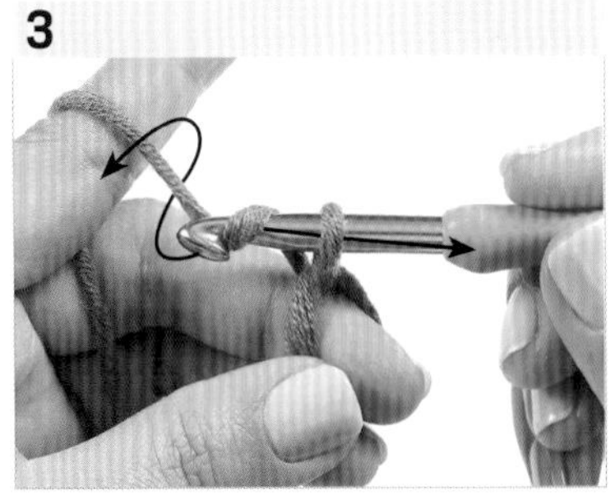

在鉤著線拉出的狀態下，鉤針要再鉤一次線並編出 1 個鎖針，做為短針的立針。

4

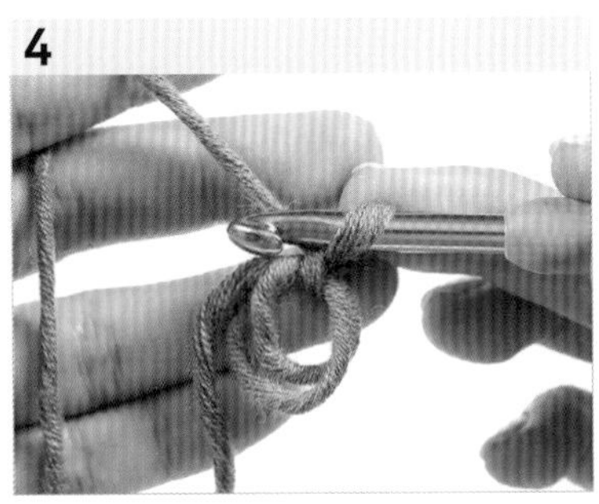

將線圈移出中指，這是編好鎖針的樣子。

5

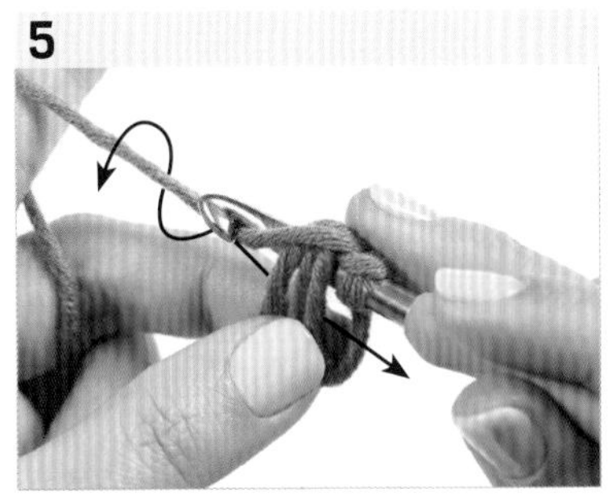

接著要鉤一段短針。用拇指和中指握住線圈，鉤針先插入環狀中間，鉤住線後再從中間拉出來。

6

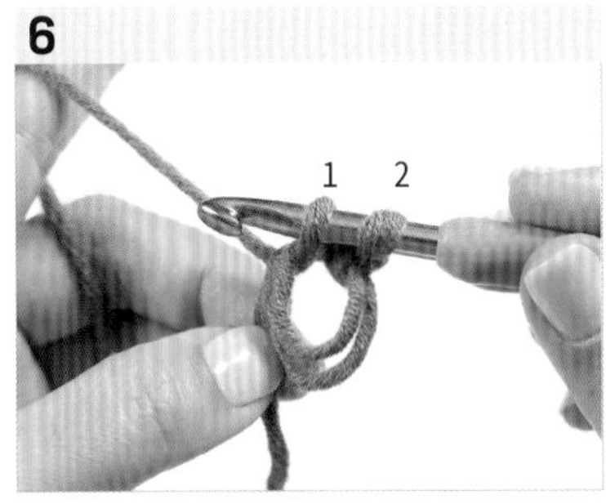

請確認鉤針上線圈是否有 2 個。

7

鉤針鉤住線並一次從 2 個線圈裡拉出來。

8

重複**步驟 5-7**，再編 5 個短針。總共要完成 6 針短針。

9

把最後一個線圈稍微拉長後抽出鉤針。拉動線頭這端時，環的兩條線之中有一條線會被扯動。

10

把會移動的那條線拉緊，另一條線就會消失不見。

11

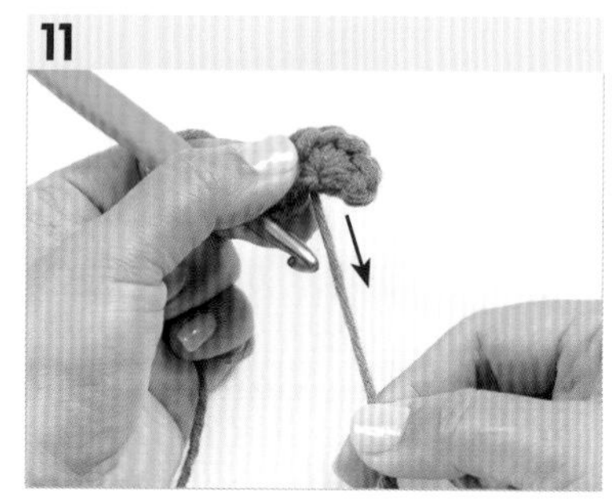

收緊剩下的線頭，讓原本的環緊密地縮成圓。

12

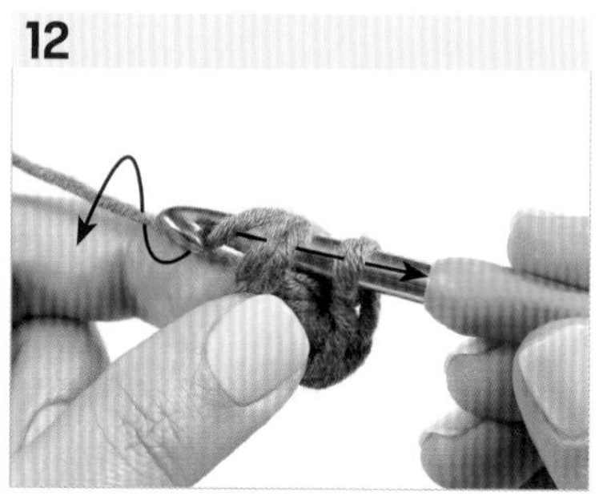

接著用引拔針替第一段短針做收尾。將鉤針插入第一個短針針目的頭中，鉤住線並一次拉出來。

13

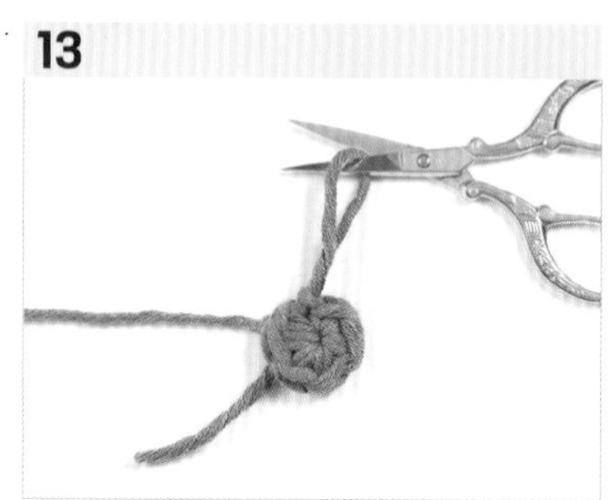

完成圓形編。把最後一個線圈稍微拉長後抽出鉤針，並用剪刀把線圈剪開。

14

拉住線的尾端，把線抽掉。

掛上線來標示段

如果短針圓形編在換段時沒有編入立針，接縫處看起來就會既自然又漂亮。
但是這樣很難清楚知道一開始編織跟最後編織的針目位置。
這時候如果每一段都用段數計環或掛上線做標記，就能輕易地辨識出開始跟結束的位置。

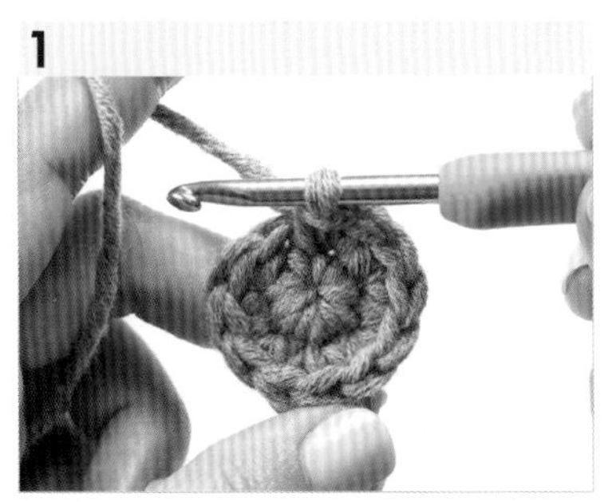

依序編出第一段、第二段短針。到第二段為止都不要標示段數。

放上標示段數的線，並開始編第三段。

TIP 不需要使用太多條線，只要一條就足夠，並剪成適當的長度。

當第三段全部編完的時候，如果剛好結束在標示線上，就表示編在正確的針目上。在編第四段之前，先把標示線往後面撥過去。

當第四段全部編完的時候，如果剛好結束在標示線上，就表示編在正確的針目上。

把標示線往前撥回來並繼續編第五段。每編好一段就將標示線往前、後撥再接著編。

等編到想要的段數後，把標示線抽出來。

短針圓形花樣織片就完成了。

換線

雖然只用一種顏色來編織也很不錯，但是如果能選用好幾種顏色的線，就能編出更好看的作品，不是嗎？換線的方法有三種，請配合情況選擇方便使用的方法。

打結換線

★請將這個換線方法應用在鏤空的花樣織片。

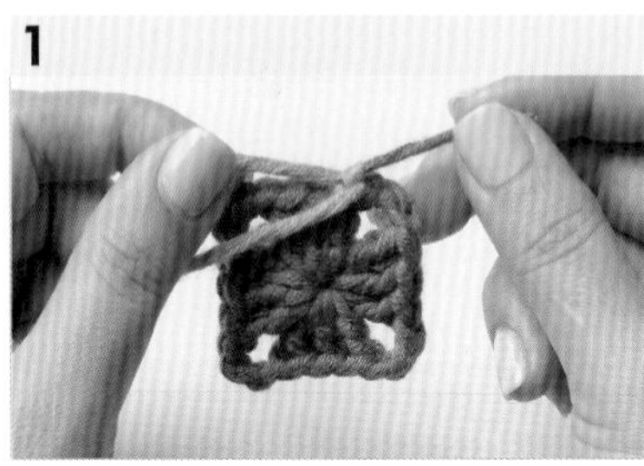

首先將兩條線交叉並打結。

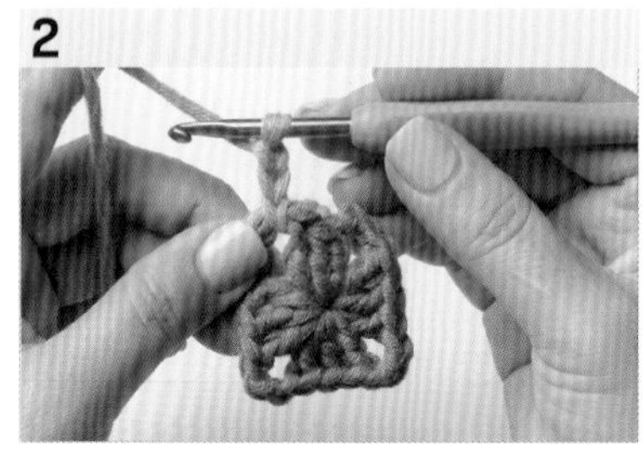

用換上的線開始編第二段。

將新線鉤出來換線

★請將這個換線方法應用在以輪狀起針的細密的花樣織片。

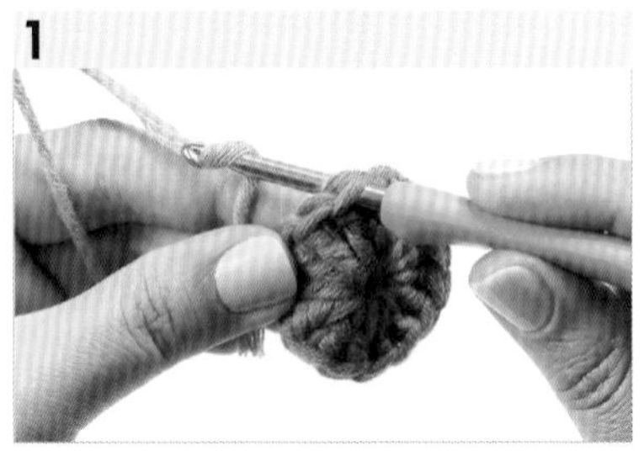

將鉤針插入針目後，鉤住新的線。

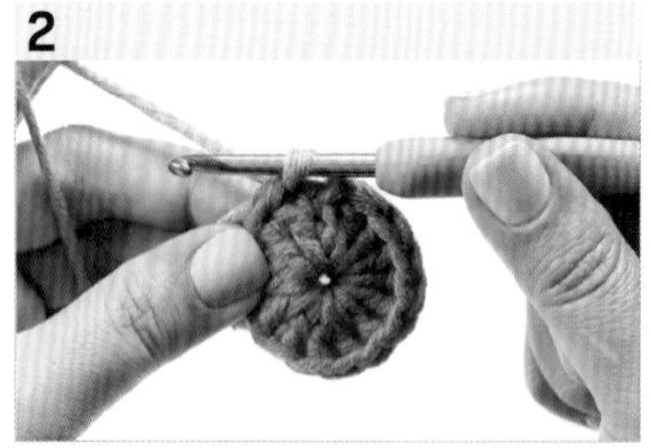

將鉤針一次拉出來。

用換上的線開始編第二段。

在未完成的針目中換線

★請將這個換線方法應用在以鎖針起針的平編。

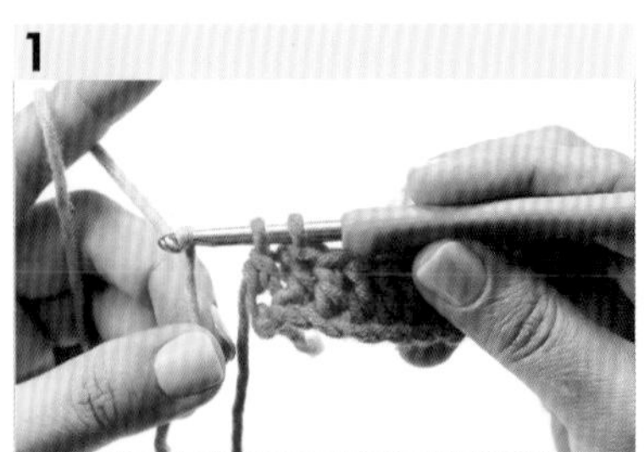

在未完成針目的最後一個步驟中鉤住新的線。

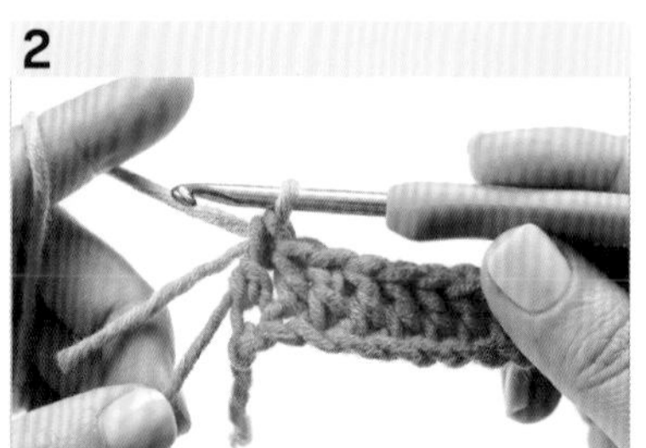

將鉤針一次拉出來。

用換上的線開始編第二段。

連接花樣織片

雖然有各式各樣連接花樣織片的方法，但是我只挑選最常用的四種來介紹，接著就來練習吧！

使用毛線縫針的全目縫合法

1

全目縫合法是用來連接四角形、六角形等花樣織片的邊。縫合線的長度約為連接邊長的 1.5-2 倍左右。將線穿進毛線縫針裡做準備。

2

將毛線縫針插入兩片花樣織片的第一個針目的頭（全目），做兩次捲針縫。

TIP 捲針縫是反覆以同一側入針到對面方向出針的縫法。第一個針目需做兩次捲針縫，以免花樣織片裂開。

3

從接下來的針目開始到最後一個，每一個針目做一次捲針縫。如果縫合線看起來是斜線就表示是正確的捲針縫。

4

將毛線縫針插入下兩片花樣織片針目的頭。這時候要用力拉線，以免織片跟織片之間裂開。

5

接下來的針目，每一個都做一次捲針縫。

6

右邊花樣織片的最後一個針目再插入一次毛線縫針，並從後面拉出來。

7

縫完花樣織片的最後一個針目後，把毛線縫針穿入縫好的縫線裡整理線頭。完成橫向的連接。

TIP 把縫針從縫線之間穿過去，就能隱藏線頭。

8

用相同的方法縫完縱向。花樣織片的正中間會有一個 X 形，這時候要把線拉緊，以免花樣織片鬆脫。最後一個針目做兩次捲針縫後，把毛線縫針插入縫線做整理。

9

完成。

使用毛線縫針的半目縫合法

1

如果不想要縫合線看起來凸凸的，可以使用半目縫合法。縫合線的長度約為連接邊長的 1.5-2 倍左右。將線穿進毛線縫針裡做準備。

2

將毛線縫針插入兩片花樣織片稜角的第一個針目頭的半目，做兩次捲針縫。

TIP 第一個針目需做兩次捲針縫，以免花樣織片裂開。

3

將毛線縫針插入針目的頭（半目）並做捲針縫。

4

從接下來的針目開始到最後一個，每一個針目做一次捲針縫。如果縫合線看起來是斜線就表示是正確的捲針縫。

5

最後一個針目要做兩次捲針縫。

6

縫完花樣織片的最後一個針目後，把毛線縫針穿入縫好的縫線裡整理線頭。完成橫向的連接。

TIP 把縫針從縫線之間穿過去，就能隱藏線頭。

7

用相同的方法縫完縱向。花樣織片的正中間會有一個 X 形，這時候要把線拉緊，以免花樣織片鬆脫。

8

最後一個針目做兩次捲針縫後，把毛線縫針插入縫線中做整理。

9

完成。

使用鉤針的短針縫合法

1

短針縫合法可以快速地連接好花樣織片，但是縫合邊會看起來較凸出，多少感覺有點粗糙。

2

將兩片花樣織片的內邊對齊相疊，鉤針插入第一個針目的頭。先編1個鎖針，做為短針的立針，再編1個短針。

3

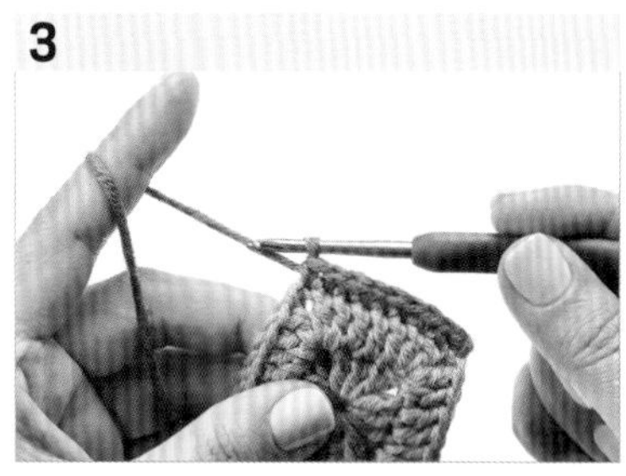

接下來每一個針目編一個短針，將花樣織片連接起來。

4

把接下來要縫合的花樣織片的內邊對齊相疊，從稜角第一個針目開始用短針連接到最後。

5

抽出鉤針，完成橫向的連接。

6

接著連接縱向。將花樣織片對摺相疊，鉤針插入第一個針目的頭，並編短針連接。

7

確認正中間交叉處的針目位置，為避免漏針，請小心編織。

8

每一個針目用一個短針連接。全部縫合後，剪掉多餘的線，用毛線縫針整理線頭做收尾。

9

完成。

一邊鉤織一邊用引拔針縫合

1

這個方法最常用來連接花樣織片。

2

編好第一片花樣織片的連接段之後把線剪掉。先將第二片花樣織片編至要開始連接的地方。

3

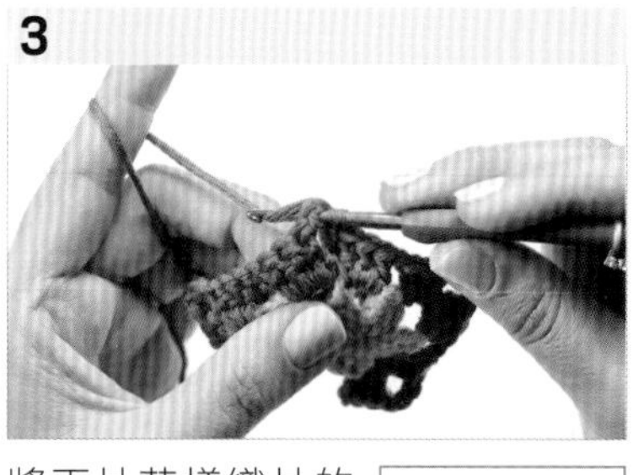

將兩片花樣織片的內邊相對，將鉤針插入鎖針底下的空洞處，用引拔針連接起來。

4

編花樣織片的時候，將鉤針插入粉紅色鎖針針目底下的空洞處進行編織；連接花樣織片的時候，將鉤針插入綠色鎖針針目底下的空洞處並用引拔針連接。

5

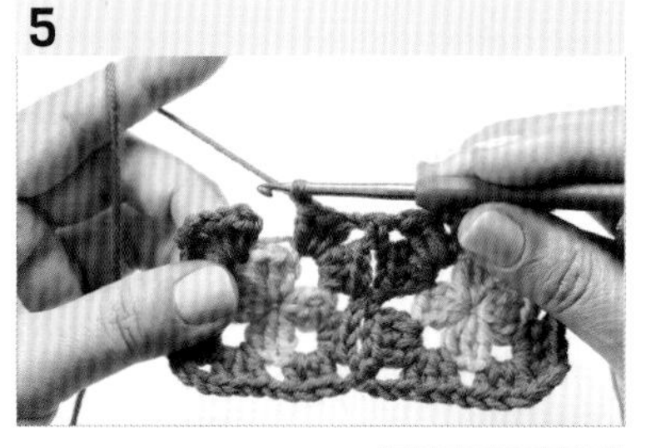

連接完側邊之後，將花樣織片編到最後，並把線剪掉。兩片花樣織片就連接完成。

6

將第三片花樣織片編至要開始連接的地方。將花樣織片的內邊相對，將鉤針插入鎖針底下的空洞處，用引拔針連接起來。

TIP 連接花樣織片時，是將鉤針插入綠色鎖針針目底下的空洞處；編花樣織片時，是將鉤針插入粉紅色鎖針針目底下的空洞處。

7

編第四片時，必須要連接兩個邊。先連接好一邊再從正中間往對角線插入鉤針並用引拔針連接。

8

一邊鉤織片，一邊用引拔針將最後一邊連接起來。

9

完成。

比較未完針目跟完成針目

	短針	中長針	 長針
未完針目 是指在編織針目的最後一個步驟之前的狀態。要縮小針目數、編鎖針或換線，都在這個時候進行。	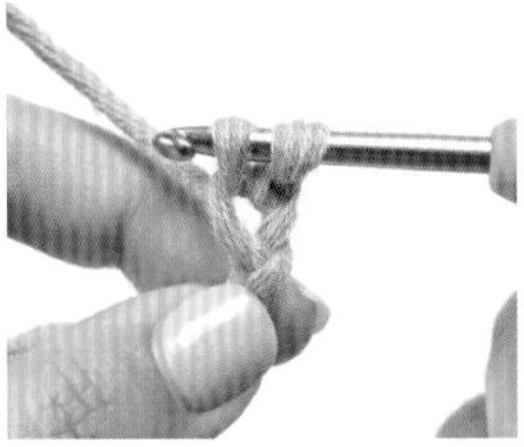	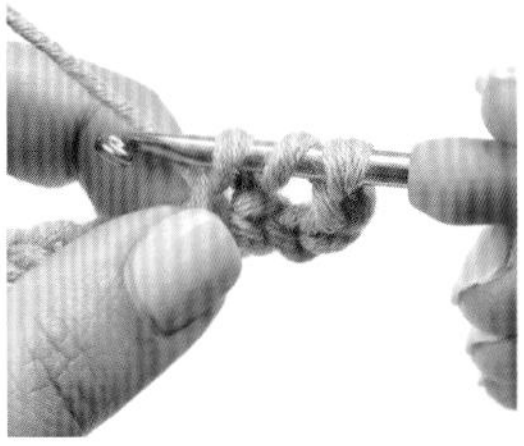	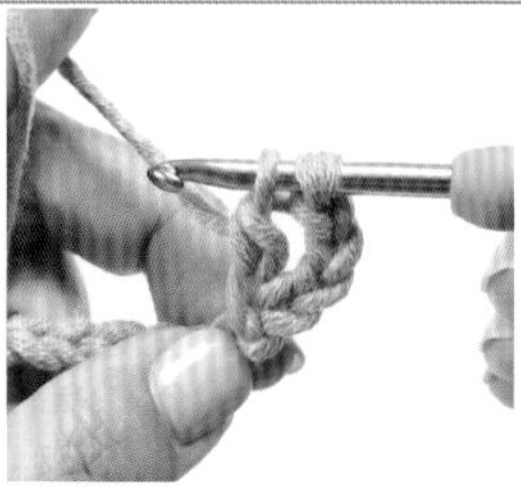
完成針目 在未完針目的最後步驟完成後，完整地成為一個針目的樣子。	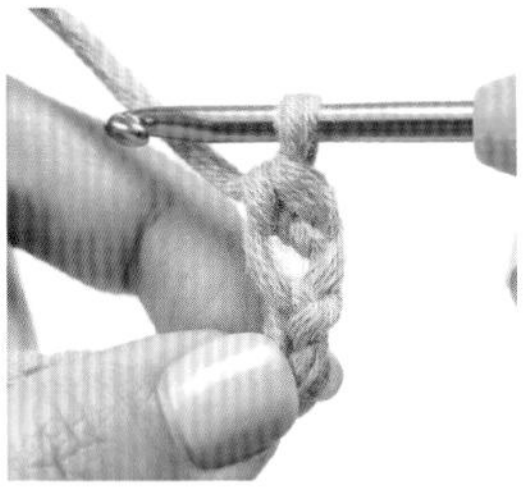	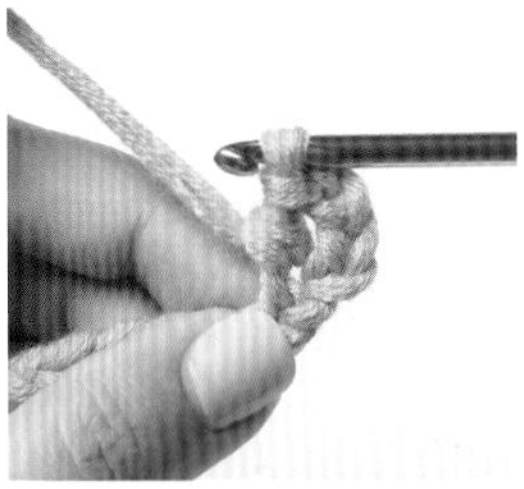	
編出數個完成針目的樣子	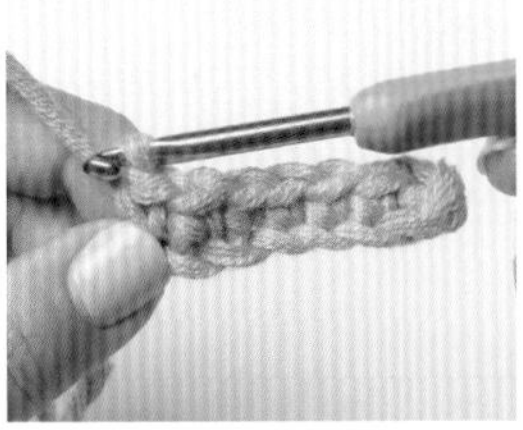	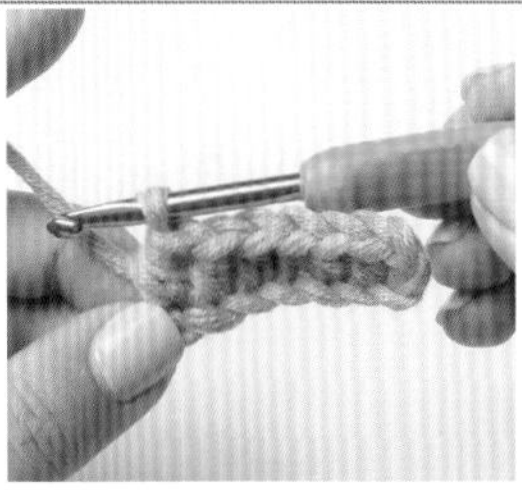	

Velamints
28 SUGAR FREE MINTS
NET WT 0.7 OZ (20 G)

LESSON 1

開始練習基礎鉤織法

鎖針、引拔針已經練習得很熟悉了嗎？
接下來將仔細地引導各位練習
最常用的短針、長針等鉤織法。
並且學習增加或減少針目數的方法，
還可以試著用立體鉤織法編織出花朵喔。

T

長針

\ SKILL /
1

LEVEL ★

用長針鉤織平面

長針是鉤針編織裡最常使用的技法之一。
這裡將利用這個技法編織出一段長條的平面，
請從鎖針開始往上變成段，用長針一針一針的編織看看。
一邊練習鉤出不漏針且均勻的針目，一邊同時編織出蝴蝶結吧！

READY

準備物 混紡毛線（羊毛＋棉）．粗線．蜂巢黃、毛線專用 8 號鉤針、毛線縫針、剪刀
使用的鉤織法 鎖針、長針、引拔針

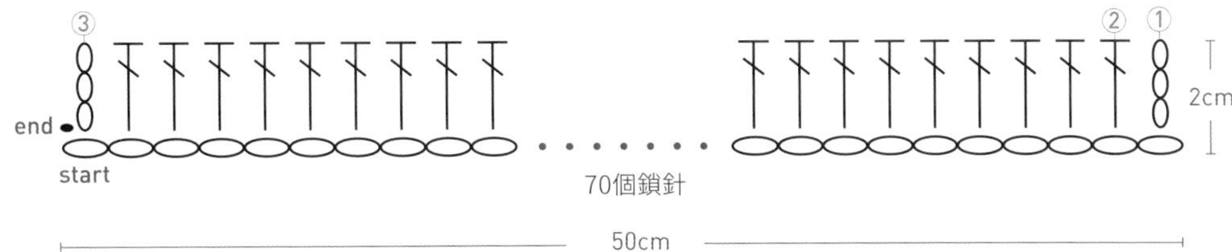

[start] 寬鬆的鎖針
[第一段] ① 鎖針、② 長針、③ 鎖針
[end] 引拔針、修剪毛線並用毛線縫針收尾

TIP 如果起針不編得寬鬆一點，最後整個織片可能會捲起來，需多加注意。

如果覺得用長針鉤織平面很困難
請用手機掃描 QR code 觀看影片

START

1

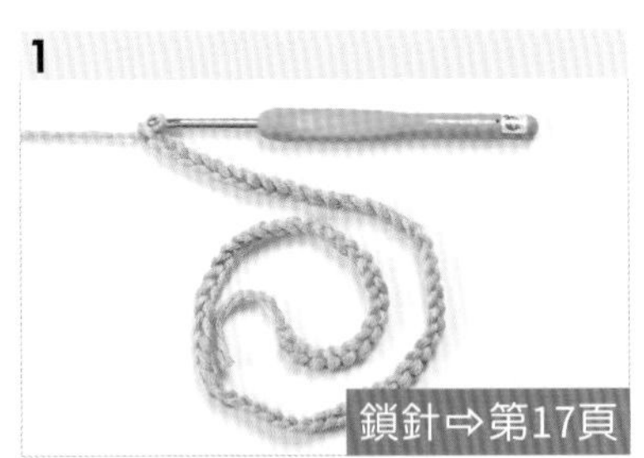

編 70 個鎖針起針。

TIP 如果起針編得太緊密，織片會變捲曲。若覺得很難編得寬鬆，請用大一號的鉤針。

2

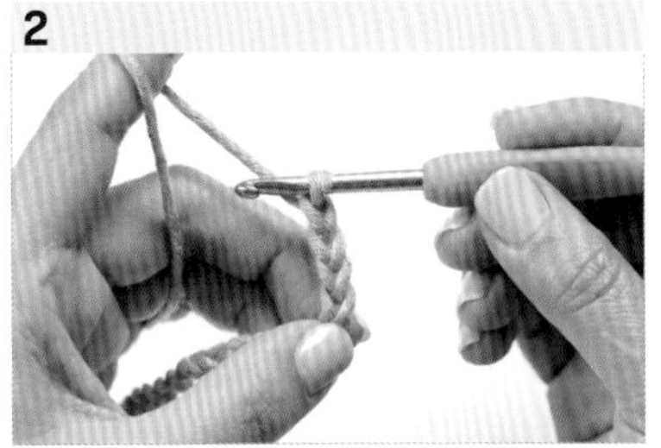

[第一段] 立針

先編 3 個鎖針，做為長針的立針。

3

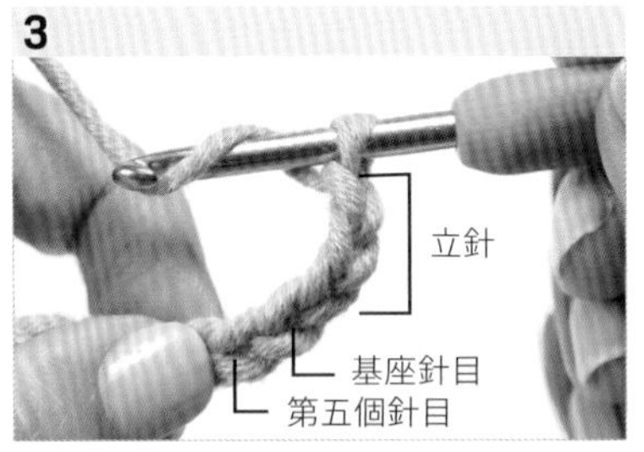

[第一段] 長針

鉤針鉤住線，準備插入起針的基座針目旁邊的針目。

TIP 在這裡鉤針要插入的位置為，從步驟 2 中編出的 3 針立針往基座針目算下來的第五個針目。

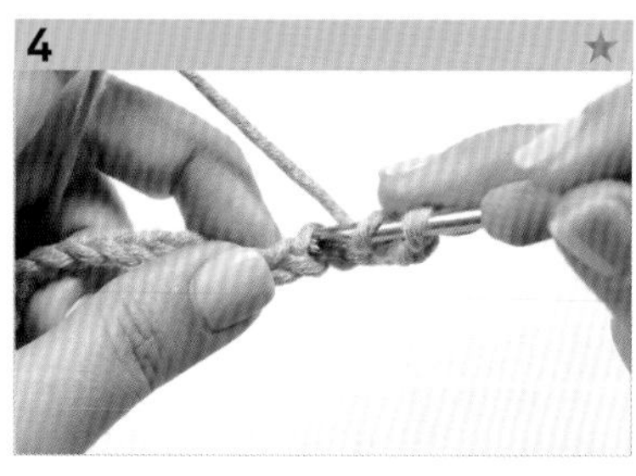

將鉤針插入第五個針目。

TIP 穿過鎖針半目對初學者來說是穿過針目中最輕鬆的方法。

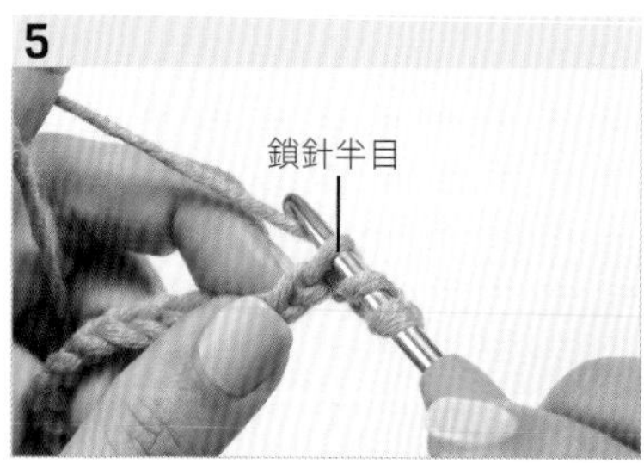

這是鉤針穿過去的樣子。

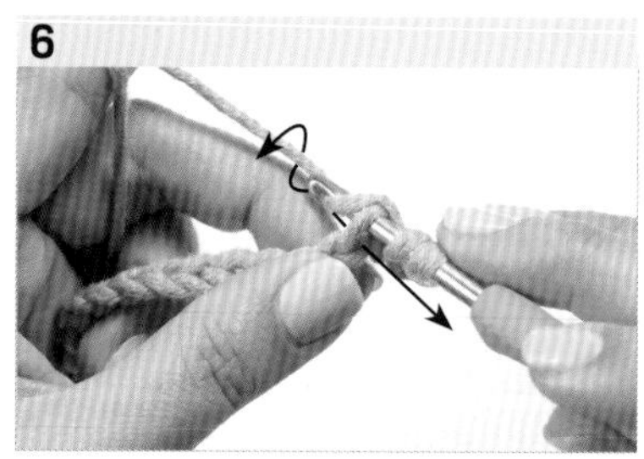

鉤針鉤住線並朝箭頭方向拉出來。

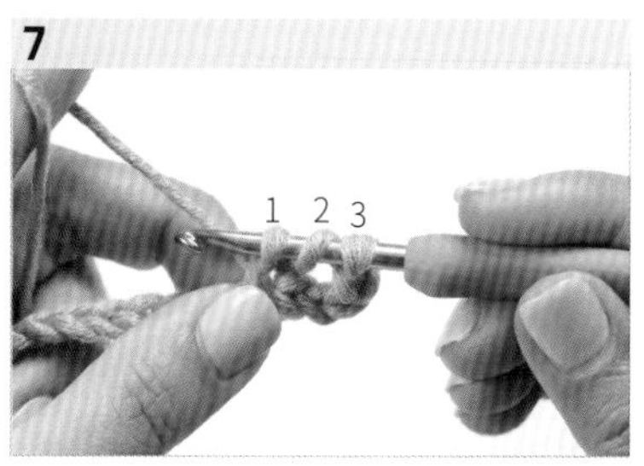

確認鉤針上的線圈是否有 3 個。

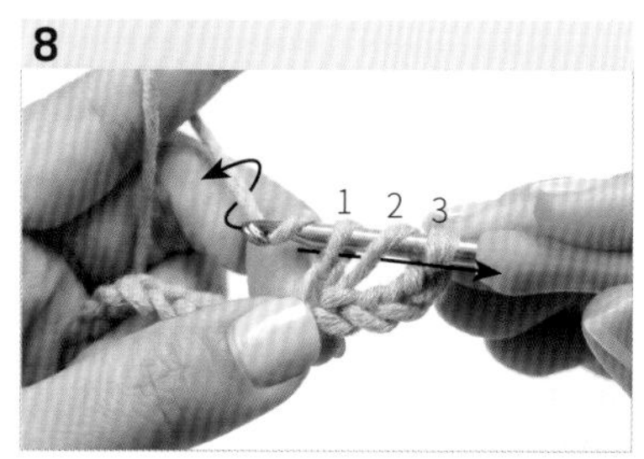

鉤針鉤住線後朝箭頭方向拉，從第二與第三線圈的中間拉出來。

TIP 鉤針從線圈中間拉出來的時候，針頭必須要維持朝下才行。此外若將鉤針稍微往上挑再施力拉的話，就能很容易地從線圈中間拉出來。

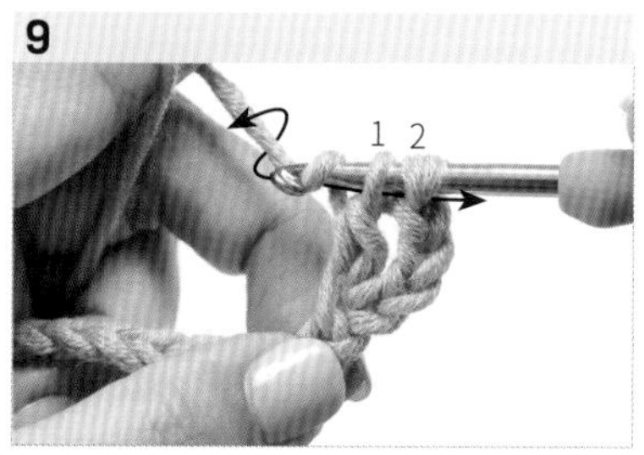

確認鉤針上的線圈是否有 2 個。鉤針鉤住線並一次拉出來。

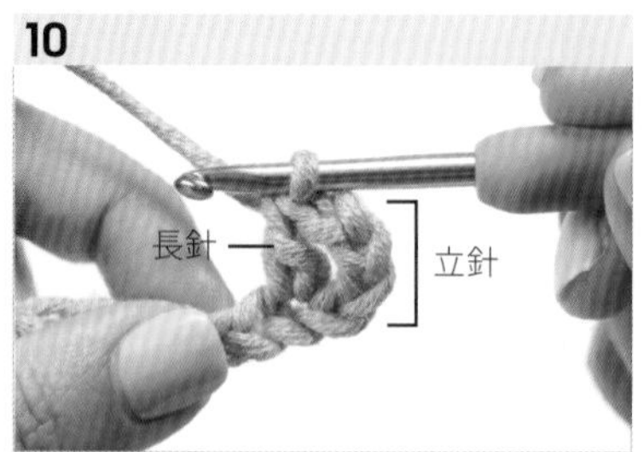

這是長針完成的樣子。

重複**步驟 3-9**，共編出 6 個長針。

TIP 長針是連立針也會算在針目數內，所以包含立針總共是 7 針。

用同樣的方法再編出 62 個長針。

TIP 包含立針總共是 69 針。

13

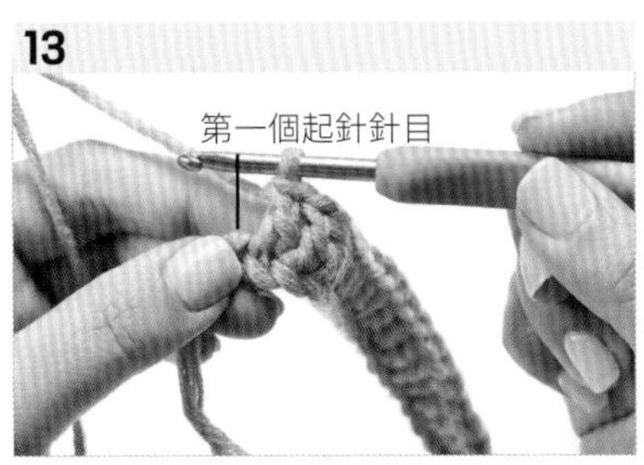

留下第一個鎖針起針的針目。

14

再編 3 個鎖針。

15

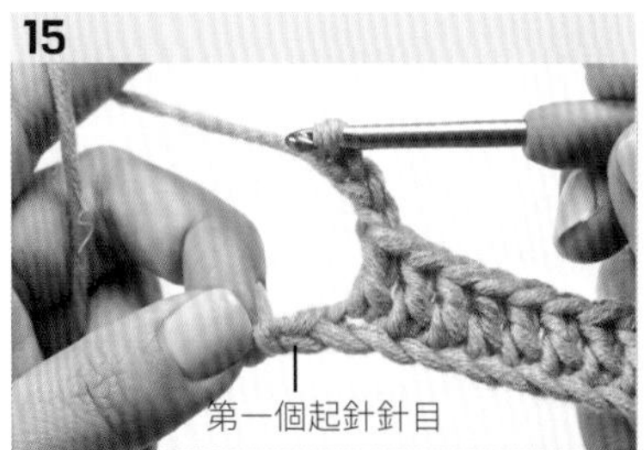

確認**步驟 13** 留下的第一個起針針目的位置。

16

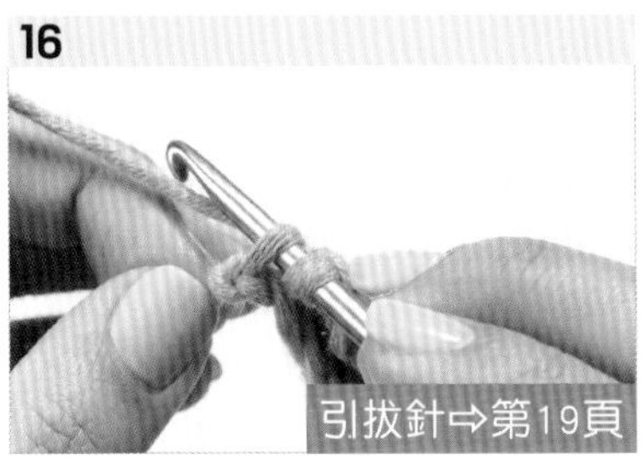

[第一段] 引拔針

用引拔針結束第一段。將鉤針插入鎖針半目。

17

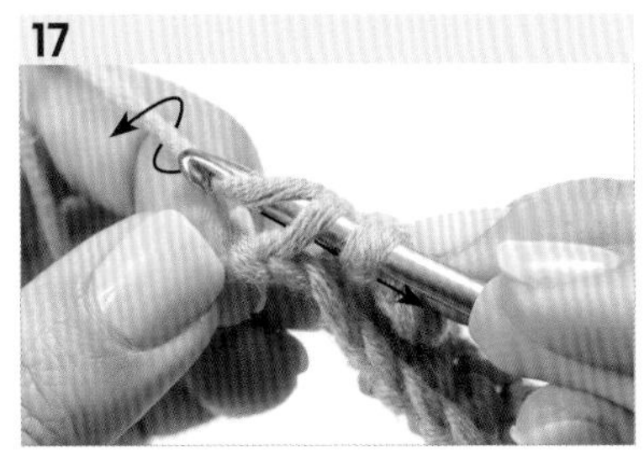

鉤針鉤住線並一次拉出來。

18

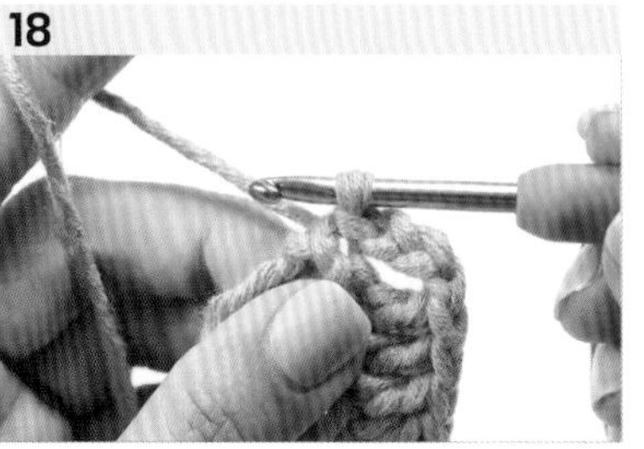

用引拔針結束第一段的樣子。

END

19

用長針鉤織成的平面。

20

修剪毛線並用毛線縫針收尾。可將完成的鉤織品綁成蝴蝶結來使用。

ㄒ

長針

\ SKILL /
2

LEVEL★★

用長針鉤織圓形

先編出輪狀起針，再編長針，
這是編圓形花樣織片時最常使用的方法。
雖然剛開始會覺得困難，但是只要慢慢地跟著做，
會發現可以非常輕易地編出圓形織片。
如果手藝變熟練了，不妨進階編編看水果形狀的花樣織片。

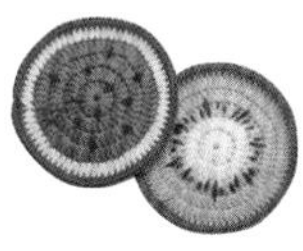

READY

準備物 混紡毛線（羊毛＋棉）· 粗線 · 火焰紅、毛線專用 8 號鉤針、毛線縫針、剪刀

使用的鉤織法 用兩個線圈編織的輪狀起針、鎖針、長針、引拔針

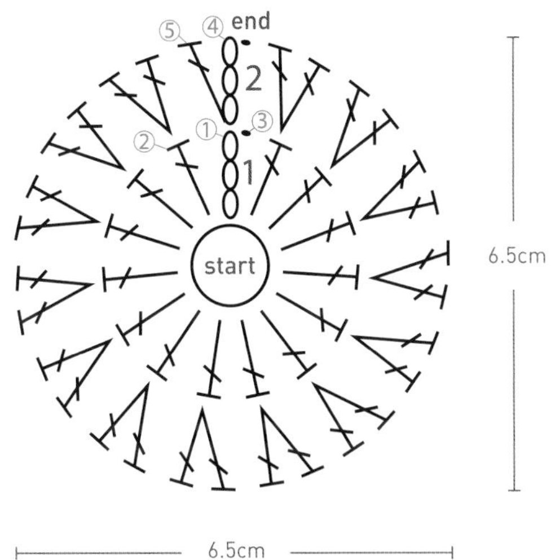

[start] 用兩個線圈編織的輪狀起針

[第一段] ① 鎖針、② 往左編長針、③ 引拔針

[第二段] ④ 鎖針、⑤ 往左編長針

[end] 引拔針、修剪毛線並用毛線縫針收尾

TIP 第一段是 15 針，第二段的針目數增加為兩倍是 30 針。在第二段中，每一個針目都插入兩次鉤針並編出兩個長針。這個鉤織法就是長針加針。

如果覺得用長針鉤織圓形很困難
請用手機掃描 QR code 觀看影片

START

1

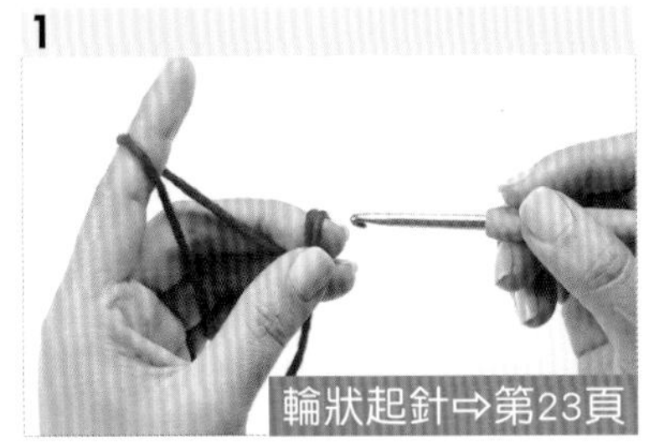

用兩個線圈編織輪狀起針。先將線繞在左手上，並在中指繞兩圈。這時候必須用大拇指和中指抓穩線頭。

TIP 初學者將線繞在中指開始編，會比較容易編出輪狀起針。

2

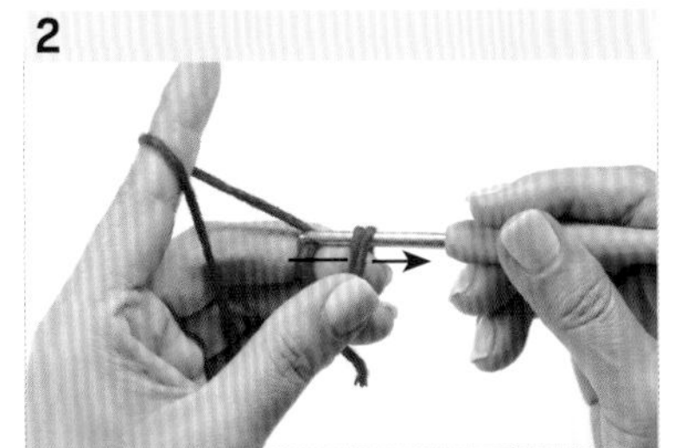

將鉤針往線圈中間插入後，再鉤著線一起拉出來。

3

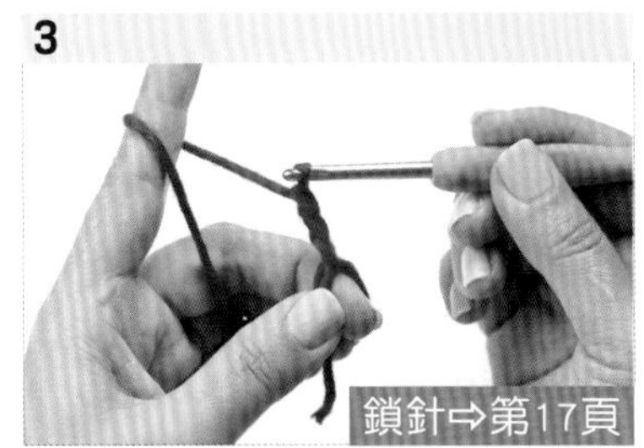

[第一段] 立針

先編 3 個鎖針，做為長針的立針。

TIP 長針的立針也算作 1 針長針。

4

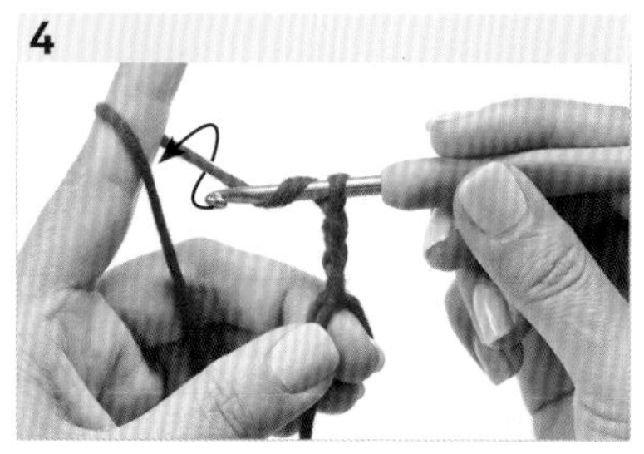

[第一段] 長針

開始編長針。將鉤針鉤住線。

5

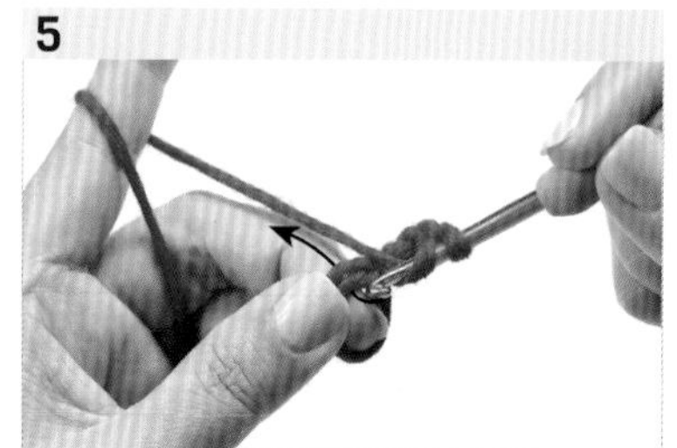

將鉤住線的鉤針插入輪狀起針中間。

6

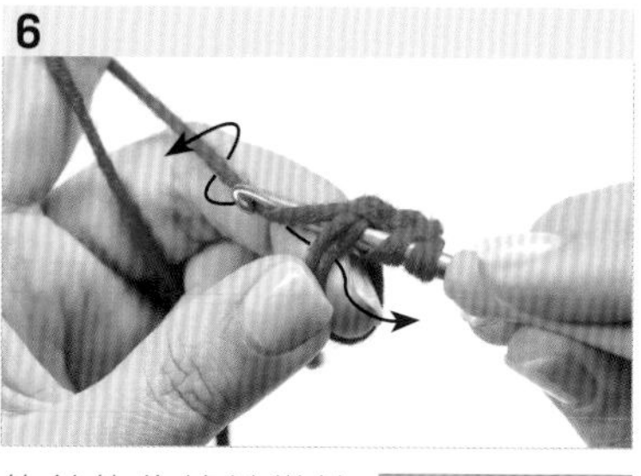

鉤針鉤住線並從輪狀起針中間拉出。確認鉤針上的線圈是否有 3 個。

7

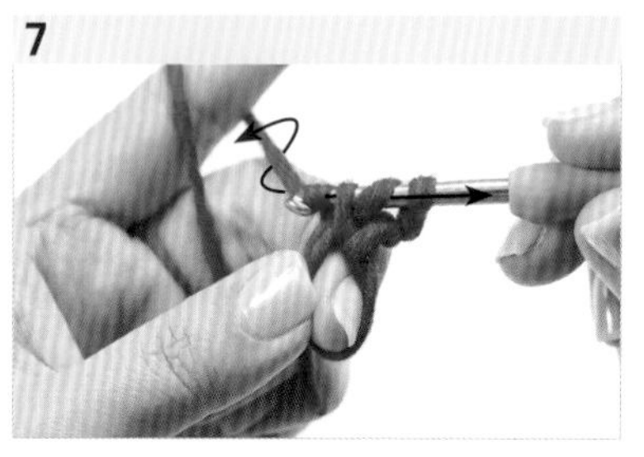

鉤針鉤住線，只從 3 個線圈中的前兩個拉出來。

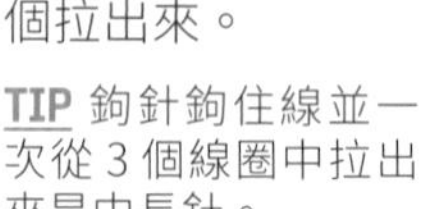

TIP 鉤針鉤住線並一次從 3 個線圈中拉出來是中長針。

8

鉤針鉤住線並一次從 2 個線圈中拉出來。這樣就完成包含立針在內的 2 針長針。

9

重複**步驟 4-8**，再編出 13 個長針。

TIP 包含立針總共要有 15 針長針。

10

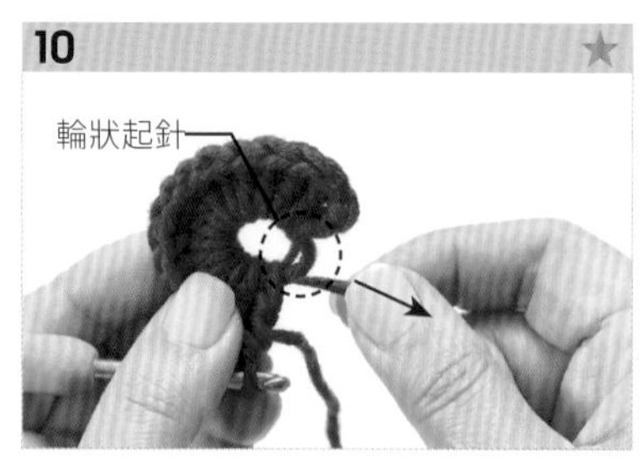

稍微拉一下線頭，（輪狀起針）兩條線之中會有一條線被拉動。

11

用手抓著移動的那一條線，並向外拉緊。

12

再次拉動**步驟 10** 中的線頭，將整個圓拉緊密。

13

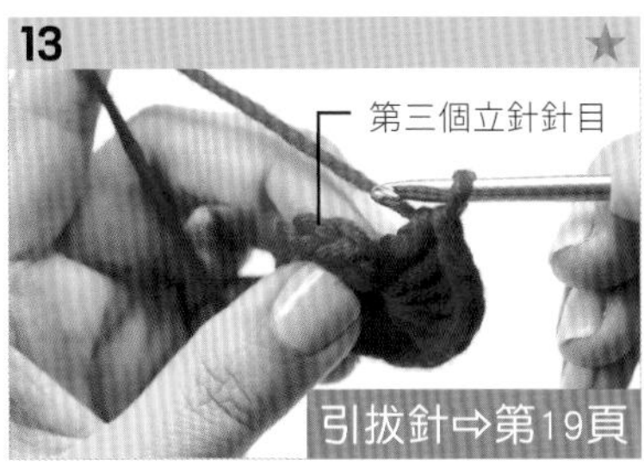

[第一段] 引拔針

用引拔針結束第一段。編引拔針的位置就是第一段的第三個立針針目。

TIP 找出第三個立針針目的方法，就是確認前一個針目的頭跟腳之後，位於右邊的針目就是第三個立針針目。

14

將鉤針插入第三個立針針目。這裡必須要穿過半目和裡山的兩條線才行，請多加注意。

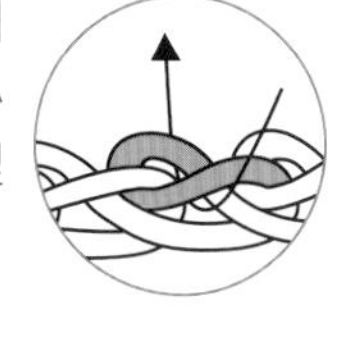

TIP 如果引拔針只穿過半目，鉤織品的結構就會變鬆並產生縫隙。

15

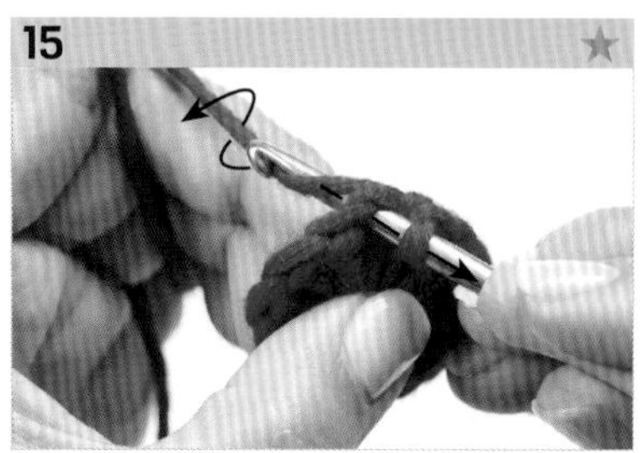

鉤針鉤住線並一次拉出來。

16

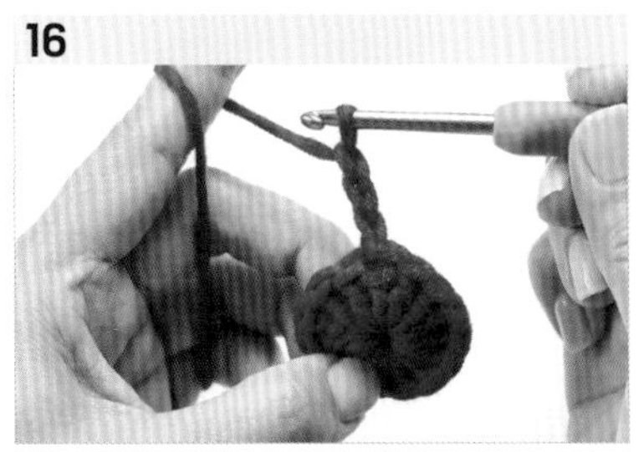

[第二段] 立針

接著要編第二段。跟第一段一樣，先編 3 個鎖針，做為長針的立針。

17

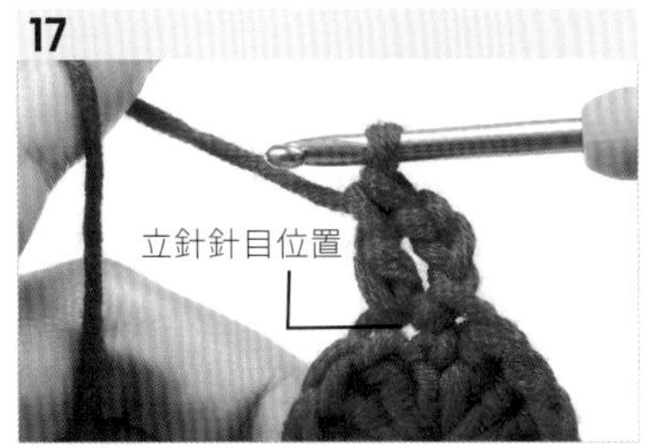

[第二段] 長針

在第二段立針的立起位置上編 1 個長針。這樣的話，包含立針總共算是編了 2 針。

18

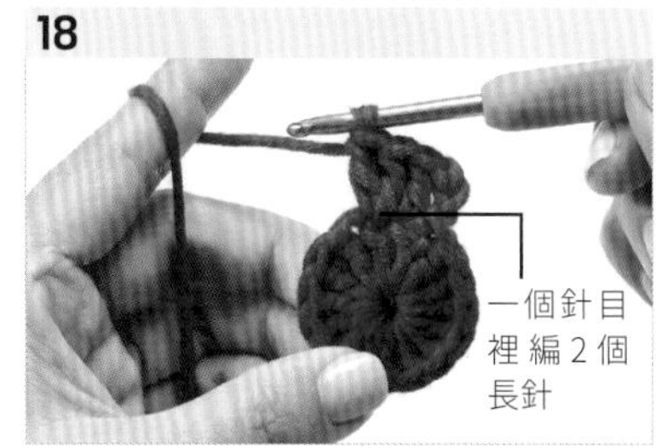

接下來從編好長針的下一個針目開始，每一個針目裡都要編 2 個長針。

19

[第二段] 引拔針

編完共 30 針之後，確認第二段要編引拔針的第三個立針針目位置在哪裡。

20

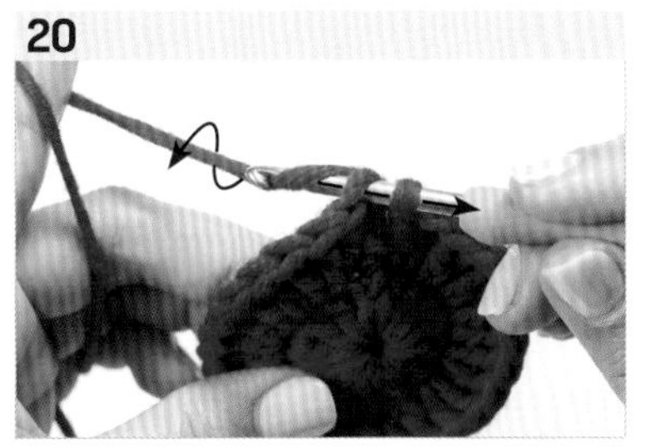

將針插入第三個立針針目（穿過半目和裡山的兩條線）後，鉤住線並一次拉出來。

END

21

修剪毛線，並用毛線縫針收尾。完成圓形織片。

長針

SKILL 3

LEVEL ★★★

用長針鉤織橢圓形

用鎖針起針之後再用長針編出橢圓形，
這是在編包包或束口袋的橢圓形底部時很常用的技法。
在編織橢圓形的時候，
第一個起針針目和最後一個起針針目都必須要加針。
建議先看編織圖觀察一下到底要在哪個位置加針，
開始動手編織時就會變得比較簡單。一起練習吧！

READY

準備物 混紡毛線（羊毛＋棉）・粗線 ・ 淺灰、毛線專用 8 號鉤針、毛線縫針、剪刀

使用的鉤織法 鎖針、長針、引拔針

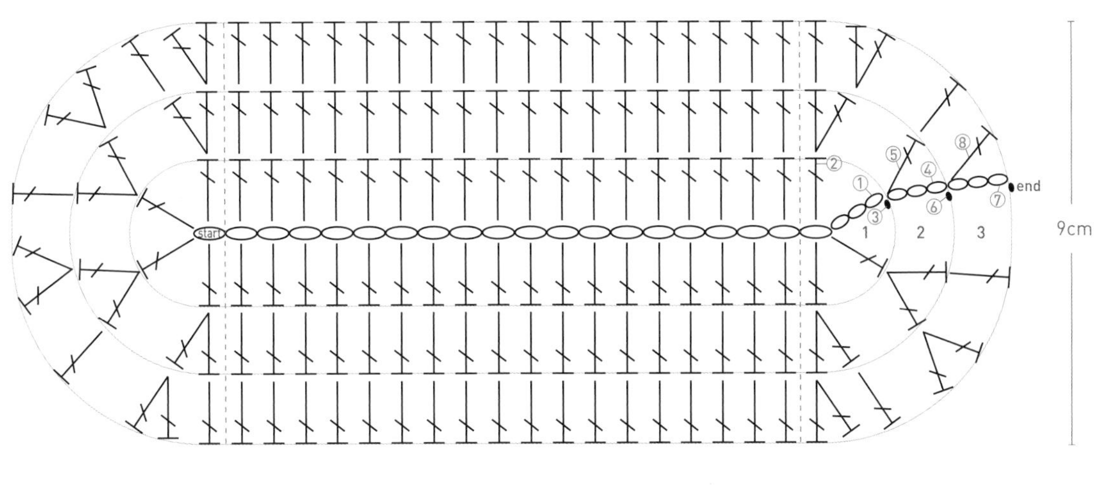

[start] 鎖針

[第一段] ① 鎖針、② 往左編長針、③ 引拔針

[第二段] ④ 鎖針、⑤ 往左編長針、⑥ 引拔針

[第三段] ⑦ 鎖針、⑧ 往左編長針

[end] 引拔針、修剪毛線並用毛線縫針收尾

TIP 起針的第一個針目和最後一個針目都必須要加針。從編織圖來看，只有虛線外的左右兩邊需要加針，虛線內從上到下的針目數不變，都是 18 針。

如果覺得用長針鉤織橢圓形很困難
請用手機掃描 QR code 觀看影片

1

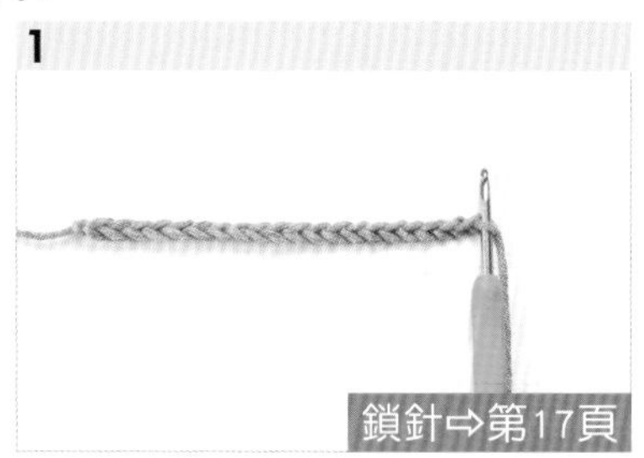

編 20 個鎖針起針。

2

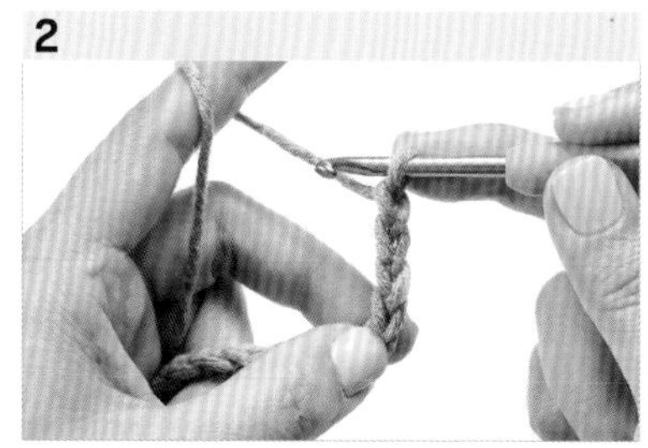

[第一段] 立針

先編 3 個鎖針，做為長針的立針。

3

[第一段] 長針

鉤針鉤住線後，將鉤針插入第四個鎖針半目。

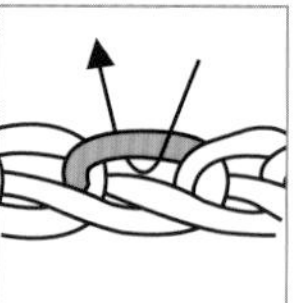

TIP 鉤針鉤住線要拉出來的時候，針頭隨時保持朝下。

4

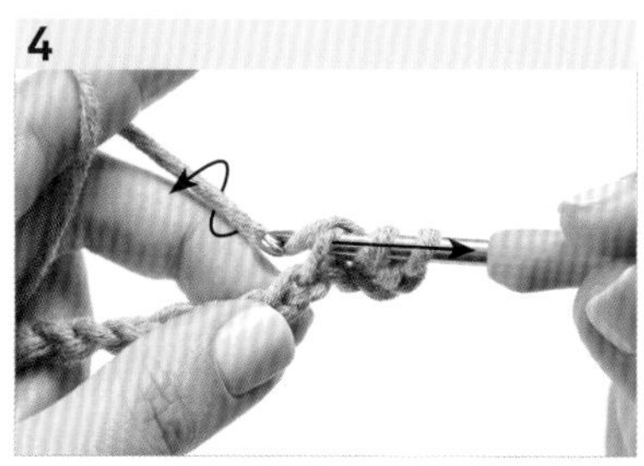

鉤針鉤住線並朝箭頭方向拉出來。

5

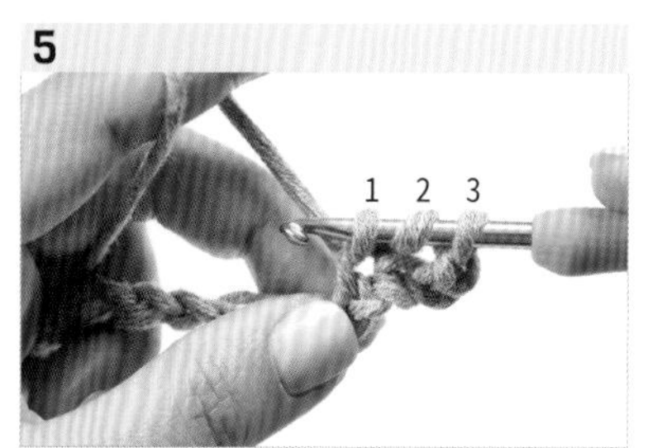

確認鉤針上的線圈是否有 3 個。

6

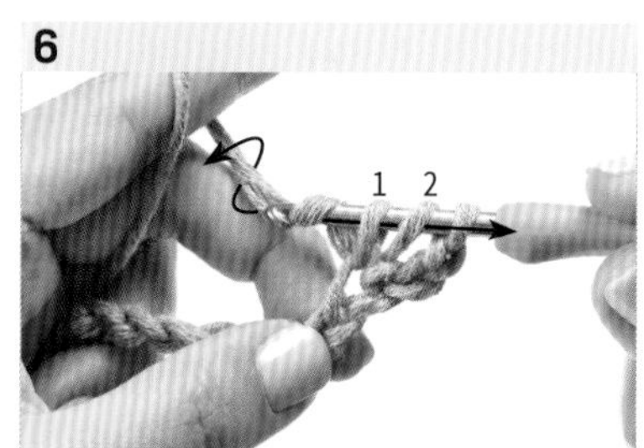

鉤針鉤住線後，只從 3 個線圈中的前兩個拉出來。

7

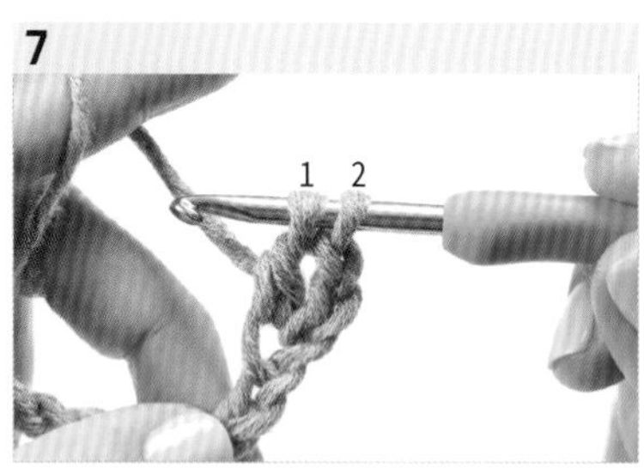

確認鉤針上的線圈是否有 2 個。

8

鉤針鉤住線並一次拉出來。

9 編織圖第一段右邊 ★

這是長針完成的樣子。

10

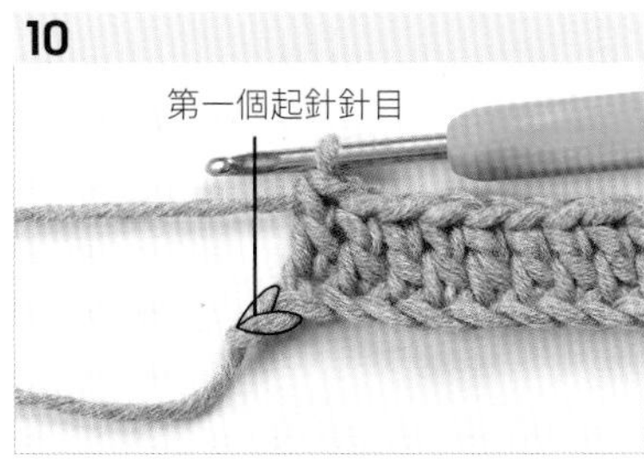

按照編織圖，接著總共要編 18 個長針，請注意不可以少編或多編。將第一個起針針目留著。

11

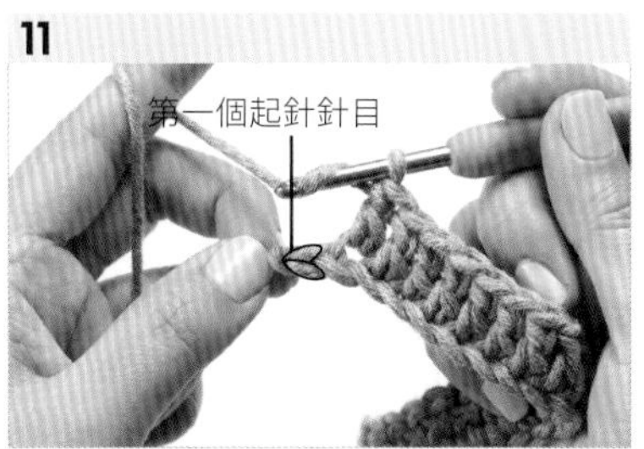

鉤針鉤住線，將鉤針插入第一個起針針目。

12 編織圖第一段左邊 ★

在第一個起針針目裡編 4 個長針。

TIP 這個鉤織法就是 4 長針加針。

13

接下來每一個針目編 1 個長針，總共要編 18 個長針。

TIP 橢圓形是沿著鎖針來編織的。

14

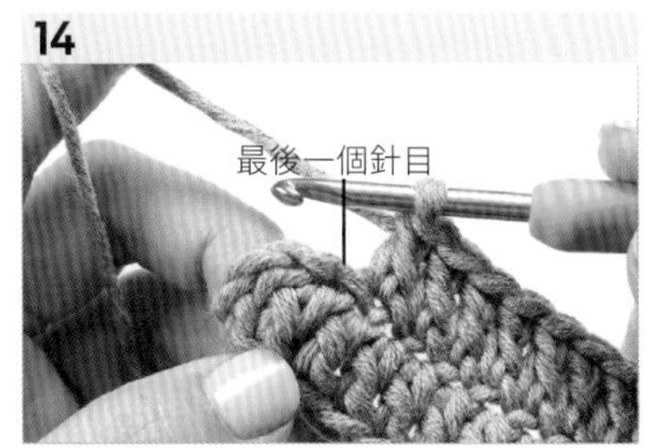

確認編到最後一個起針針目。

15

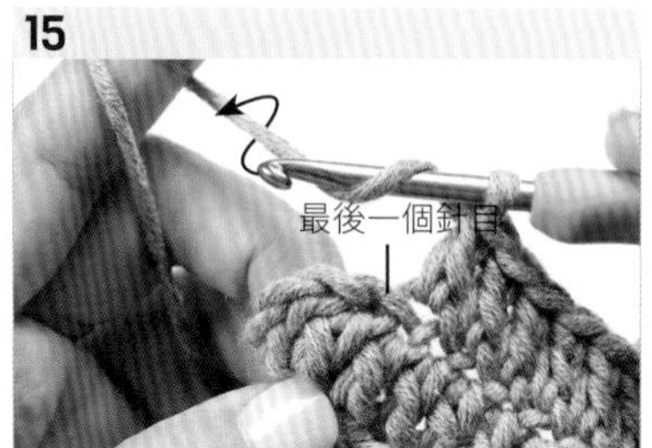

鉤針鉤住線，在最後一個針目裡編 2 個長針。

16 編織圖第一段右邊 ★

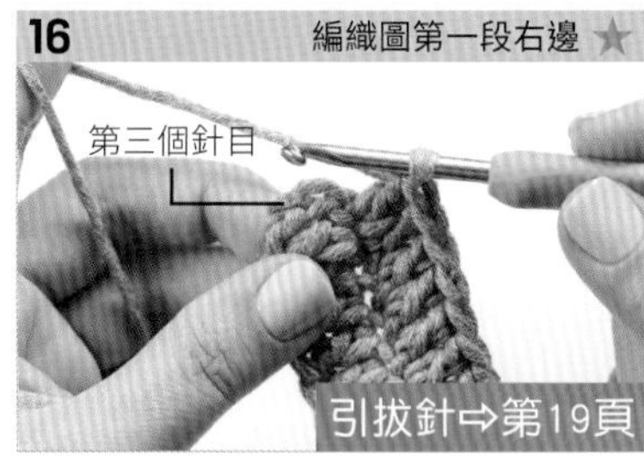

引拔針⇨第19頁

[第一段] 引拔針

用引拔針結束第一段。確認第一段的第三個立針針目位置。

17

將鉤針插入第三個針目（穿過半目和裡山的兩條線），並編出引拔針。

18

這是第一段完成的樣子。

19

[第二段] 立針、長針

先編 3 個鎖針，做為第二段長針的立針。在立針立起的位置再編 1 個長針。

20 編織圖第二段右邊 ★

下一個針目裡編 2 個長針。

TIP 目前為止總共編了 4 針長針。

21

從現在開始不需要加針。每一個針目編 1 個長針，編完 18 個長針後留下 4 針。

22 編織圖第二段右邊 ★

留下的 4 針裡要分別編 2 個長針。

TIP 每一個針目編 2 個長針，總共編 8 個長針。

23

接下來每一個針目編 1 個長針，編完 18 個長針後留下 2 針。

24 編織圖第二段右邊 ★

留下的 2 針針目裡要分別編 2 個長針。

25

[第二段] 引拔針

用引拔針結束第二段。確認第二段的第三個立針針目位置。

26

將鉤針插入第三個針目（穿過半目和裡山的兩條線），並編出引拔針。

27 編織圖第三段右邊 ★

[第三段] 立針、長針

先編出 3 個鎖針做為立針，並在立針立起的位置再編 1 個長針。下一個針目裡編 1 個長針，再下一個針目裡編 2 個長針，再下一個針目裡編 1 個長針，以此循環來增加針目。

28

接下來每一個針目編 1 個長針，共編 18 個長針。

29 編織圖第三段左邊 ★

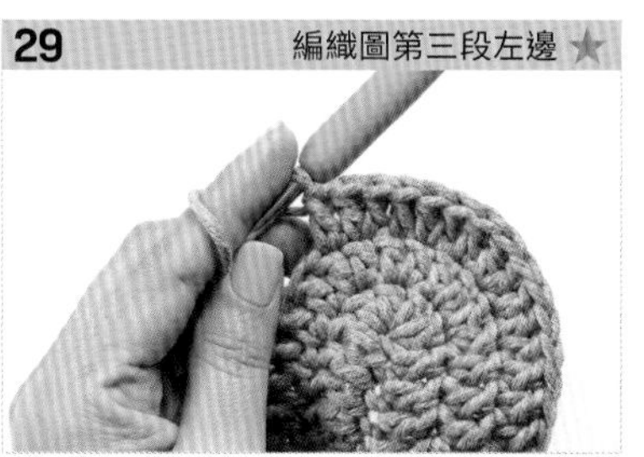

剩下的 8 針每一針都要按照 2 個、1 個、2 個、1 個的規則分別編入長針。

30

接下來每一個針目編 1 個長針，編完 18 個長針後留下 4 針。

31

留下的 4 針每一針都要按照 2 個、1 個、2 個、1 個的規則分別編入長針。

32 編織圖第三段右邊 ★

[第三段] 引拔針

用引拔針結束第三段。確認第三段的第三個立針針目位置。

33

將鉤針插入第三個針目（穿過半目和裡山的兩條線），並編出引拔針。

END

34

修剪毛線，並用毛線縫針收尾。橢圓形織片完成。

短針

\ SKILL /
1

LEVEL★

用短針鉤織平面

現在用短針來編編看平面。
往上增加段的時候，先編一個鎖針做為立針，再編短針。
左右往返的平面編織最重要且不可忘記的一點是不要漏針，
而且必須要編織得很均勻才會好看。
一邊練習用短針鉤織平面，一邊做出蝴蝶結髮圈吧！

READY

準備物 混紡毛線（羊毛＋棉）・粗線・蜂巢黃、毛線專用 8 號鉤針、毛線縫針、剪刀
使用的鉤織法 鎖針、短針

[start] 寬鬆的鎖針
[第一段] ① 鎖針、② 往左編短針
[第二段] ③ 鎖針、④ 往右編短針
[end] 修剪毛線並用毛線縫針收尾

TIP 短針的立針不需要算進針目數。請從立針立起的位置開始編短針。

如果覺得用短針鉤織平面很困難
請用手機掃描 QR code 觀看影片

START

1

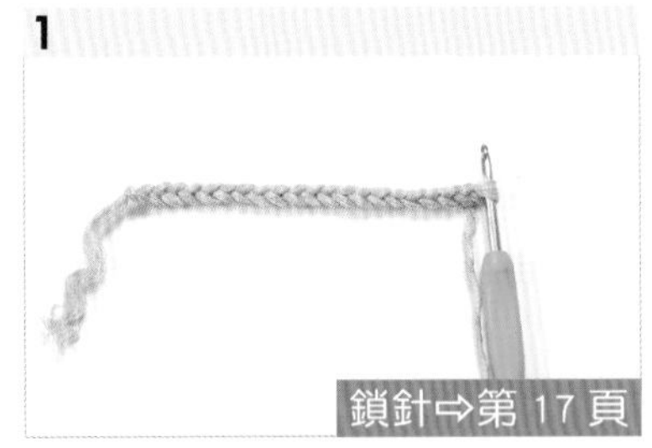

編 20 個鎖針起針。

TIP 起針編得太緊密的話，織片會變得皺皺的、不平整。如果覺得很難編得寬鬆，請用大一號的鉤針。

2

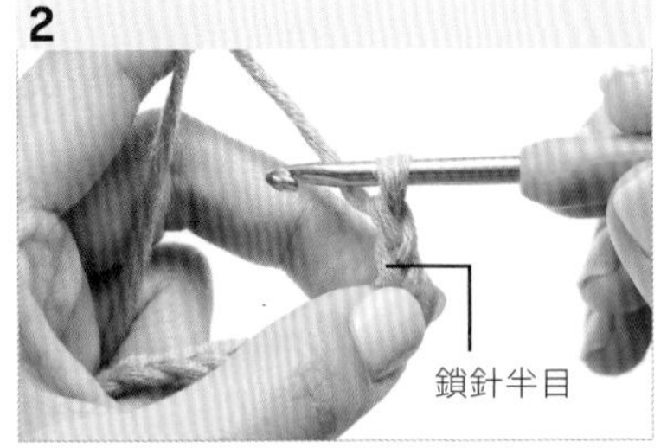

[第一段] 立針

先編 1 個鎖針，做為短針的立針。由於必須將鉤針插入立針旁的起針針目，請確認好位置（從編織圖來看是第二十個起針針目，從立針位置算起是第二個針目）。

TIP 短針的立針不需要算進針目數。

3

[第一段] 短針

將鉤針穿過第二個鎖針半目。

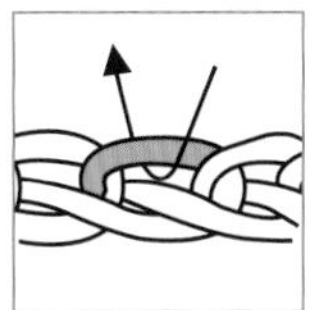

4

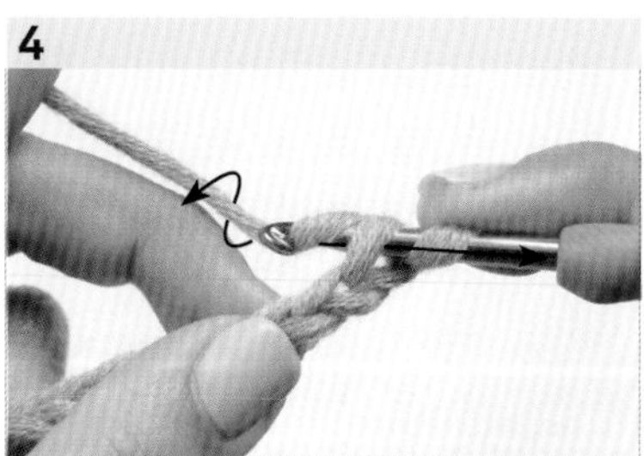

鉤針鉤住線並朝箭頭方向拉出來。

5

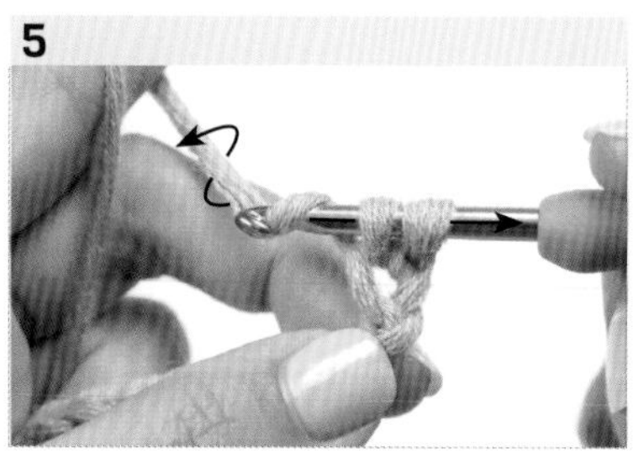

這時候鉤針上的線圈有 2 個。再將鉤針鉤住線並一次拉出來。

6

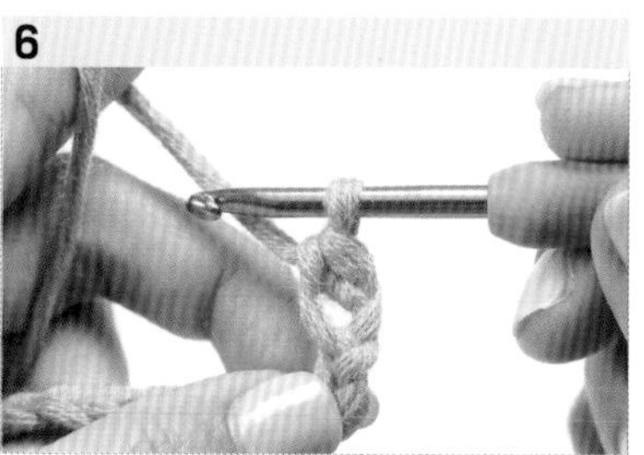

這是短針編好的樣子。

7

重複**步驟 3-6**，圖片為共編出 9 個短針的樣子。

8

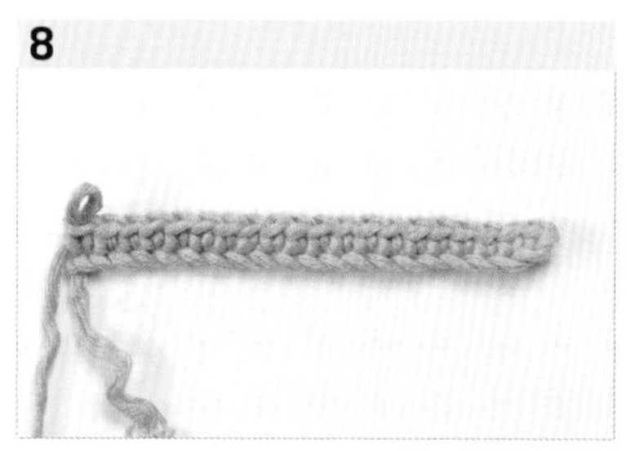

用相同的方法再編 11 個短針，總計要編 20 個，完成第一段。

9

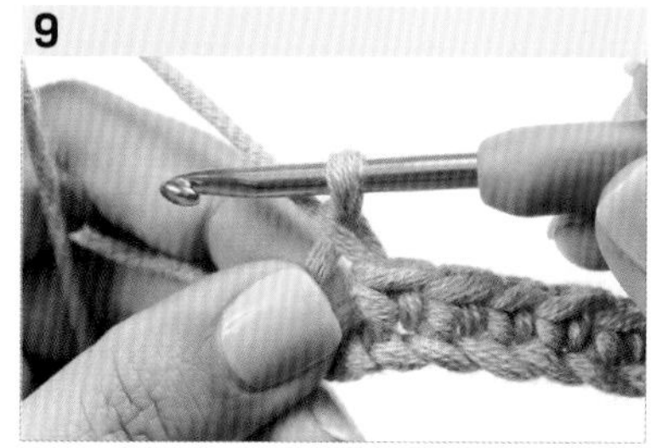

[第二段] 立針

先編 1 個鎖針，做為第二段短針的立針。

10 ★

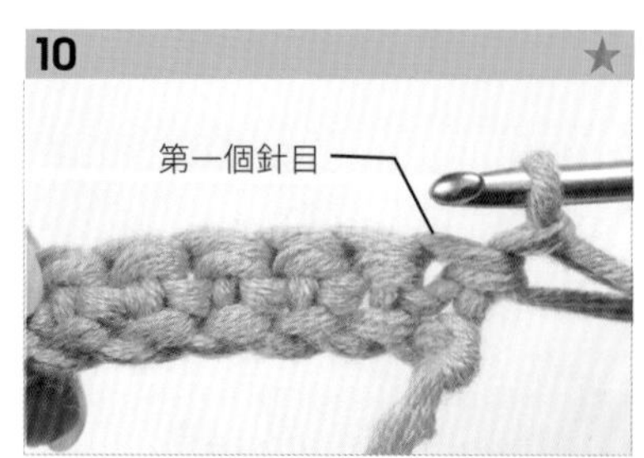

[第二段] 短針

將織片背面翻到前面。

TIP 在這個步驟中必須好好地確認第一段的第一個針目位置。

11

將鉤針插入第一段的第一個針目的頭。

TIP 編短針的時候一定要插入兩條線再編，如果只插入一條線就會變成其他鉤織法。

12

鉤針鉤住線並朝箭頭方向拉出來。確認鉤針上的線圈是否有 2 個。

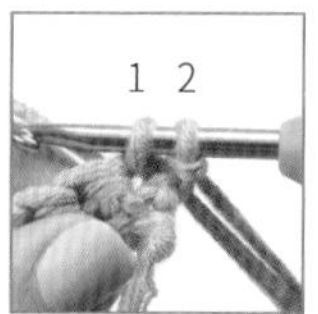

13

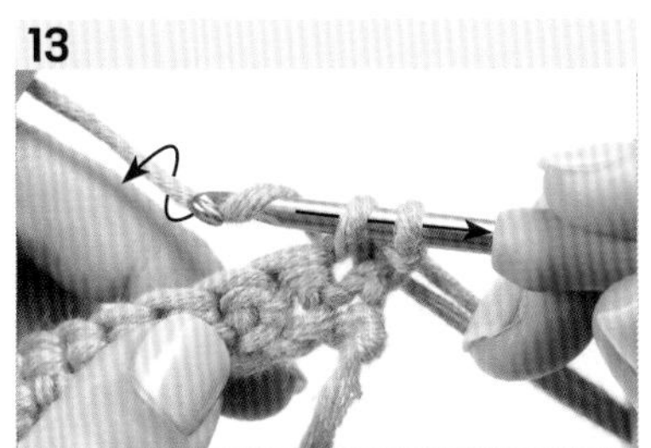

鉤針鉤住線並一次拉出來。

14

這是第二段的第一個短針編好的樣子。用相同方法，共編出 19 個短針。

15

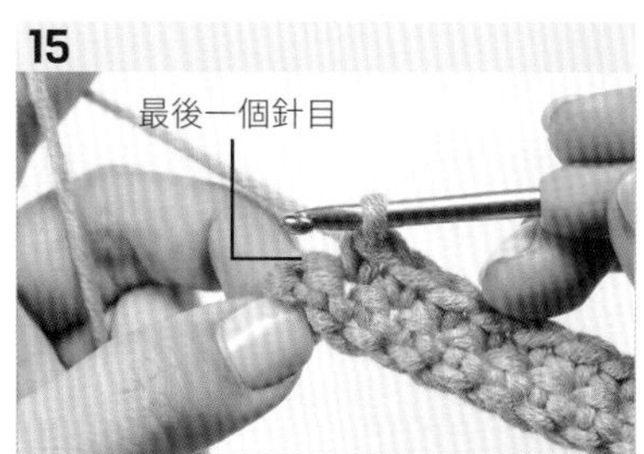

將鉤針插入最後一個針目的頭。

TIP 請注意不要漏掉最後一個針目。

16

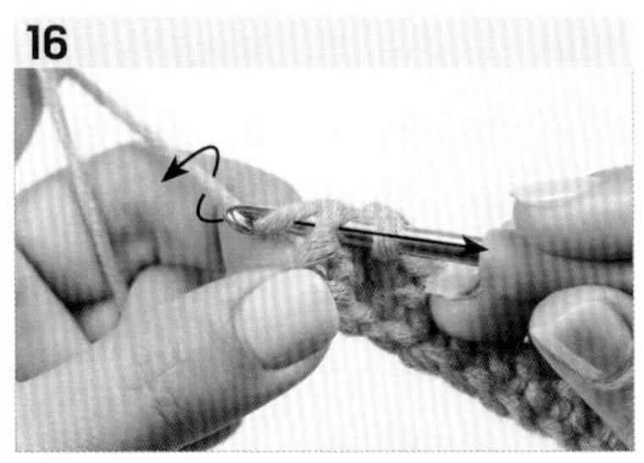

鉤針鉤住線並朝箭頭方向拉出來。確認鉤針上的線圈是否有 2 個。

17

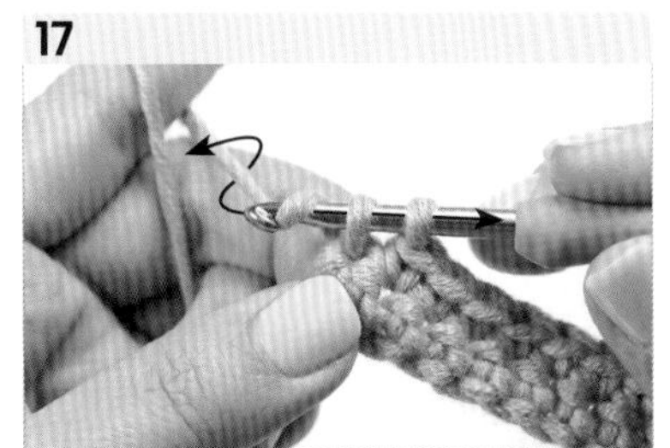

鉤針鉤住線並一次拉出來。

18

完成第二段的短針。

END

19

修剪毛線並用毛線縫針收尾。可將完成的鉤織品製作成髮圈來使用。

短針

\ SKILL /
2

LEVEL★★

用無立針的短針鉤織圓形

用短針編織圓形，一點都不困難。
這裡要教不立針就往上增段的方法，
用這種鉤織法，看不出段跟段之間的界線，
可以鉤織出很整齊的圓形，所以也是鉤織玩偶時的常用技法。
不過對初學者來說有個小缺點，就是很難知道段的開始跟結束，
這時候就要利用段數計環或掛線標示再織。

READY

準備物 混紡毛線（羊毛＋棉）．粗線．糖果粉紅及象牙白、毛線專用 8 號鉤針、毛線縫針、剪刀

使用的鉤織法 用兩個線圈編織的輪狀起針、鎖針、短針、引拔針

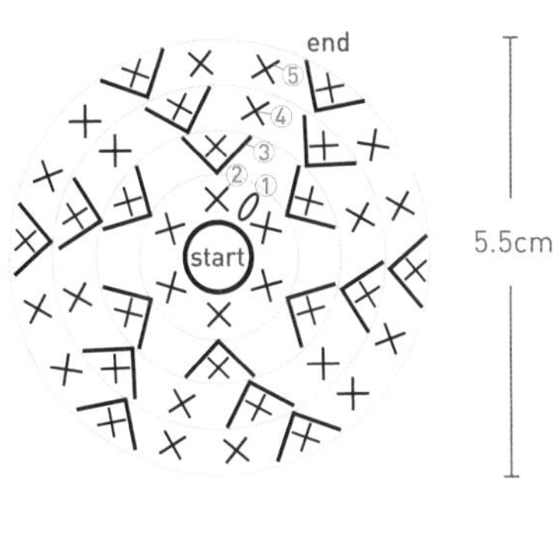

[start]　用兩個線圈編織的輪狀起針

[第一段] ① 鎖針、② 往左編短針

[第二段] ③ 2 短針加針

[第三段] ④ 短針、2 短針加針

[第四段] ⑤ 短針、2 短針加針

[end]　引拔針、修剪毛線並用毛線縫針收尾

TIP 編第一段跟第二段短針的時候，以逆時針方向來看編織圖並進行鉤織。

如果覺得用無立針的
短針鉤織圓形很困難
請用手機掃描 QR code 觀看影片

START

1

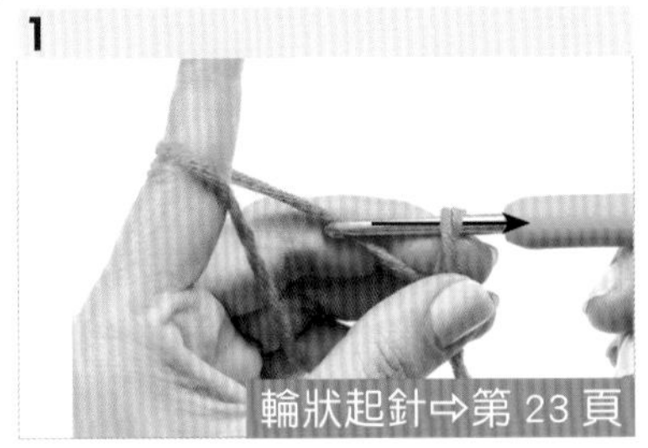

輪狀起針⇨第 23 頁

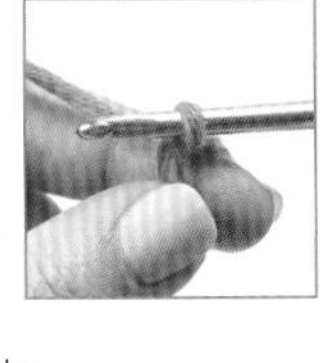

用兩個線圈編織輪狀起針。先將線繞在左手上，並在中指繞兩圈。將鉤針插入兩個線圈中間，再鉤著線拉出來。

2

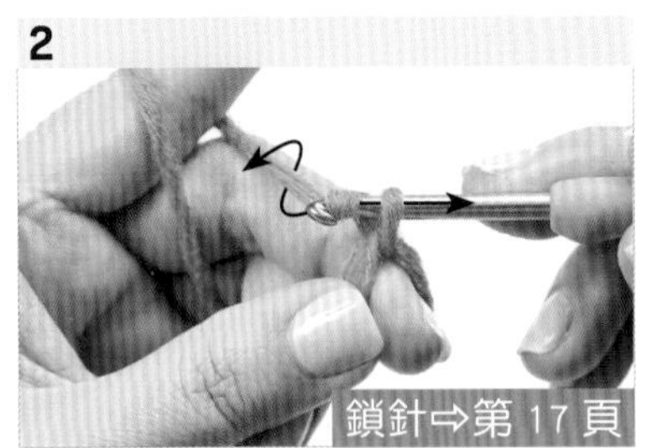

鎖針⇨第 17 頁

[第一段] 鎖針

先編 1 個鎖針，做為短針的立針。

3

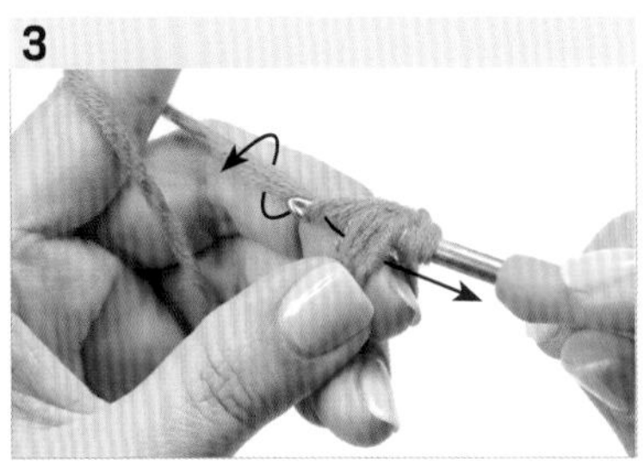

[第一段] 短針

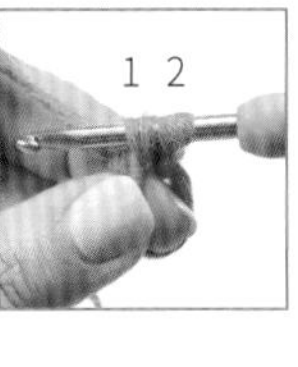

將鉤針插入輪狀起針中間，鉤住線再往外拉出來。確認鉤針上的線圈是否有 2 個。

4

鉤針鉤住線並一次拉出來。

5

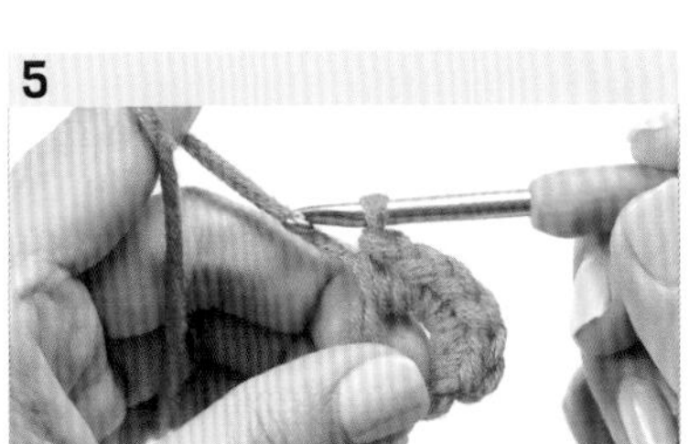

重複**步驟 3-4**，共編出 6 個短針。

6 ★

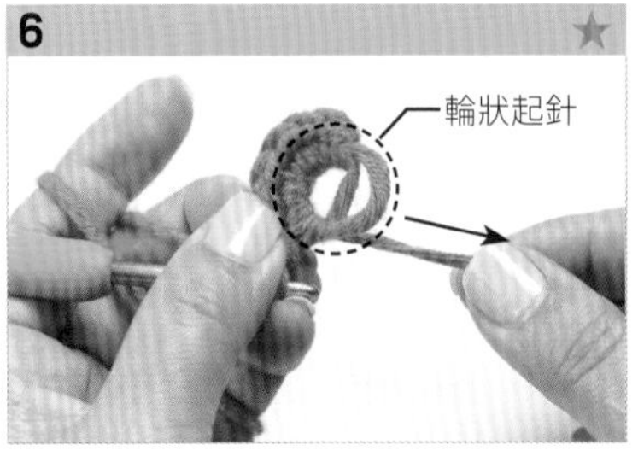

稍微拉一下線頭，（輪狀起針）兩條線之中會有一條線被拉動。

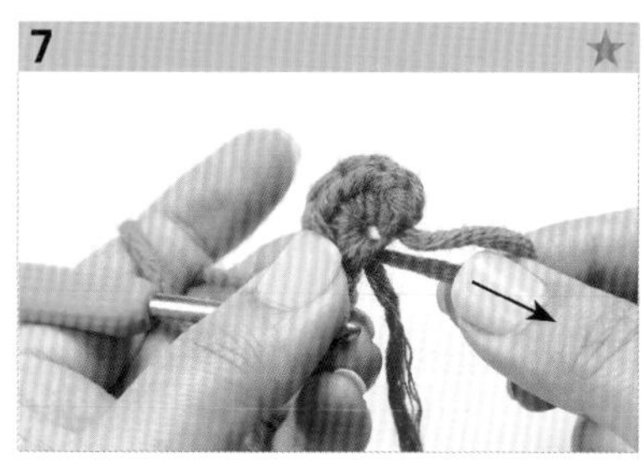

手抓著移動的那一條線並拉緊。

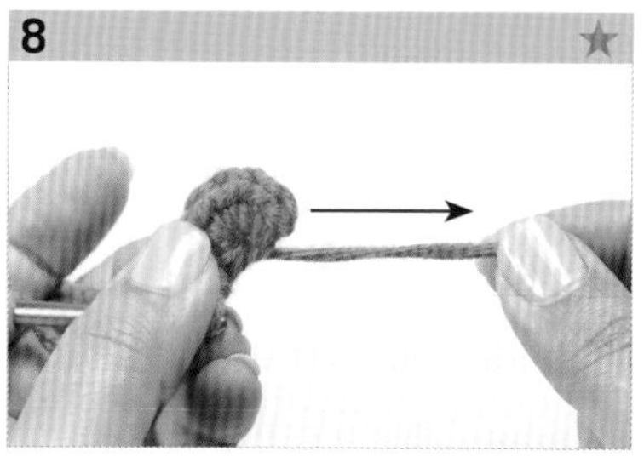

再次拉動**步驟 6** 中的線頭，將整個圓拉緊密。

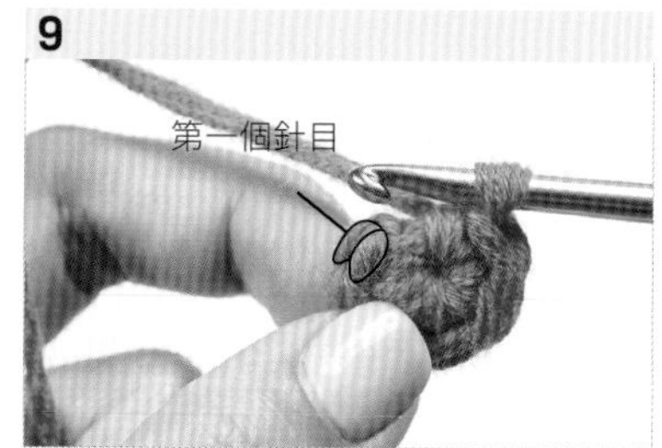

第一段就完成了。確認第一段的第一個針目位置。

TIP 第一段總共是 6 針。

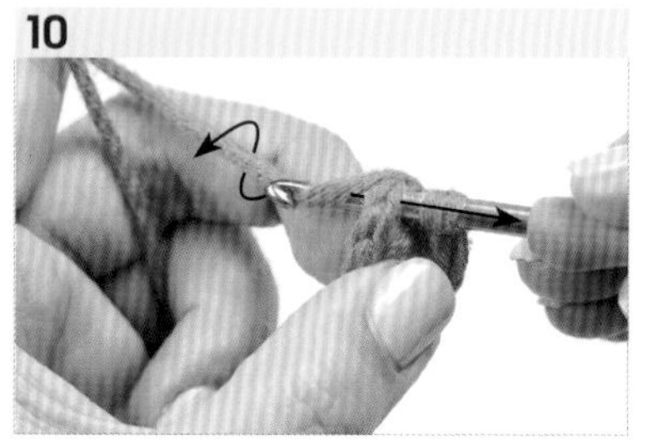

[第二段] 短針

將鉤針插入第一段第一個針目的頭，鉤針鉤住線並朝箭頭方向拉出來。

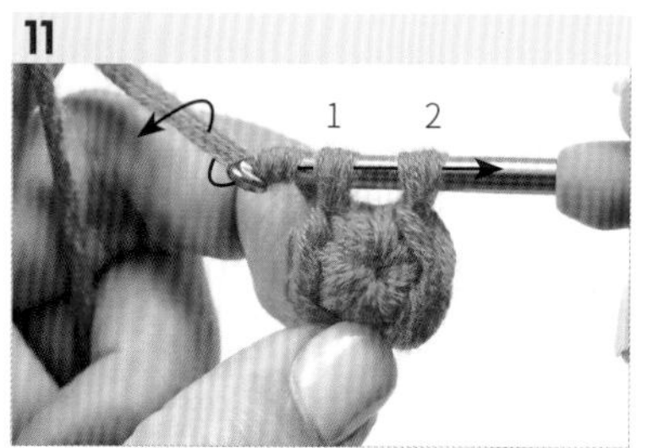

確認鉤針上的線圈是否有 2 個。將鉤針鉤住線後一次拉出來。

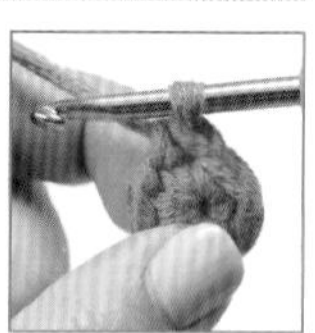

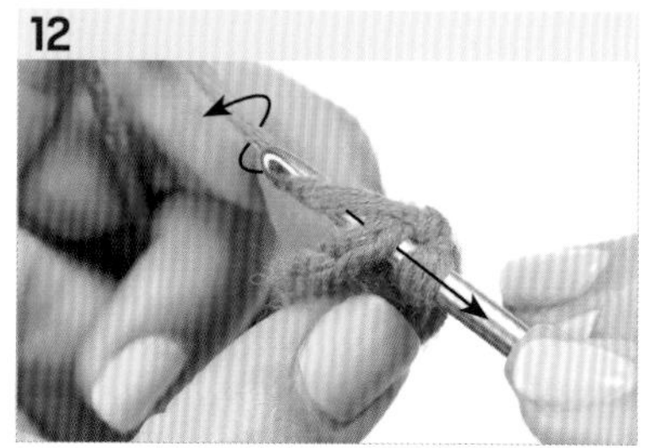

接著要增加針目數。再次將鉤針插入第一段的第一個針目，鉤針鉤住線並朝箭頭方向拉出來。

TIP 如果這時候將編輪狀起針時留下的線頭一起編進去，之後就不需要整理線頭，會很方便。

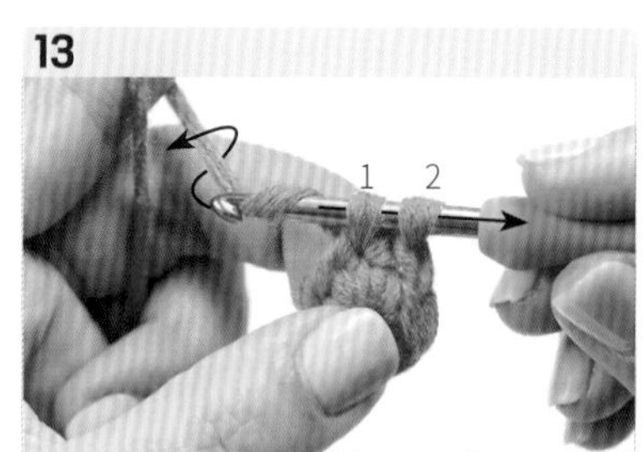

確認鉤針上的線圈是否有 2 個。再次將鉤針鉤住線並一次拉出來。一個針目裡編 2 個短針，此為短針加針。

14

最後一個針目

用相同的方法將每個針目都編 2 個短針，增加針目數，總共編 5 次。最後一個針目先編 1 個短針。

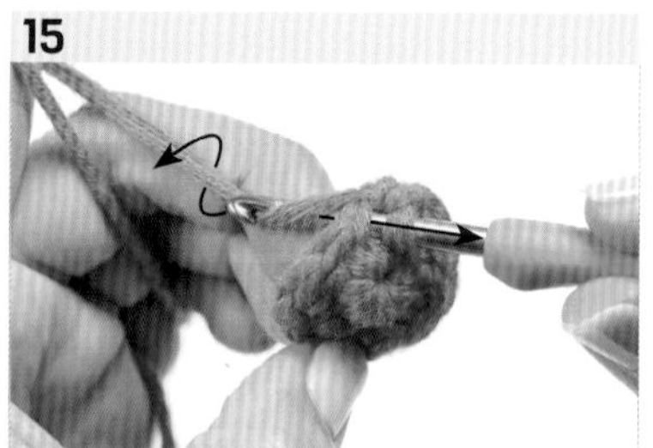

[第二段] 換線

即將在最後一個針目換線。將鉤針插入針目裡，鉤住線後朝箭頭方向拉出來。

16

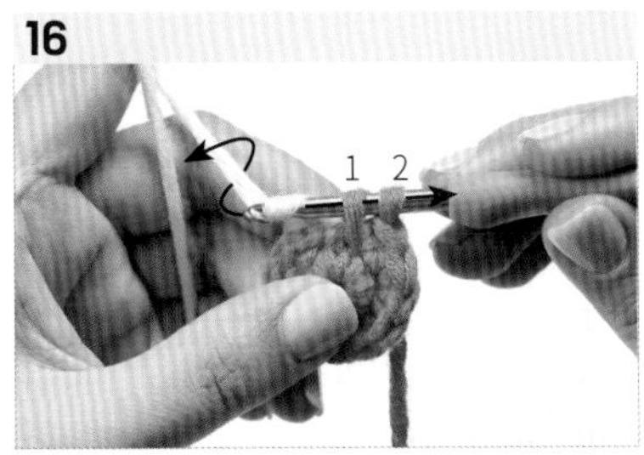

確認鉤針上的線圈是否有 2 個。鉤針鉤住要交換的線並一次拉出來，完成換線動作。把原本的粉紅色線剪開，只留一小段。

TIP 第二段總共是 12 針。

17

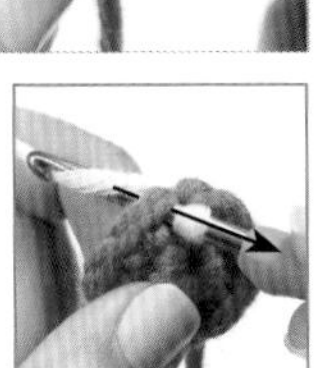

[第三段] 短針

將鉤針插入第二段的第一個針目的頭，鉤針鉤住線並朝箭頭方向拉出來。

18

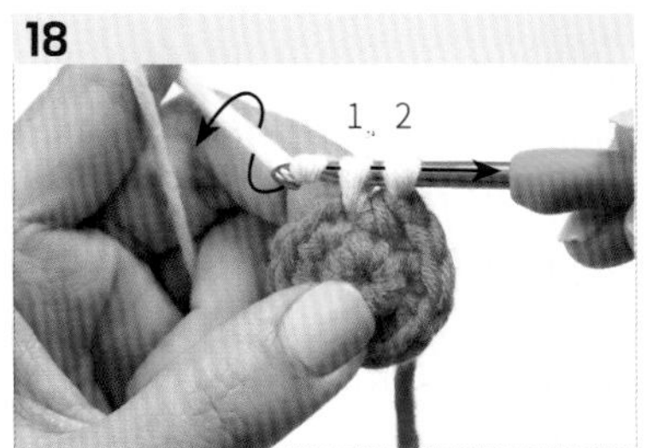

確認鉤針上的線圈是否有 2 個。將鉤針鉤住線並一次拉出來。

19

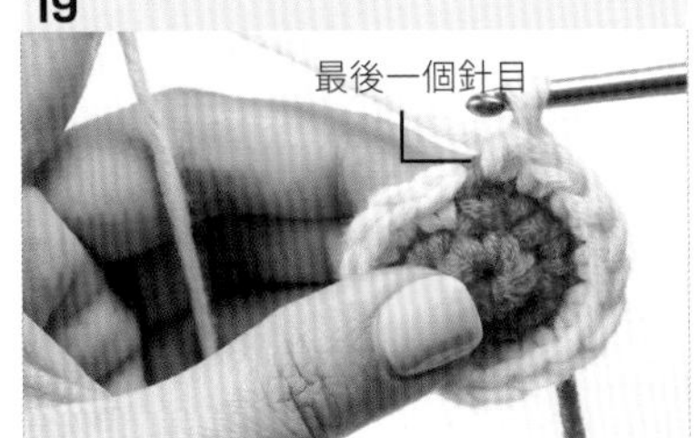

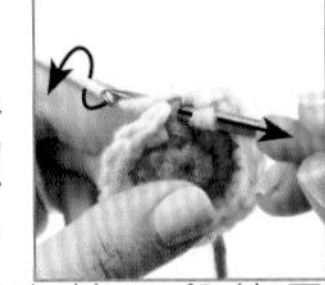

[第三段] 換線

每一個針目要編入的短針數量是依照 1 個、2 個來循環，總共編 6 次。為了在第三段的最後一個針目裡換線，將鉤針插入針目，鉤住線並拉出來。

TIP 第三段總共是 18 針。

20

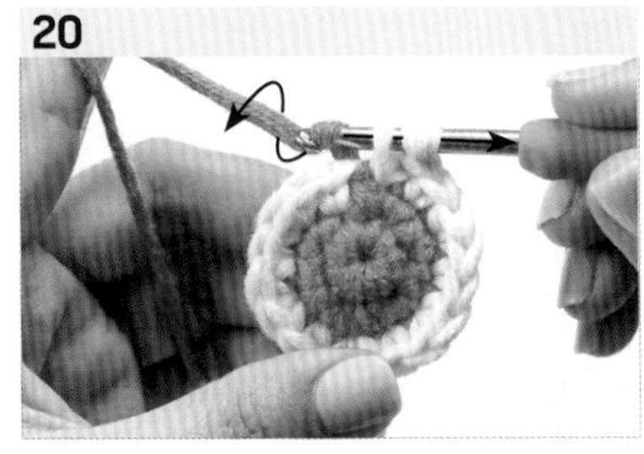

跟**步驟 16** 一樣，鉤針鉤住要交換的線並一次拉出來。

21

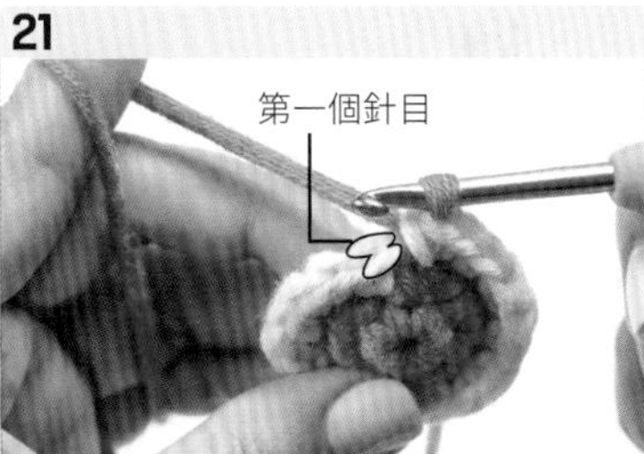

[第四段] 短針

將鉤針插入第三段的第一個針目的頭，並編入短針。

END

22

查看編織圖，依照加針的規則編出第四段（每一個針目編入的短針數量依照 1 個、1 個、2 個來循環），總共編 6 次。

23

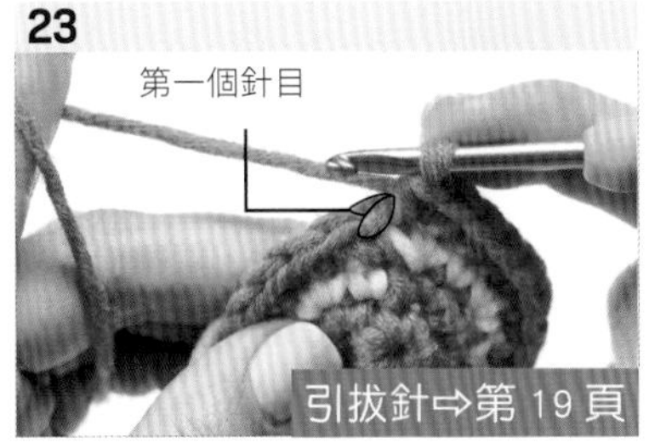

引拔針⇨第 19 頁

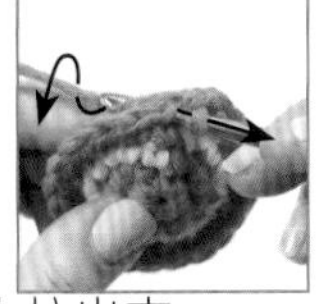

[第四段] 引拔針

用引拔針結束第四段。將鉤針插入第四段的第一個針目的頭，鉤住線並一次拉出來。

24

修剪毛線，並用毛線縫針收尾。完成。

短針

\ SKILL /
3

LEVEL★★

用有立針的短針鉤織圓形

接下來練習用有立針的短針鉤織出圓形吧！
每一段都要編出立針，再用引拔針做結束，
請多注意需要加針的地方。

READY

準備物 混紡毛線（羊毛＋棉）・粗線・火焰紅、毛線專用 8 號鉤針、毛線縫針、剪刀

使用的鉤織法 用兩個線圈編織的輪狀起針、鎖針、短針、引拔針

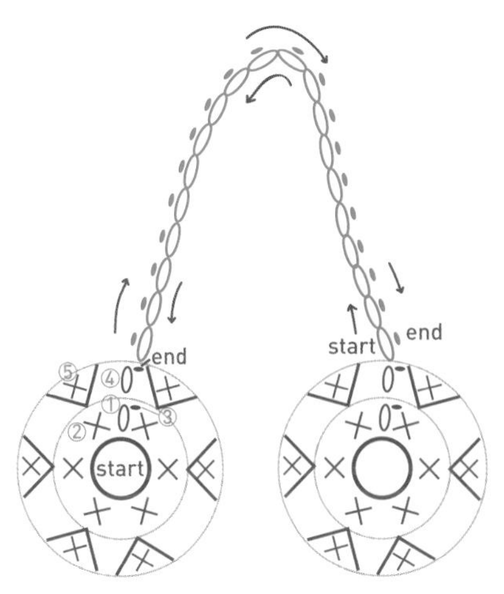

櫻桃

[start] 用兩個線圈編織的輪狀起針

[第一段] ① 鎖針、② 往左編短針、③ 引拔針

[第二段] ④ 鎖針、⑤ 往左編短針

[end] 引拔針、修剪毛線並用毛線縫針收尾

櫻桃梗

[start] 鎖針、引拔針

[end] 引拔針、修剪毛線並用毛線縫針收尾

TIP 編櫻桃梗時，是先用鎖針將兩個櫻桃連接之後，再編引拔針到梗上。

如果覺得用有立針的短針鉤織圓形很困難
請用手機掃描 QR code 觀看影片

START

1

輪狀起針⇨第 23 頁

用兩個線圈編織輪狀起針。先將線繞在左手食指上，並在中指繞兩圈。

2

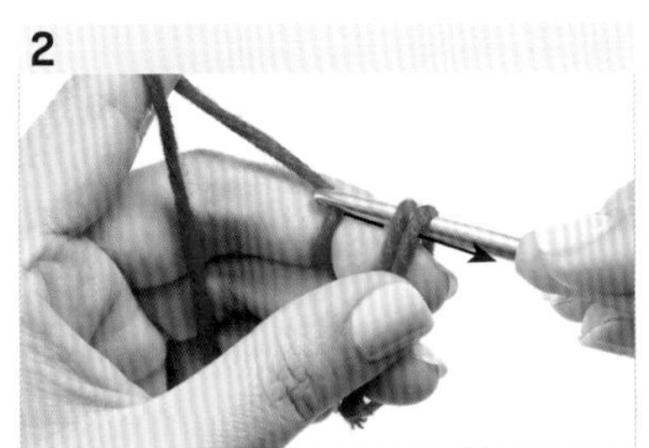

將鉤針插入兩個線圈中間，再鉤著線拉出來。

3

鎖針⇨第 17 頁

[第一段] 立針

先編 1 個鎖針，做為短針的立針。

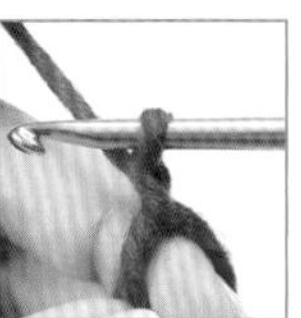

4

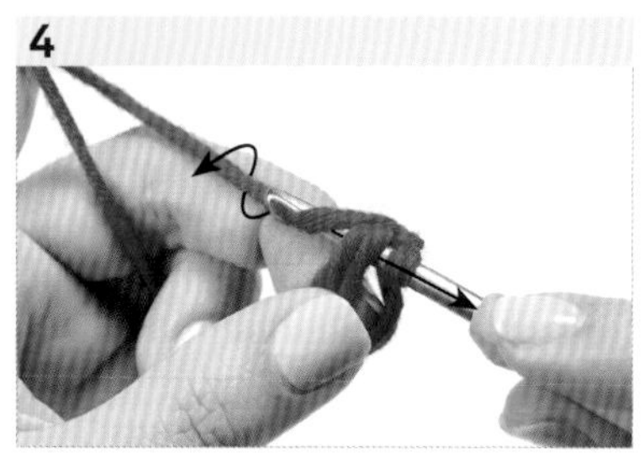

[第一段] 短針

將鉤針插入輪狀起針中間，鉤住線再往輪狀起針外拉出來。確認鉤針上的線圈是否有 2 個。

5

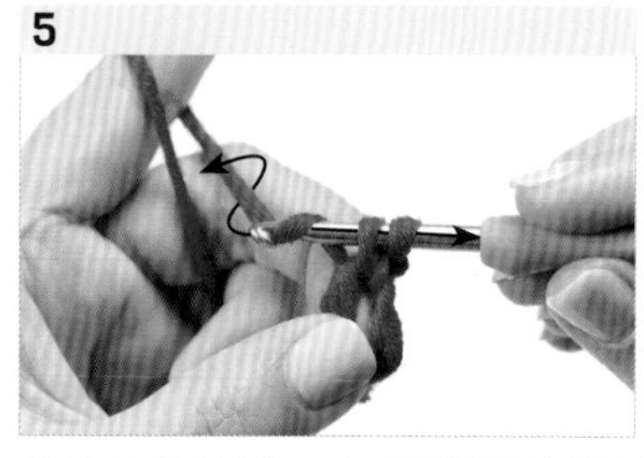

鉤針鉤住線並一次拉出來。完成 1 個短針。

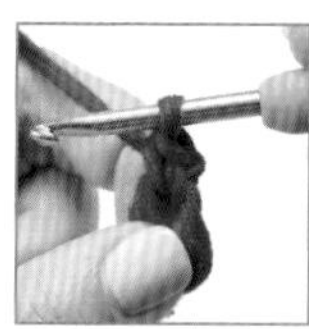

6

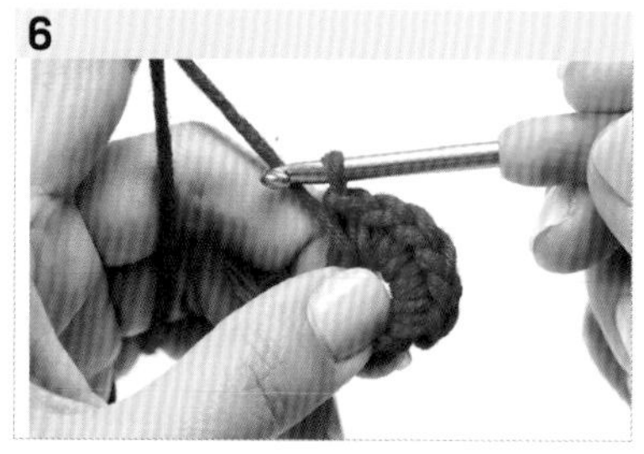

重複**步驟 4-5**，編出 5 個短針。

TIP 由於在步驟 4-5 中已經編了 1 個短針，所以總共會編出 6 個短針。

7

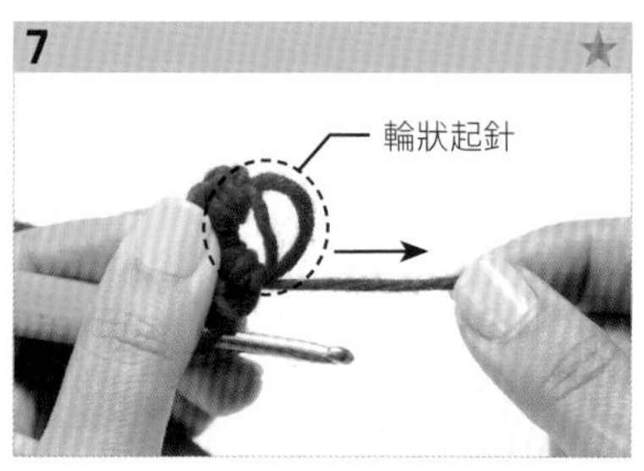

稍微將線頭往箭頭方向拉一下，（輪狀起針）兩條線之中會有一條線被拉動。

8

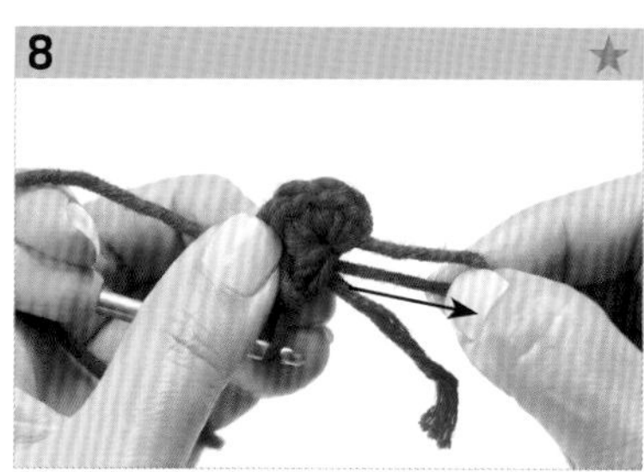

手抓著移動的那一條線並拉緊。

9

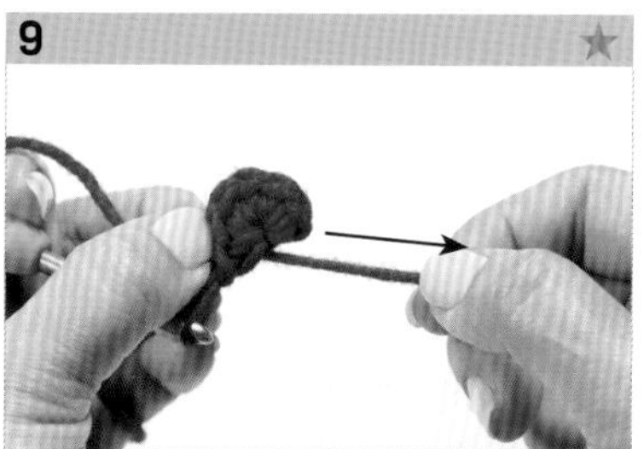

再次拉動**步驟 7** 中的線頭，將整個圓拉緊密。

10

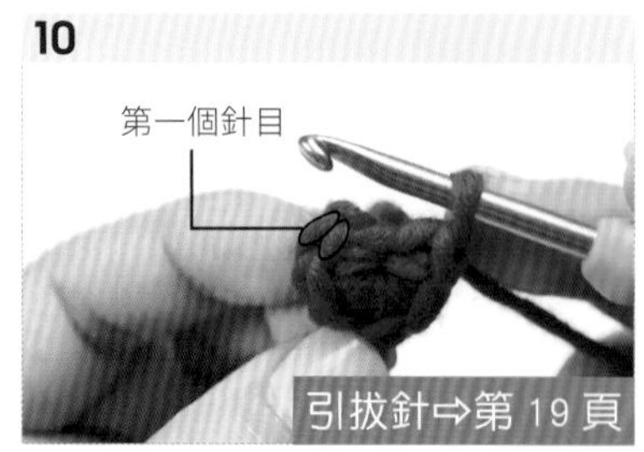

[第一段] 引拔針

準備用引拔針結束第一段。確認要編引拔針的第一個針目位置。

11

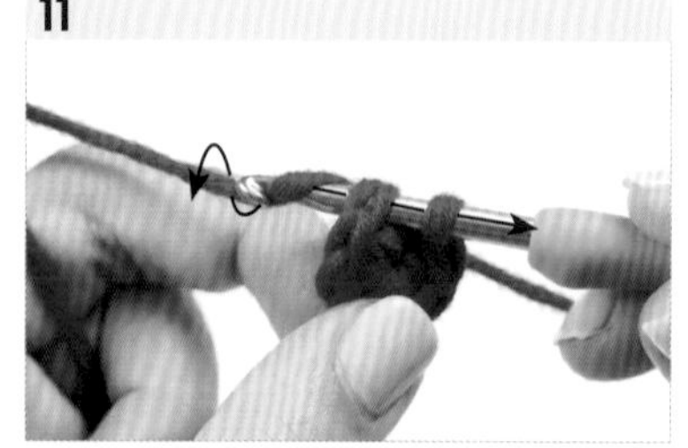

將鉤針插入第一個針目的頭，鉤住線並一次拉出來。

12

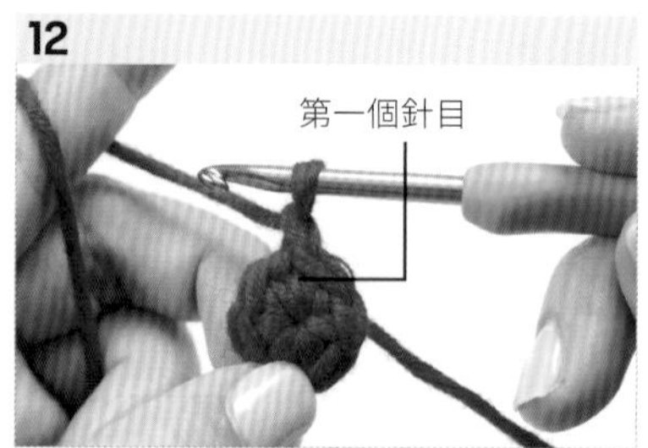

[第二段] 立針

先編 1 個鎖針，做為第二段短針的立針。接著確認要編短針的第一個針目的位置。

13

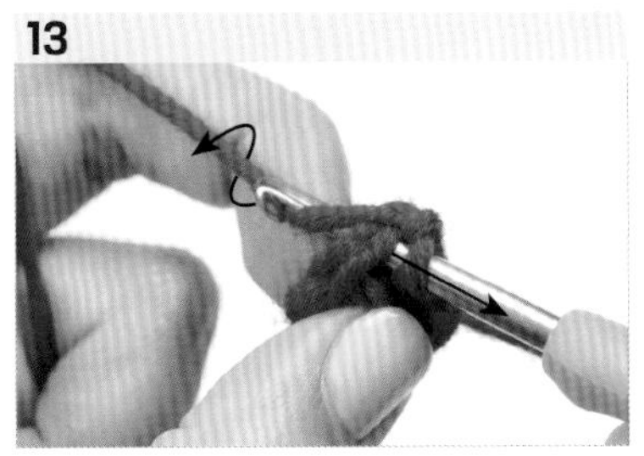

[第二段] 短針

鉤針插入第一個針目，鉤針鉤住線並朝箭頭方向拉出。確認鉤針上的線圈是否有 2 個。

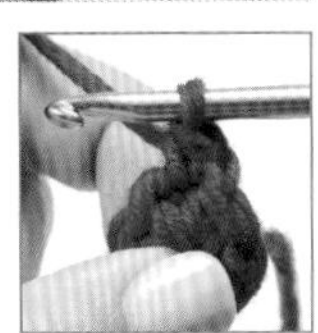

14

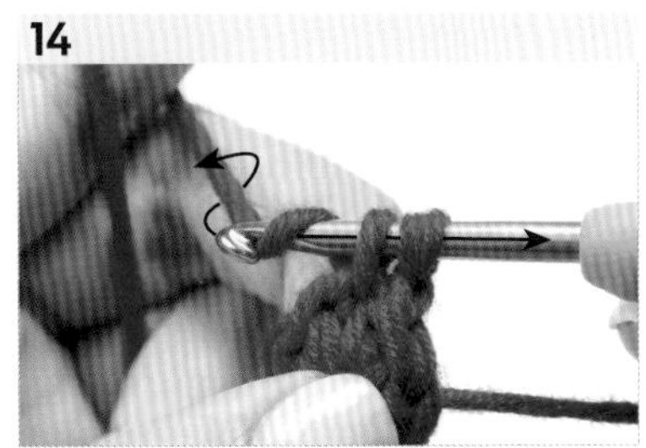

鉤針鉤住線並一次拉出來。編好 1 個短針。

15

重複**步驟 13-14**，再編 1 個短針。

TIP 第一個針目的位置要編 2 個短針。

16

第二段的其餘 5 個針目分別都編入 2 個短針。

TIP 第二段總共要編 12 針。

17

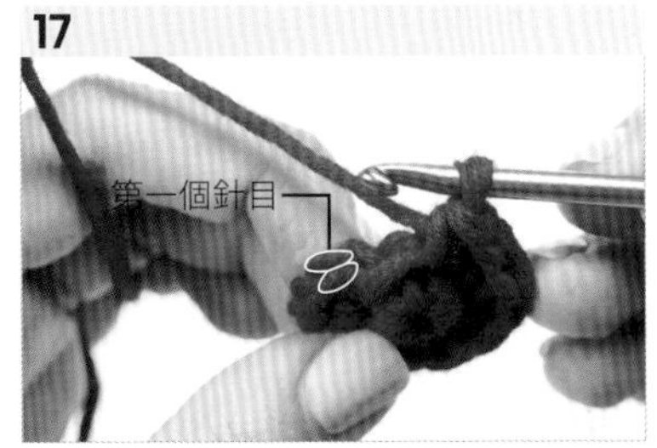

[第二段] 引拔針

準備用引拔針結束第二段。確認第二段的第一個針目位置。

18

將鉤針插入第一個針目的頭，鉤住線並一次拉出來。

END

19

修剪毛線，並用毛線縫針收尾。完成。

短針

\ SKILL /
4

用短針鉤織橢圓形

接下來用短針編橢圓形吧。
用鎖針起針並沿著周圍編織，
注意第一個針目和最後一個針目必須要加針。
編之前先查看編織圖，觀察左右邊要怎麼加針，就會更容易上手。
因為短針的針目很小，很難清楚知道開始跟結尾的位置，
可以利用段數計環或掛上線做為標示。

LEVEL★★★

READY

準備物 混紡毛線（羊毛＋棉）．粗線．淺灰、毛線專用 8 號鉤針、毛線縫針、剪刀
使用的鉤織法 引拔針、鎖針、短針

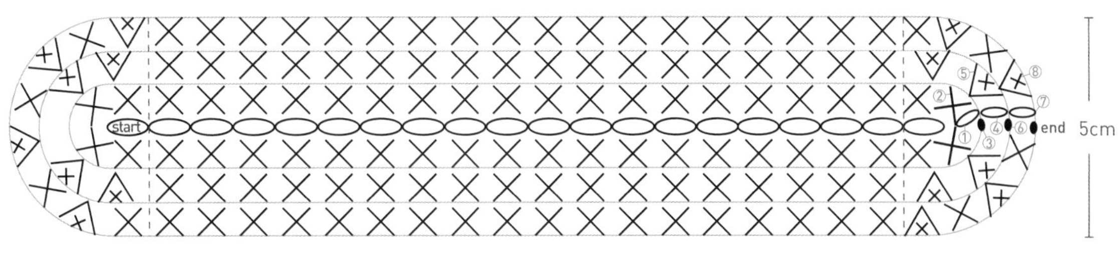

[start] 鎖針
[第一段] ① 鎖針、② 往左編短針、③ 引拔針
[第二段] ④ 鎖針、⑤ 往左編短針、⑥ 引拔針
[第三段] ⑦ 鎖針、⑧ 往左編短針
[end] 引拔針、修剪毛線並用毛線縫針收尾

TIP 起針的第一個針目和最後一個針目都必須要加針。從編織圖來看，虛線外的左右兩邊需要加針，虛線內從上到下的針目數不變，都是 18 針。

如果覺得用短針鉤織橢圓形很困難
請用手機掃描 QR code 觀看影片

START

1

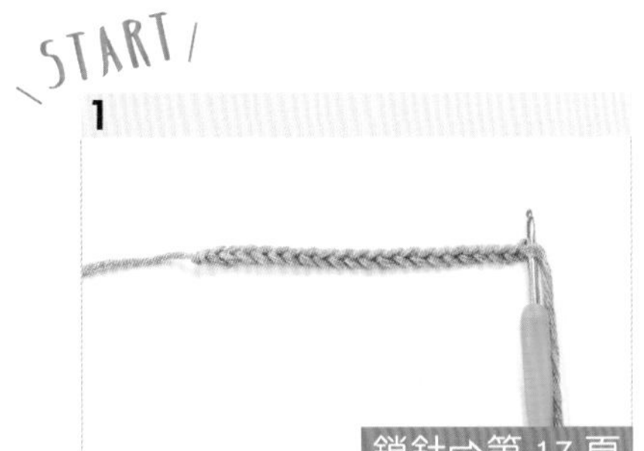

編 20 個鎖針起針。

2

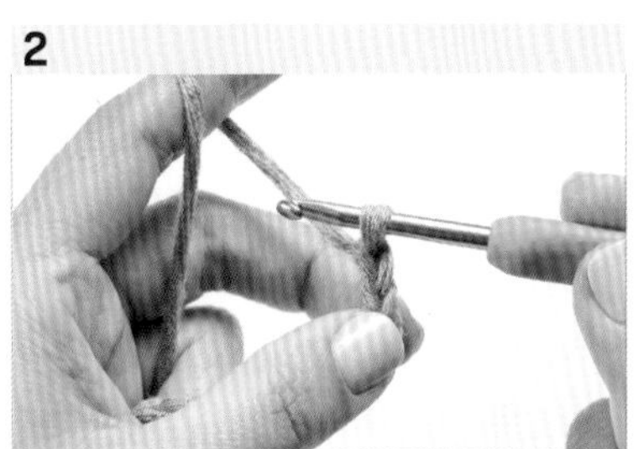

[第一段] 立針
先編 1 個鎖針，做為短針的立針。
TIP 短針的立針不需要算進針目數。

3

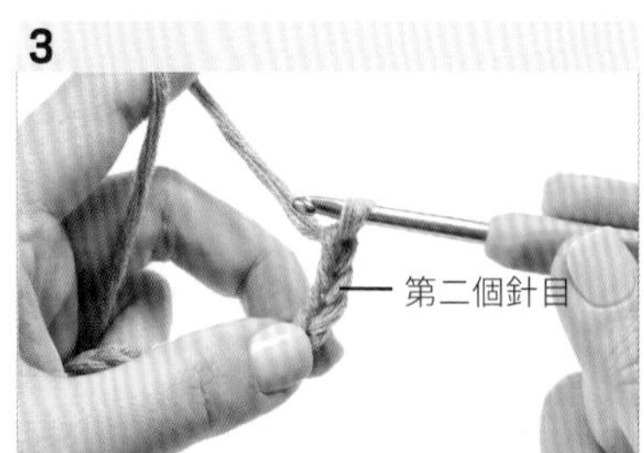

[第一段] 短針
將鉤針插入第二個鎖針的半目裡。

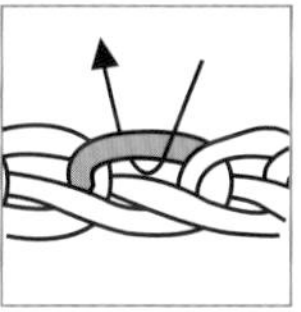

4

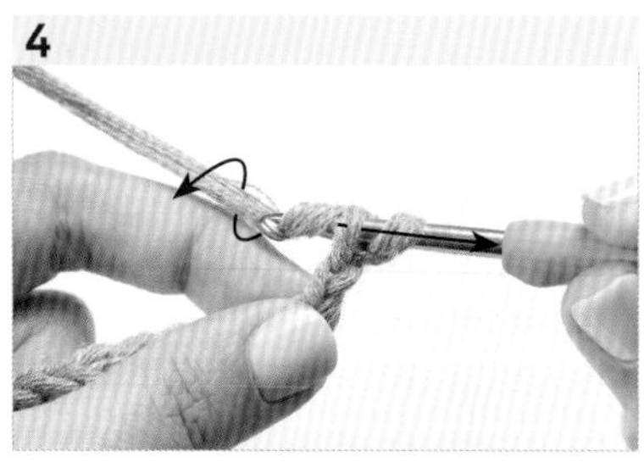

鉤針鉤住線並朝箭頭方向拉出來。確認鉤針上的線圈是否有 2 個。

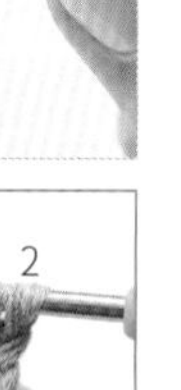

5

鉤針鉤住線並一次拉出來。

6 編織圖第一段右邊 ★

重複**步驟 3-5**，再編 1 個短針。

7 編織圖第一段左邊 ★

接下來的 18 個針目裡各編1個短針，留下起針的第一個針目。在第一個針目裡編 4 個短針。

8

跟**步驟 7** 一樣，除了最後一個針目以外，在 18 個針目裡都編 1 個短針。確認最後一個針目的位置。

9 編織圖第一段右邊 ★

引拔針⇨第 19 頁

最後一個針目裡編 2 個短針。接著要在第一個針目的頭編引拔針來結束第一段，請先確認位置。

11

[第一段] 引拔針

將鉤針插入第一個針目的頭裡，鉤住線並一次拉出來。完成第一段。

12

[第二段] 立針、短針

編 1 個鎖針做為立針，並在下一個針目裡編 2 個短針。

13 編織圖第二段右邊 ★

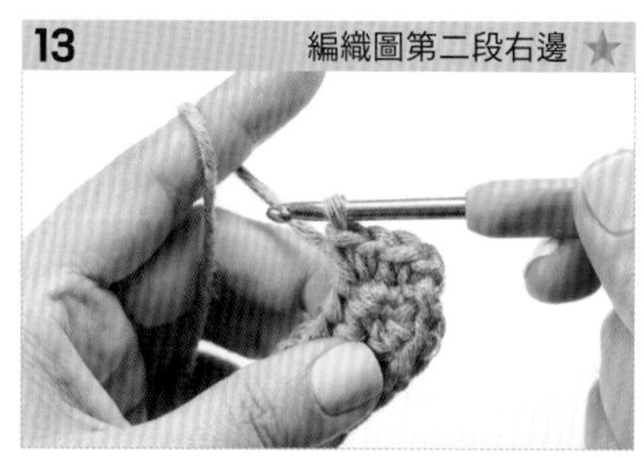

在下一個針目再編 2 個短針。

14 編織圖第二段左邊 ★

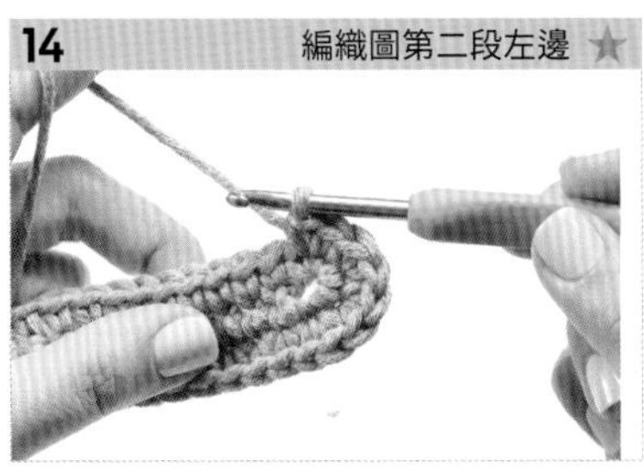

接下來的每個針目裡各編 1 個短針，編完 18 個。邊角的 4 個針目則是每個針目裡編 2 個短針。

15

在接下來的 18 個針目裡各編 1 個短針，留下邊角的 2 針針目。

16 編織圖第二段右邊 ★

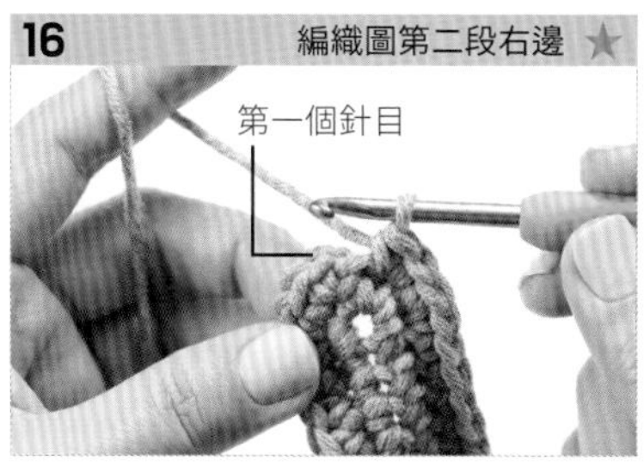

邊角的 2 針針目裡分別都編 2 個短針。確認要編引拔針的第一個針目頭的位置。

17

[第二段] 引拔針

在第一個針目的頭裡編 1 個引拔針。完成第二段。

18 編織圖第三段右邊 ★

[第三段] 立針、短針

先編 1 個鎖針做為立針，下一個針目裡編 2 個短針，再下一個針目裡編 1 個短針來增加針目數。到下兩個針目裡，重複編 2 個短針、1 個短針的動作。

19 編織圖第三段右邊 ★

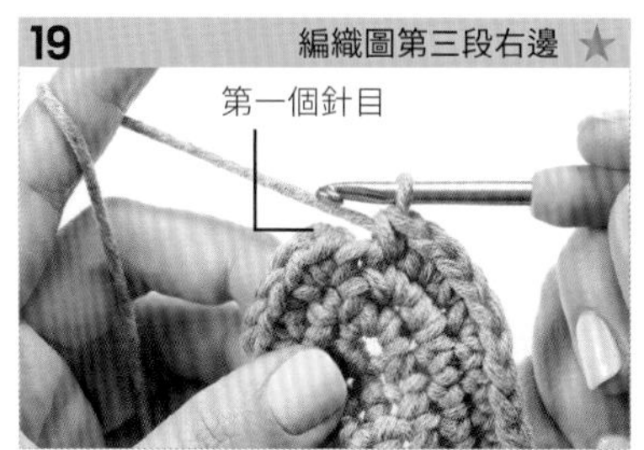

接著請觀察編織圖，按照規則慢慢地編織，邊角的針目需要加針，請多留意。最後確認要編引拔針的第一個針目頭的位置。

END

20

[第三段] 引拔針

將鉤針插入第一個針目的頭裡，並編 1 個引拔針。

21

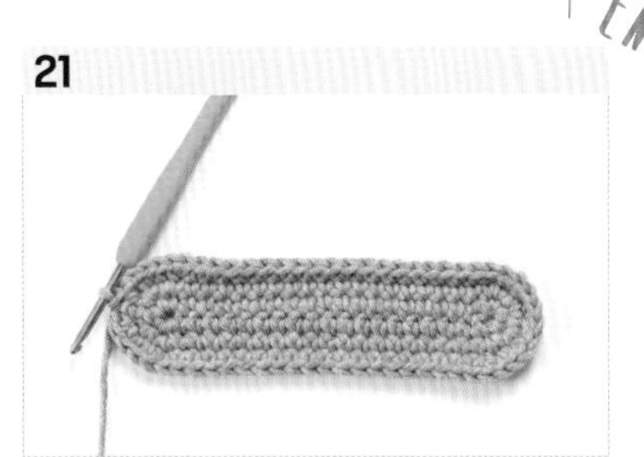

修剪毛線並用毛線縫針收尾。完成。

中長針、長長針

SKILL 1

LEVEL★★

用中長針、長長針鉤織樹葉

鉤針編織法中除了最常用的長針、短針以外，
還有中長針、長長針等其他技法。
這些鉤織法編出的高度都不一樣，從短的開始排序的話，
可以排列成引拔針、鎖針、短針、中長針、長針、長長針。
接下來要練習編織樹葉和星星，從中就可以學習中長針和長長針。

READY

準備物 混紡毛線（羊毛＋棉）．粗線．萊姆綠、毛線專用 8 號鉤針、毛線縫針、剪刀

使用的鉤織法 引拔針、鎖針、短針、中長針、長針、長長針

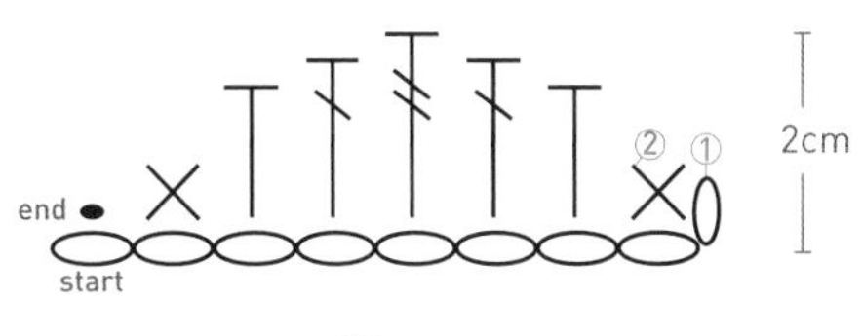

[start] 鎖針

[第一段] ① 鎖針、② 往左編短針、中長針、長針、長長針、長針、中長針、短針

[end] 引拔針、修剪毛線並用毛線縫針收尾

TIP 編第一段的時候要將鉤針插入鎖針半目裡。

如果覺得用中長針、長長針鉤織樹葉很困難
請用手機掃描 QR code 觀看影片

START

1

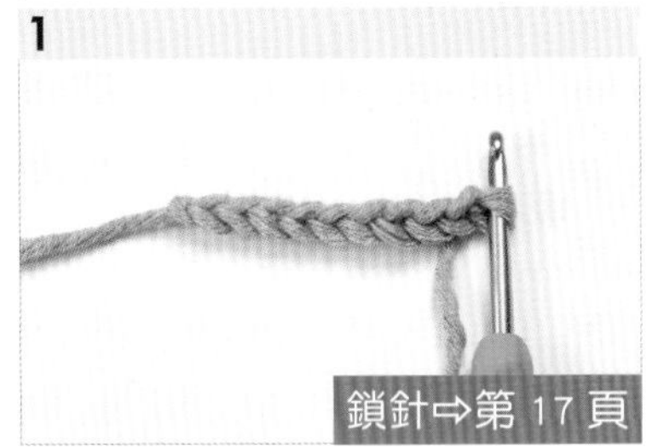

編 8 個鎖針起針。

2

[第一段] 立針

先編 1 個鎖針，做為短針的立針。

3

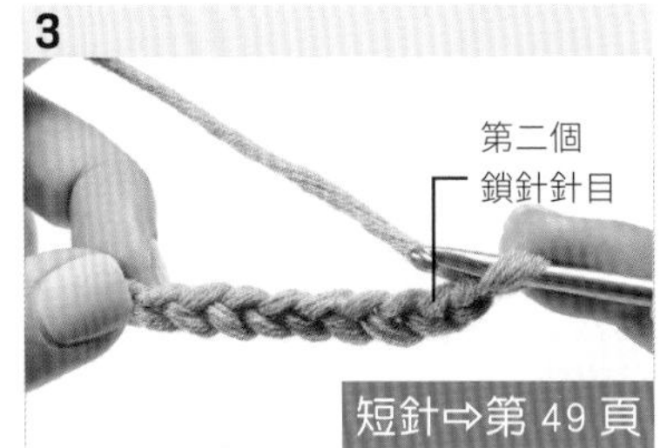

[第一段] 短針

準備開始編短針。將鉤針插入第二個鎖針半目裡。

4

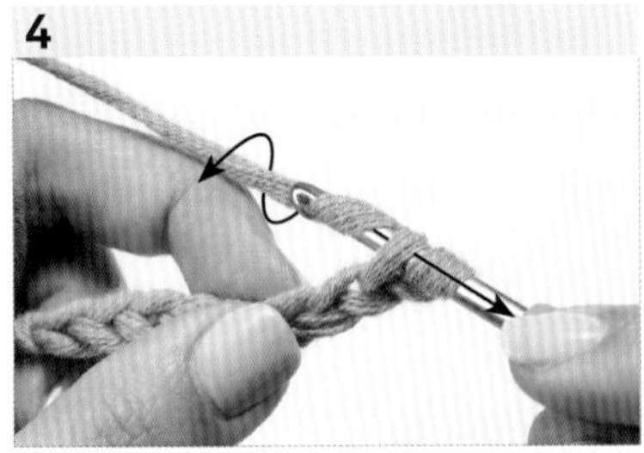

鉤針鉤住線並朝直線箭頭方向拉出來。確認鉤針上的線圈是否有 2 個。

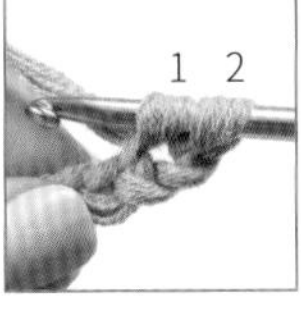

5

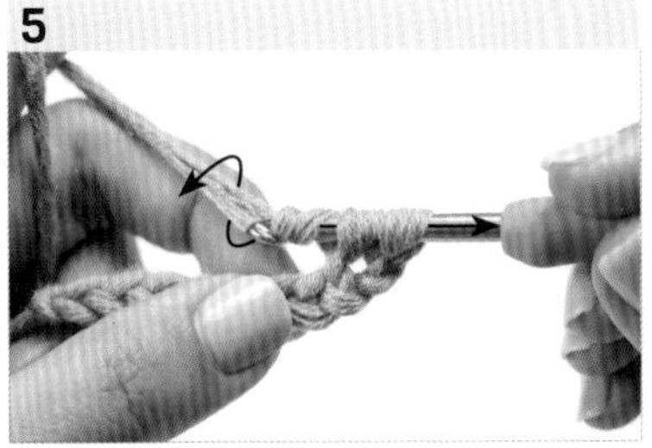

鉤針鉤住線並一次拉出來。

TIP 短針的高度是 1 個鎖針高。

6 ★

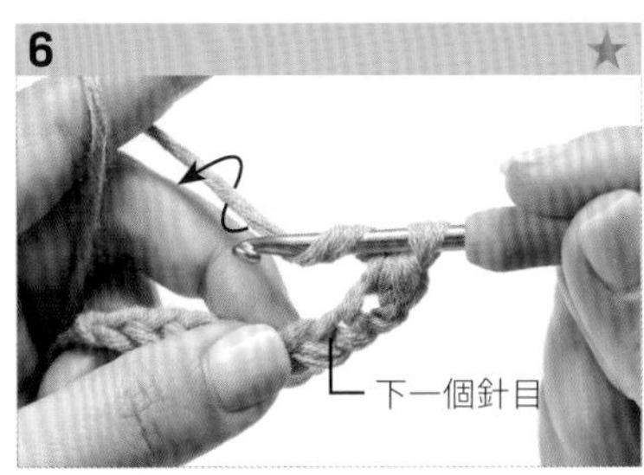

[第一段] 中長針

準備開始編中長針。將鉤針鉤住線並插入下一個鎖針半目裡。

7

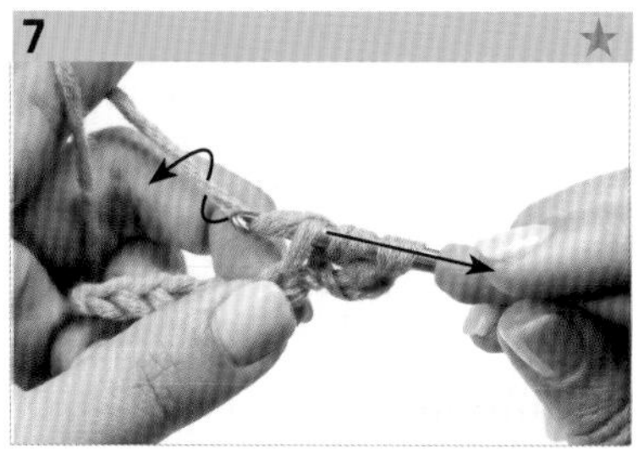

鉤針鉤住線並朝箭頭方向拉出來。確認鉤針上的線圈是否有 3 個。

1 2 3

8

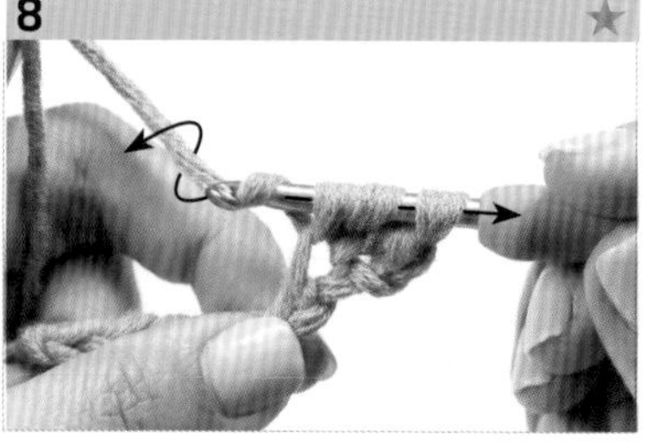

鉤針鉤住線並一次拉出來。

TIP 中長針的高度是 2 個鎖針高。

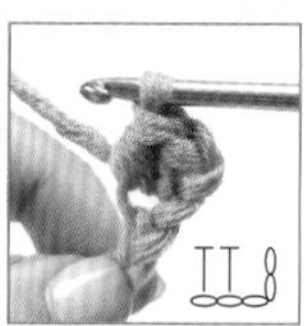

9

下一個針目

[第一段] 長針

準備開始編長針。將鉤針鉤住線並插入下一個鎖針半目裡。

10

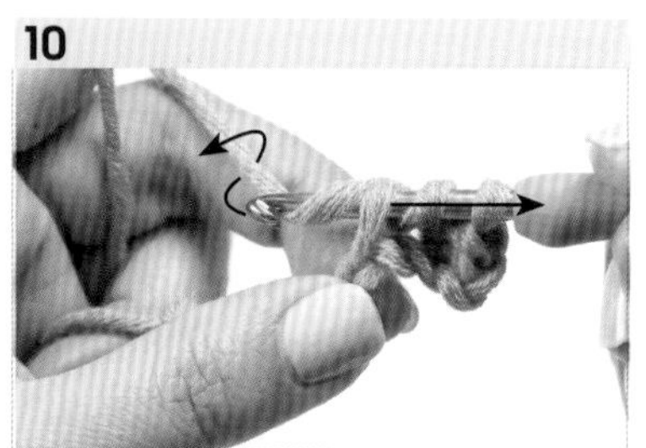

鉤針鉤住線並朝直線箭頭方向拉出來。確認鉤針上的線圈是否有 3 個。

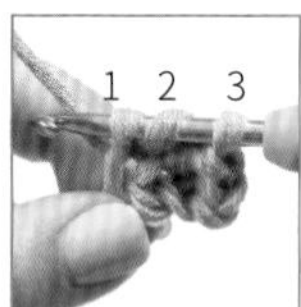

11

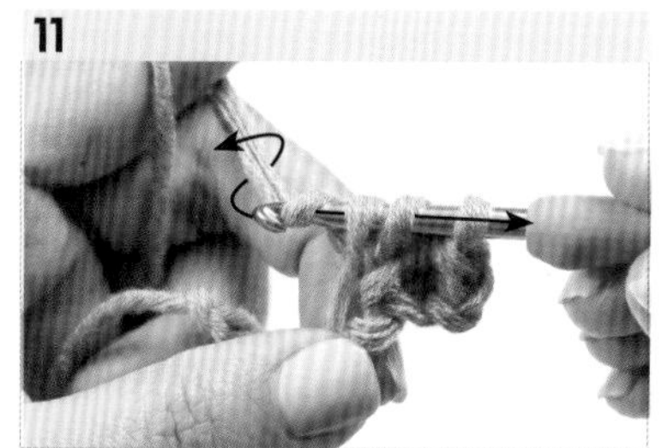

鉤針鉤住線後，從 3 個線圈中的前兩個拉出。確認鉤針上的線圈是否有 2 個。

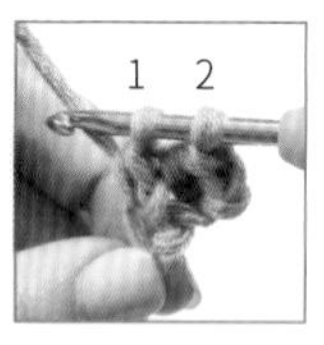

12

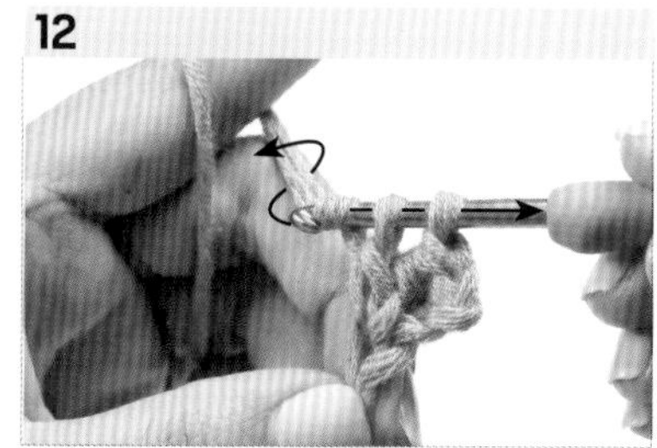

再次將鉤針鉤住線並從線圈中一次拉出來。

TIP 長針的高度是 3 個鎖針高。

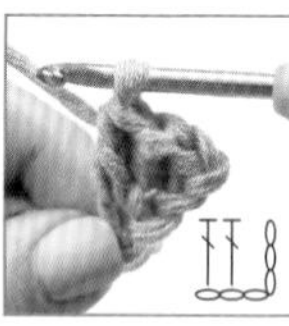

13

[第一段] 長長針

準備開始編長長針。鉤針鉤兩次線後，插入下一個鎖針半目裡。

14

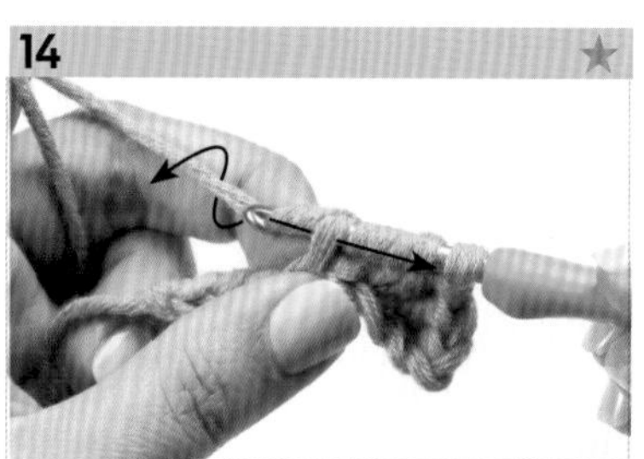

鉤針鉤著線，朝箭頭方向拉出來。確認鉤針上的線圈是否有 4 個。

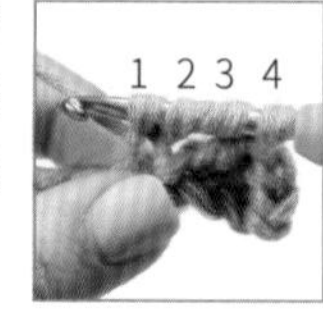

15

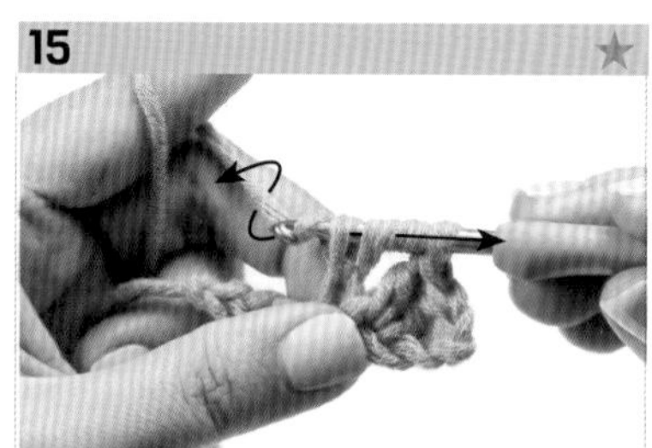

鉤針鉤住線後，從 4 個線圈中的前兩個拉出。確認鉤針上的線圈是否有 3 個。

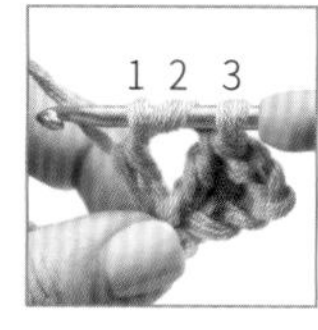

16

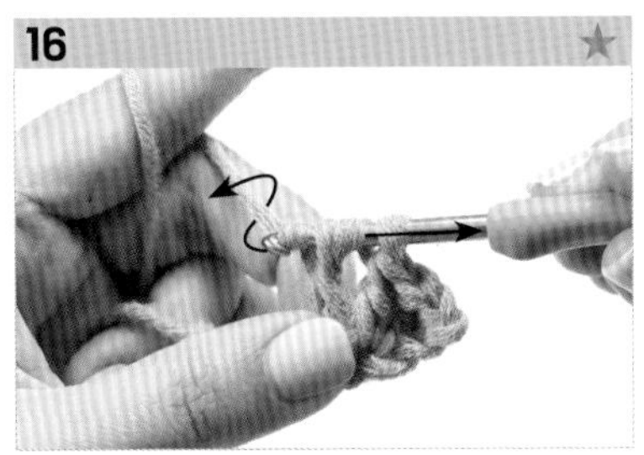

再次將鉤針鉤住線並只從 3 個線圈中的前兩個拉出。確認鉤針上的線圈是否有 2 個。

1 2

17

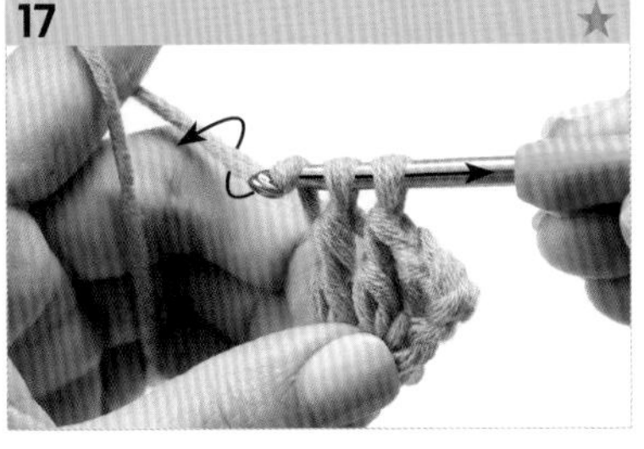

鉤針鉤住線並一次拉出來。

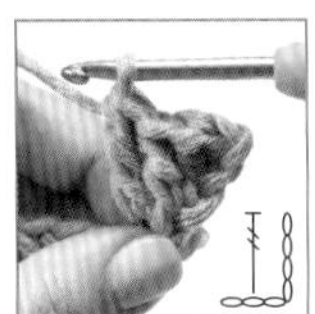

TIP 長長針的高度是 4 個鎖針高。

18

照片中由右邊開始依序是編好的短針 (×), 中長針 (T), 長針 (Ŧ), 長長針 (Ŧ) 的樣子。

19

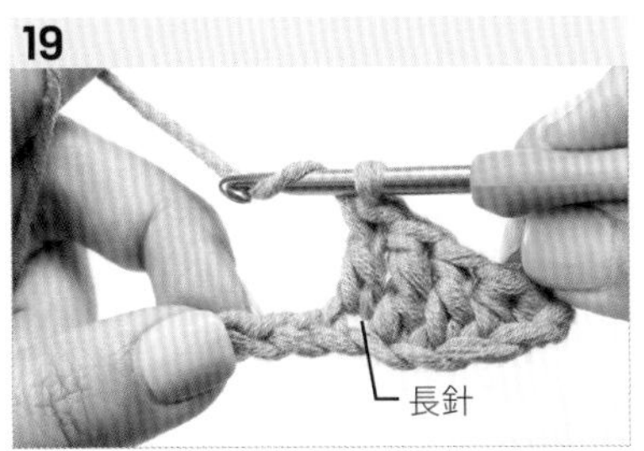

[第一段] 長針

在下一個鎖針半目裡編 1 個長針。

20

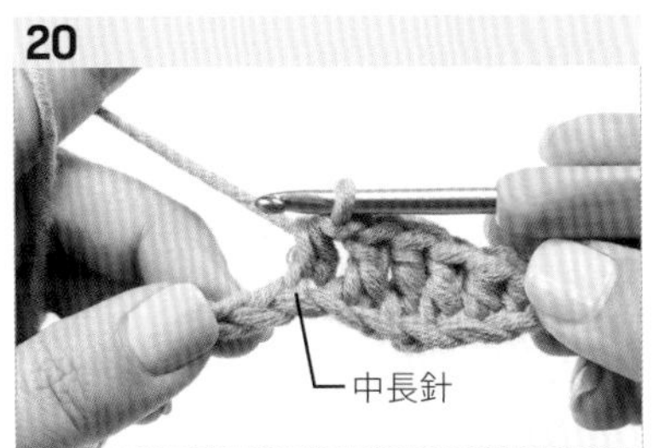

[第一段] 中長針

接著，在下一個鎖針半目裡編 1 個中長針。

21

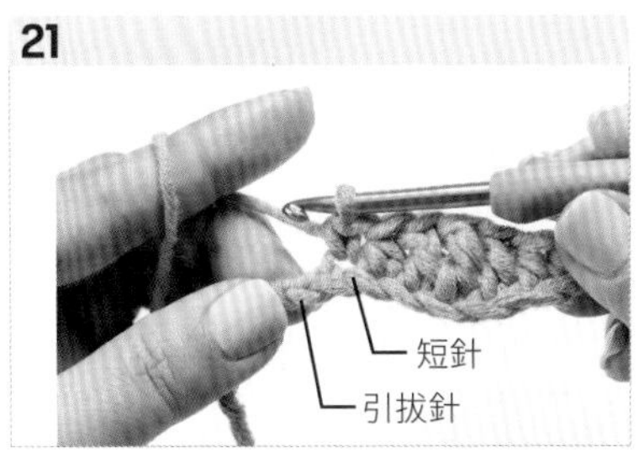

[第一段] 短針

在下一個鎖針半目裡編 1 個短針。確認要編引拔針的鎖針半目位置。

22

[第一段] 引拔針

用引拔針結束第一段。

23

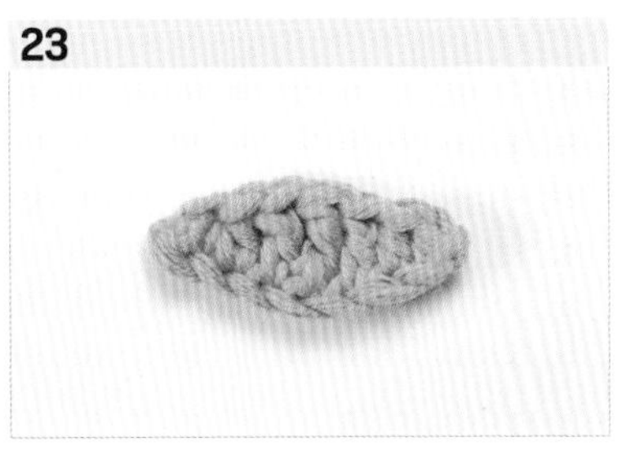

修剪毛線並用毛線縫針收尾。用之前所學的鉤織法再加上中長針、長長針，就完成樹葉了。

END

24

可以將樹葉跟圓形花樣織片連接在一起，做出造型。

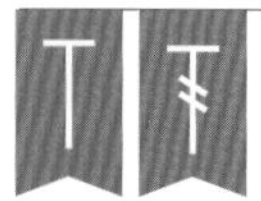

中長針、長長針

\ SKILL /
2

LEVEL★★

用中長針、長長針鉤織星星

請試著活用前面學過的鉤織法：
引拔針、鎖針、短針、中長針、長針、長長針，
一針一針地編出閃閃發亮的星星吧！

READY

準備物 混紡毛線（羊毛＋棉）．粗線．蜂巢黃、毛線專用8號鉤針、毛線縫針、剪刀

使用的鉤織法 用兩個線圈編織的輪狀起針、引拔針、鎖針、短針、中長針、長針、長長針

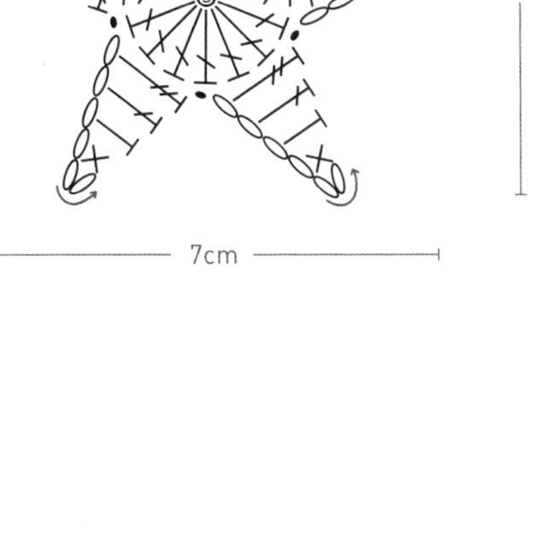

[start]	用兩個線圈編織的輪狀起針
[第一段]	① 鎖針、② 往左編長針、③ 引拔針
[第一個星星角]	④ 鎖針、短針、中長針、長針、長長針、引拔針
[end]	修剪毛線並用毛線縫針收尾

TIP 編兩片星星後利用捲針縫連接在一起，並且放入鈴鐺，就能靈活運用變成裝飾品。

如果覺得用中長針、長長針鉤織星星很困難
請用手機掃描 QR code 觀看影片

START

1

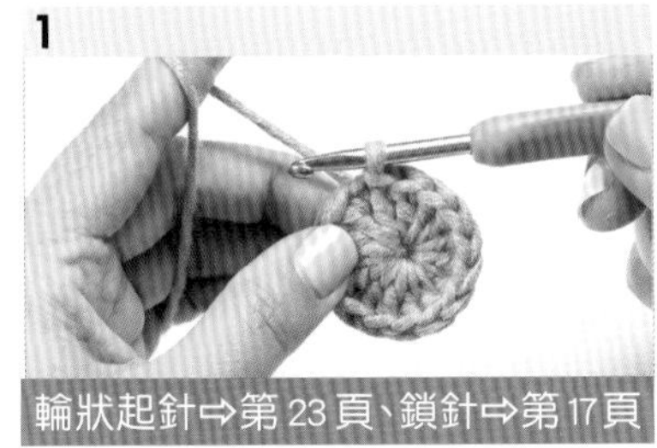

輪狀起針⇨第 23 頁、鎖針⇨第 17 頁

[第一段] 輪狀起針、長針

編出輪狀起針後，編 3 個鎖針做為長針的立針。包含立針總共編 15 個長針。最後做 1 個引拔針。

2

[星星角] 鎖針

為了編出星星的第一個角，要先編 6 個鎖針。

3

[星星角] 短針

接著要把星星角編得尖尖的。在第三個鎖針半目裡編 1 個短針。

TIP 請查看編織圖，確認針目位置。

4 ★

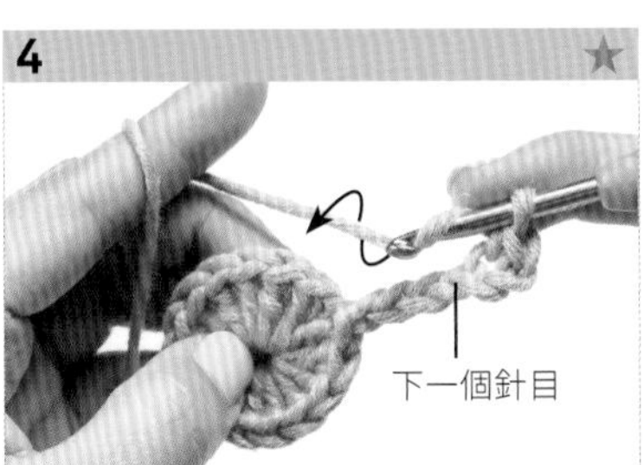

[星星角] 中長針

鉤針鉤住線並插入下一個鎖針針目裡，接著再鉤住線並拉出來。

5 ★

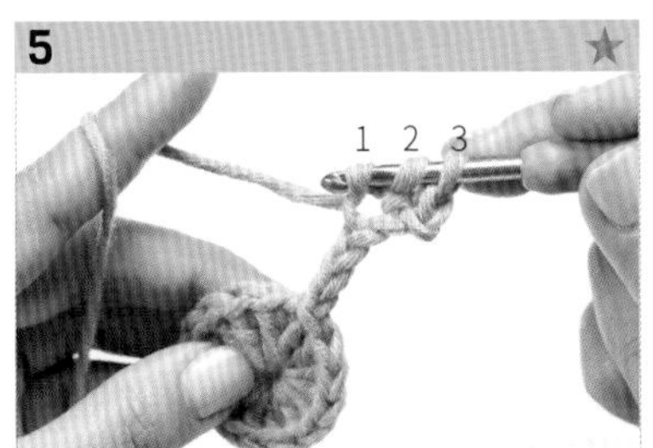

確認鉤針上的線圈是否有 3 個。

TIP 中長針的高度是 2 個鎖針高。

6 ★

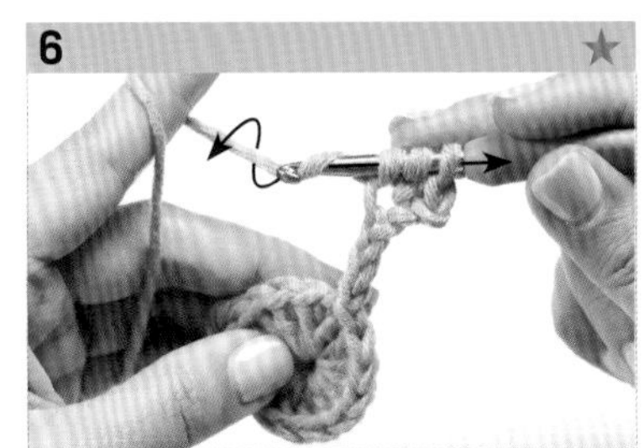

鉤針鉤住線並一次拉出來。

完成中長針。

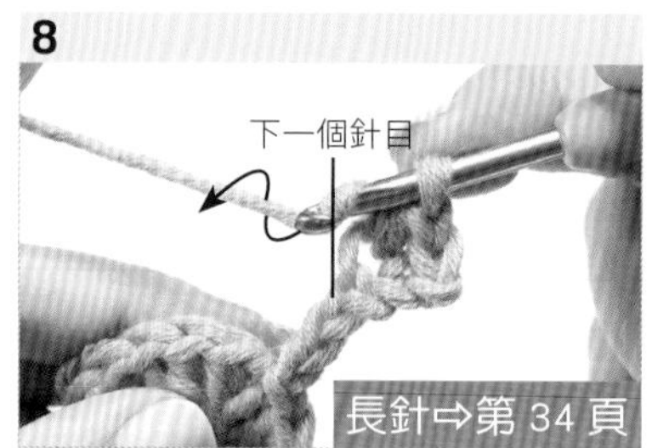

[星星角] 長針

將鉤針鉤住線，插入下一個鎖針半目裡，再把線拉出來。

確認鉤針上的線圈是否有 3 個。

TIP 長針的高度是 3 個鎖針高。

鉤針鉤住線並只從 3 個線圈中的前兩個拉出來。

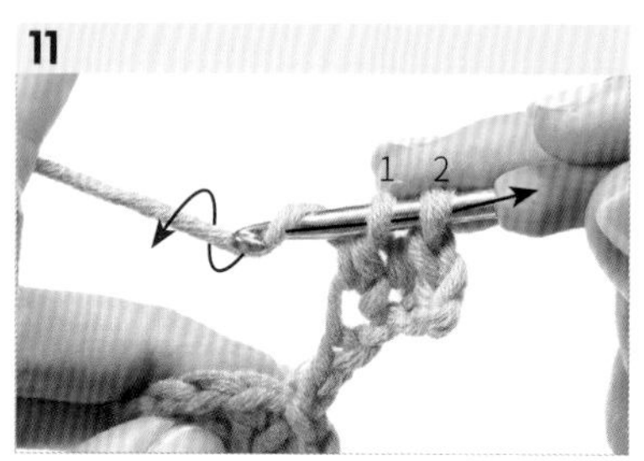

確認鉤針上的線圈是否有 2 個。鉤針鉤住線並一次拉出來。

完成長針。

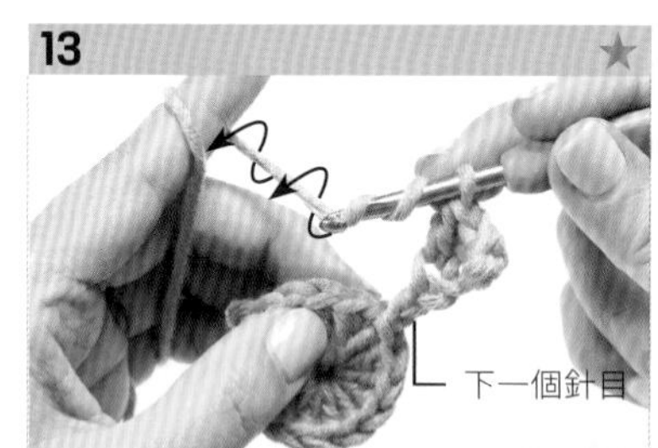

[星星角] 長長針

鉤針鉤兩次線並插入下一個鎖針半目裡，鉤住線後拉出來。

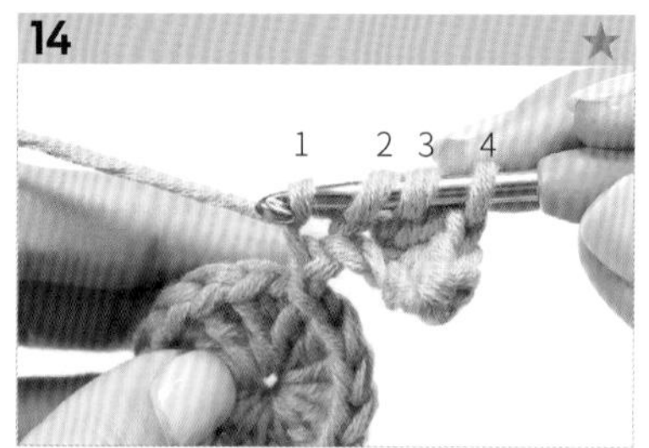

確認鉤針上的線圈是否有 4 個。

TIP 長長針的高度是 4 個鎖針高。

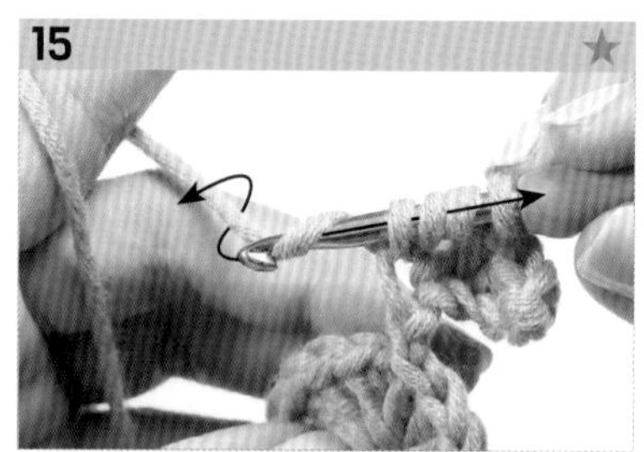

鉤針鉤住線並只從 4 個線圈中的前兩個拉出來。

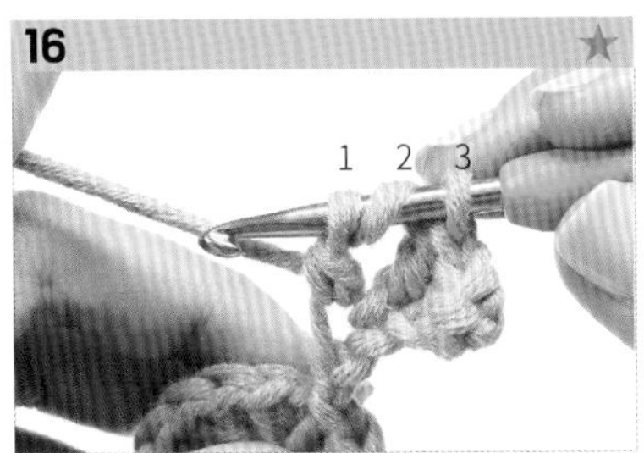

確認鉤針上的線圈是否有 3 個。

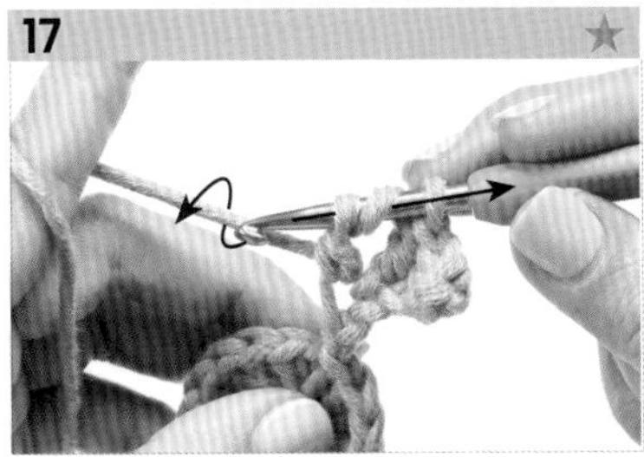

鉤針鉤住線並只從 3 個線圈中的前兩個拉出來。

確認鉤針上的線圈是否有 2 個。

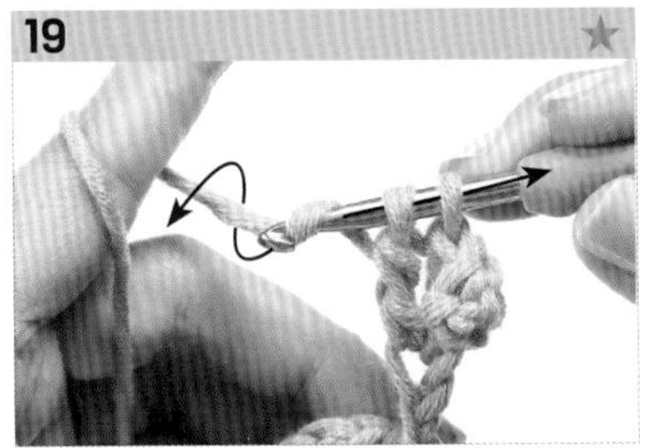

鉤針鉤住線並一次拉出來。

完成長長針。

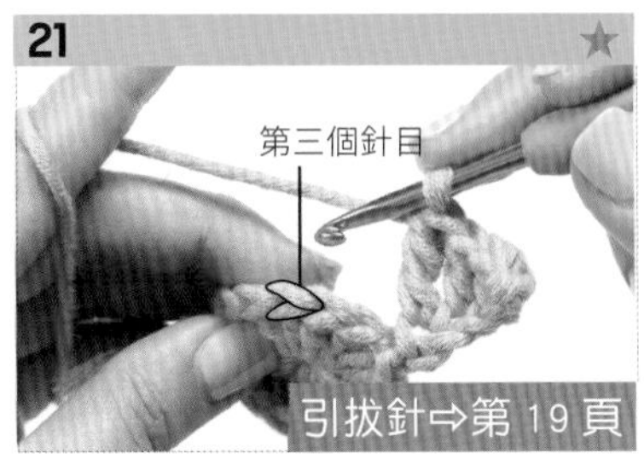

[星星角] 引拔針

準備用引拔針結束第一個星星角。將鉤針插入第一段的第三個針目的頭後，編引拔針。

完成星星的第一個角。請重複**步驟 2-21**，將剩下的 4 個角完成。

END

修剪毛線並用毛線縫針收尾。用各種鉤織法編的星星就完成了。

立體鉤織法

\ SKILL /
1

LEVEL ★★

用長針 4 針爆米花編鉤織花朵

爆米花編是用鎖針將好幾個完成的針目做整理，
然後呈現出鼓起來的立體效果。
不論是長針 4 針爆米花編或長長針 5 針爆米花編等，
只要依照想要的作品增加針數，
或者改變鉤織法，就能編出爆米花編的效果。

READY

準備物 混紡毛線（羊毛＋棉）．粗線．蜂巢黃及葡萄紫、毛線專用 8 號鉤針、毛線縫針、剪刀

使用的鉤織法 用兩個線圈編織的輪狀起針、引拔針、鎖針、短針、長針 4 針爆米花編

[start]　用兩個線圈編織的輪狀起針

[第一段] ① 鎖針、② 往左編短針、③ 引拔針

[第二段] ④ 鎖針、⑤ 長針 4 針爆米花編、⑥ 鎖針

[end]　引拔針、修剪毛線並用毛線縫針收尾

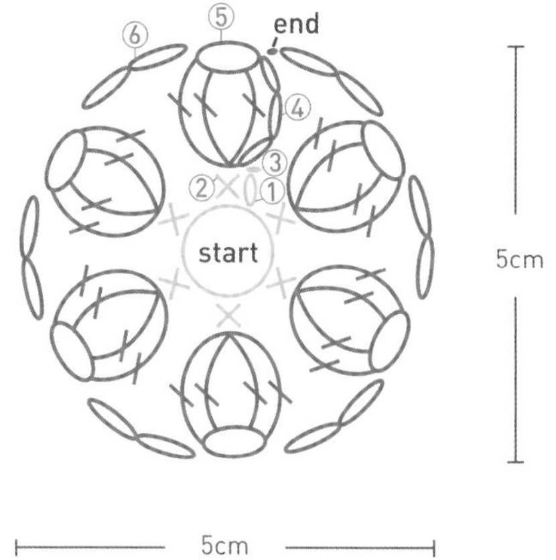

如果覺得用長針 4 針爆米花編鉤織花朵很困難
請用手機掃描 QR code 觀看影片

1

輪狀起針⇨第 23 頁

[第一段] 輪狀起針、短針、引拔針

用兩個線圈編織輪狀起針後，先編 1 個鎖針做為短針的立針，共編 6 個短針。編完引拔針後剪斷毛線，將鉤針抽出來結束第一段。

2

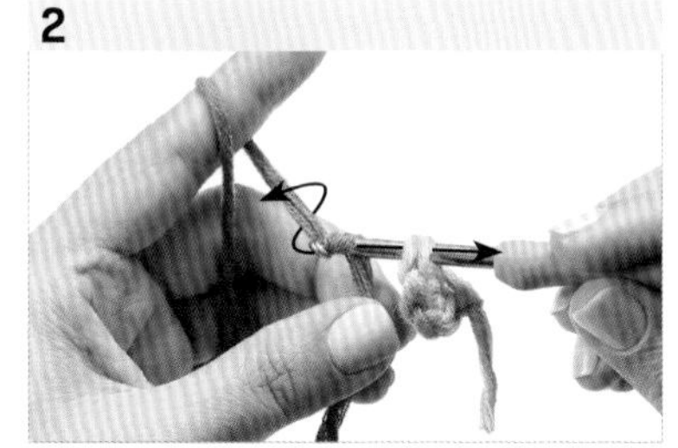

[花瓣] 換線

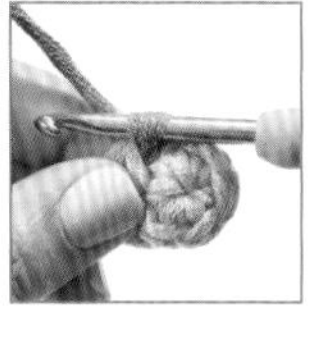

將鉤針插入第一段的第一個針目裡，鉤住要換的線，並拉出來。

3

鎖針⇨第 17 頁

[花瓣] 立針

先編 3 個鎖針，做為長針的立針。

4

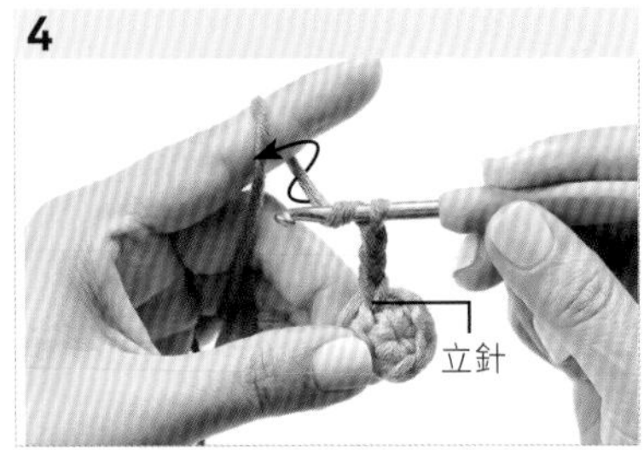

[花瓣] 長針

將鉤針鉤住線並插入立針立起的位置。

TIP 立針立起的位置就是第一段的第一個針目。

5

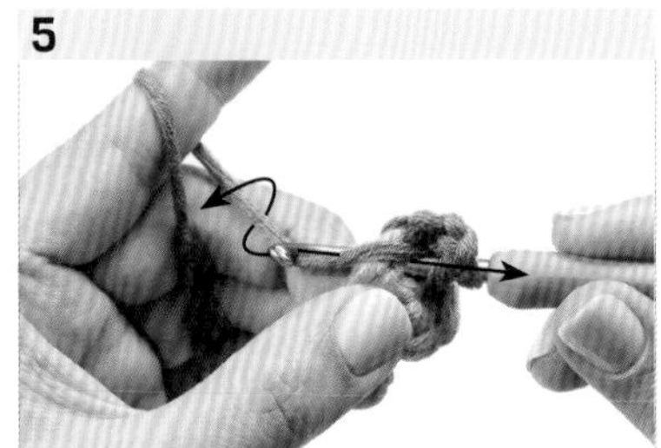

鉤針鉤住線並朝箭頭方向拉出來。確認鉤針上的線圈是否有 3 個。

6 ★

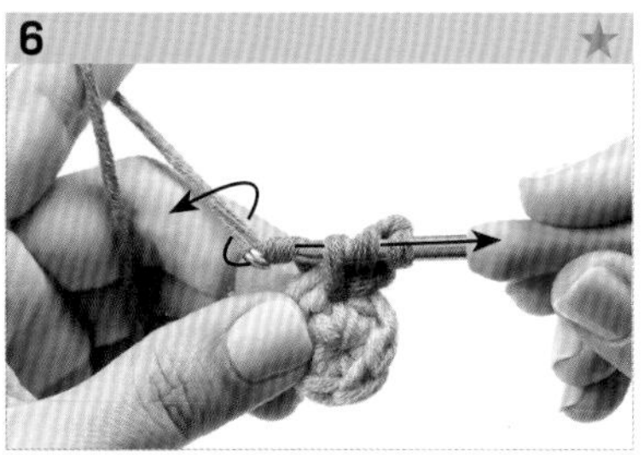

鉤針鉤住線後只從 3 個線圈中的前兩個拉出。確認鉤針上的線圈是否有 2 個。

7

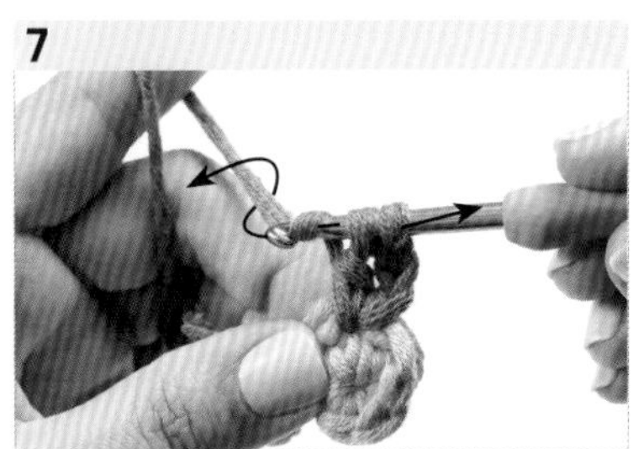

再次將鉤針鉤住線並一次拉出來。

8 ★

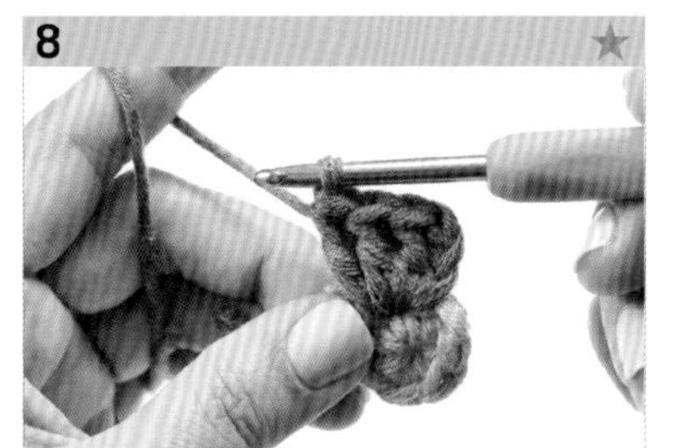

在第一段的第一個針目裡再編 2 個長針。

TIP 由於長針是要將立針算進針目數裡，所以即使第一段的第一個針目裡只有 3 個長針，但是算針目數的時候是算 4 針。

9 ★

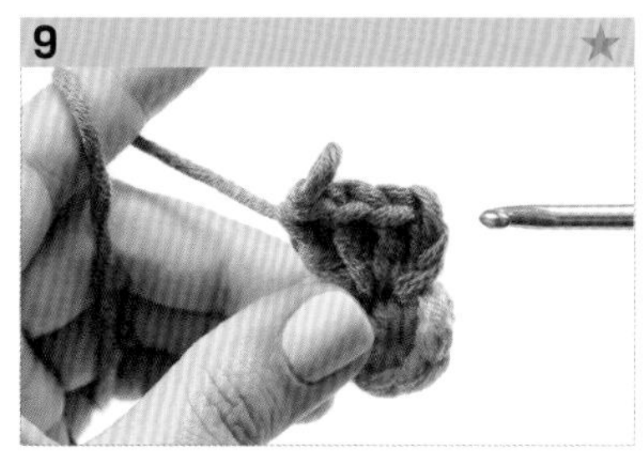

已經編好 4 針長針了，現在要開始編爆米花編。先將鉤針抽出來。

10

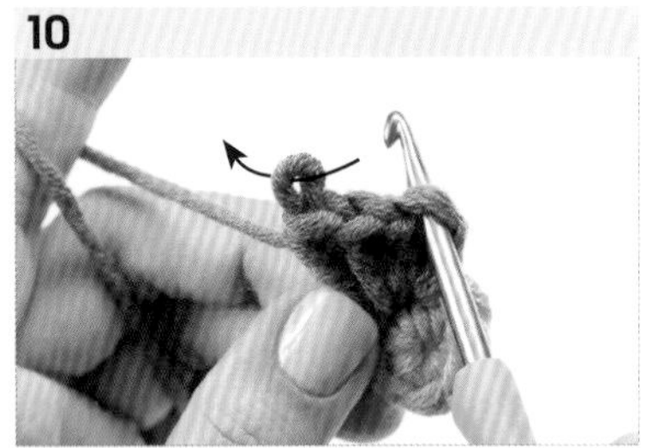

將鉤針插入長針的第一個針目並往最後一個針目穿過去。

11

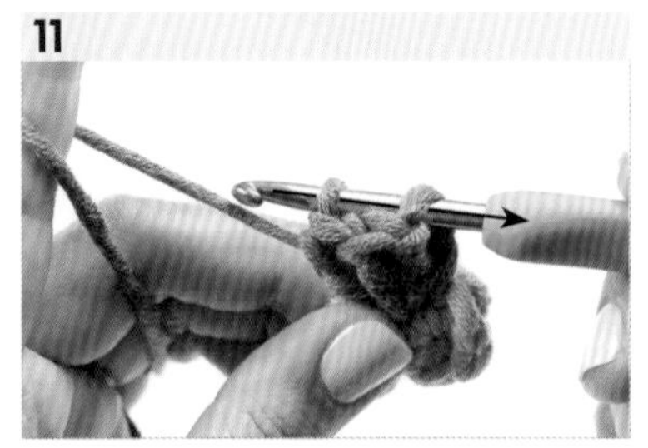

針頭鉤住長針的最後一個針目並從第一個針目拉出來。

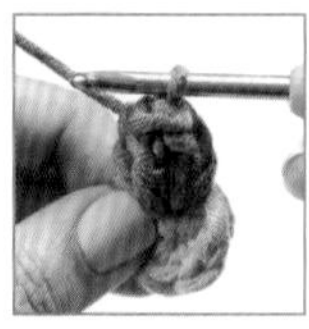

12

再編 1 個鎖針，就完成長針 4 針爆米花編。

13

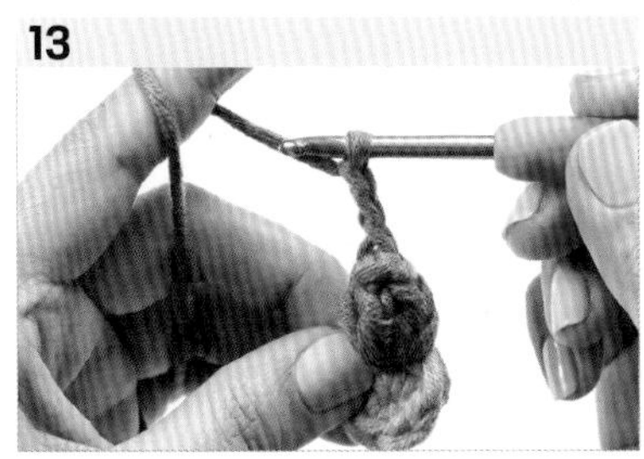

必須要製造第一段和花瓣之間的空隙，之後才能在這個空間裡編出葉子。所以編 2 個鎖針。

TIP 在本書中利用編鎖針來製造空間的動作就稱作「空間鎖針」。

14

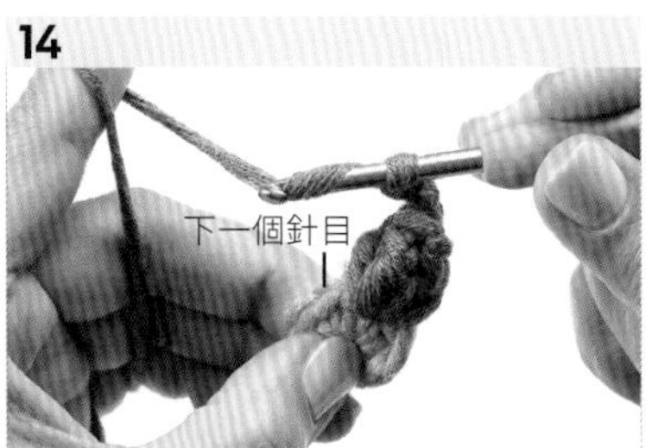

鉤針鉤住線並在下一個針目裡編一個長針 4 針爆米花編，以及 2 個鎖針，重複這個步驟 5 次。

15 ★

編完最後一片花瓣時也要編 2 個鎖針。總共編出六片花瓣。

TIP 編完 1 個長針 4 針爆米花編之後，一定要編 2 個鎖針。也可以把這兩者視為一整組動作。

16

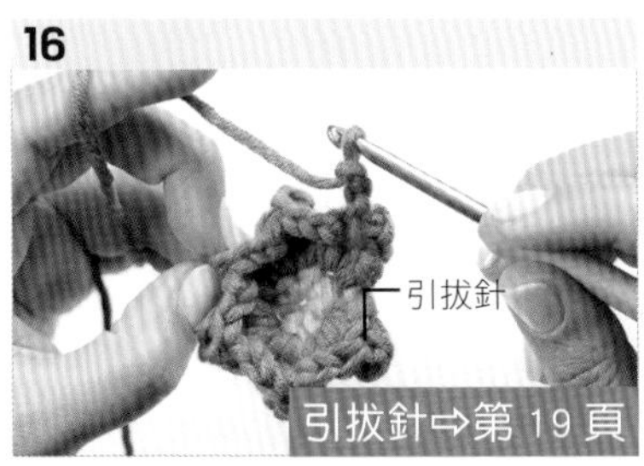

準備用引拔針結束花瓣。將花的背面翻過來查看，因為要將鉤針插入第一片花瓣的中心，所以請確認好位置。

17

將鉤針插入第一片花瓣中心。

18

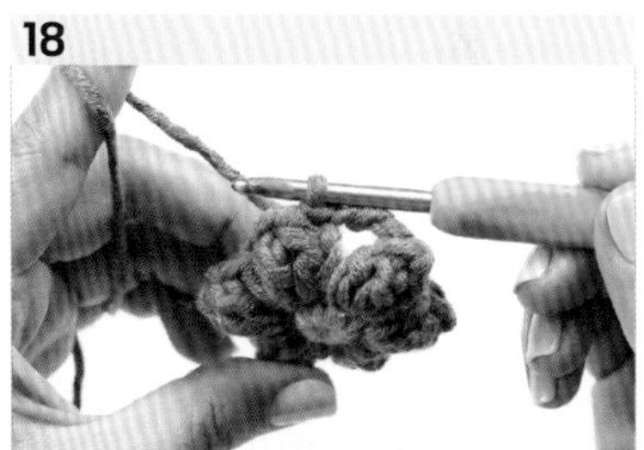

鉤針鉤住線後編引拔針。

END

19

修剪毛線，並用毛線縫針收尾。完成。

立體鉤織法

\ SKILL /
2

LEVEL★★

用泡泡編鉤織花朵

泡泡編也稱作「中長針 3 針玉編」，
雖然和第 80 頁的長針 3 針玉編的編法很類似，
但是編出來的東西完全不一樣。
編泡泡編的時候，必須要充分地增加中長針，
才能呈現出漂亮的花瓣。

READY

準備物 混紡毛線（羊毛＋棉）・粗線・蜂巢黃及鸚鵡青、毛線專用 8 號鉤針、毛線縫針、剪刀

使用的鉤織法 用兩個線圈編織的輪狀起針、引拔針、鎖針、短針、泡泡編

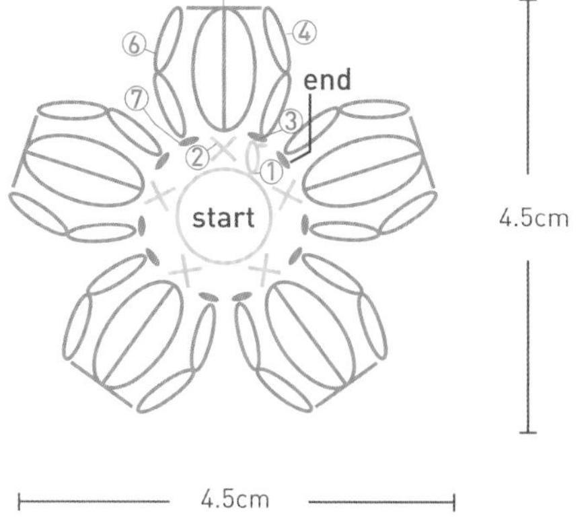

[start] 用兩個線圈編織的輪狀起針

[第一段] ① 鎖針、② 往左編短針、③ 引拔針

[第二段] ④ 鎖針、⑤ 泡泡編、⑥ 鎖針、⑦ 引拔針

[end] 引拔針、修剪毛線並用毛線縫針收尾

TIP 編每一片花瓣時都是以引拔針開始並且以引拔針結束。

如果覺得用泡泡編鉤織花朵很困難
請用手機掃描 QR code 觀看影片

1

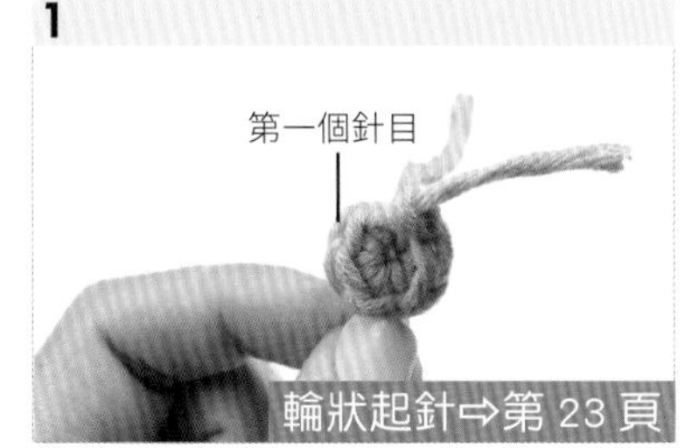

[第一段] 輪狀起針、短針、引拔針

用兩個線圈編織輪狀起針後，先編 1 個鎖針做為短針的立針，再編 5 個短針。編完引拔針後剪斷毛線，將鉤針抽出來結束第一段。

2

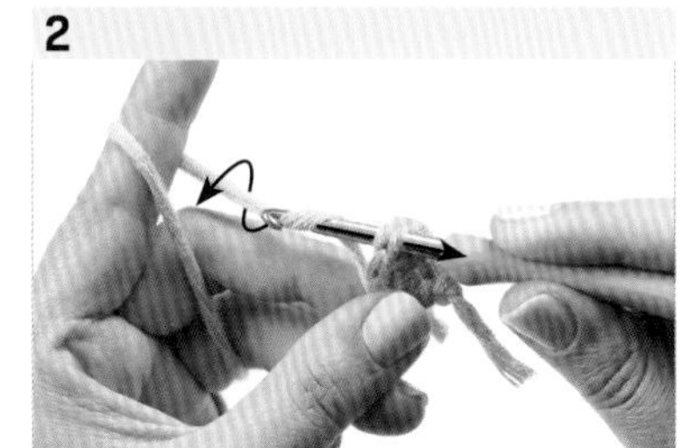

[花瓣] 換線

為了編花瓣，將鉤針插入第一段第一個針目的頭裡，鉤住新的線並拉出來。

3

[花瓣] 立針

編 2 個鎖針，做為中長針的立針。

4

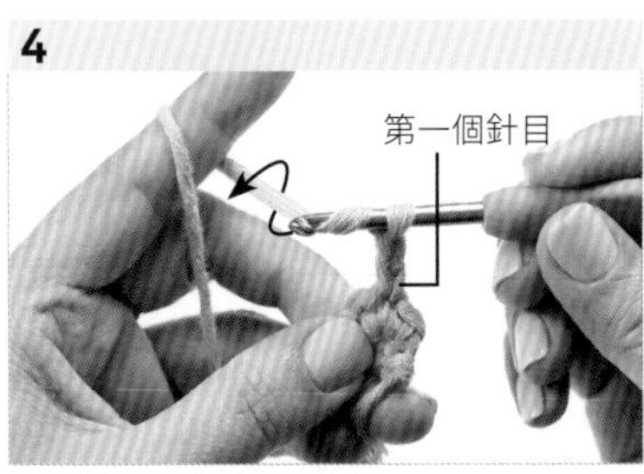

[花瓣] 未完成的中長針

接著開始編泡泡編。先將鉤針鉤住線，再插入立針立起的位置。

5

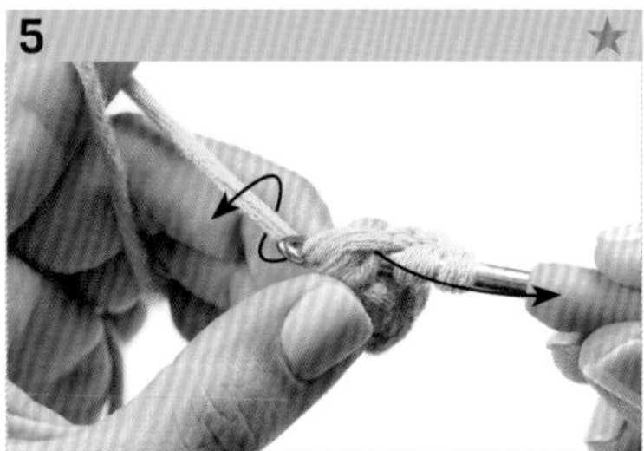

鉤針鉤住線，並朝箭頭方向拉出來。

6

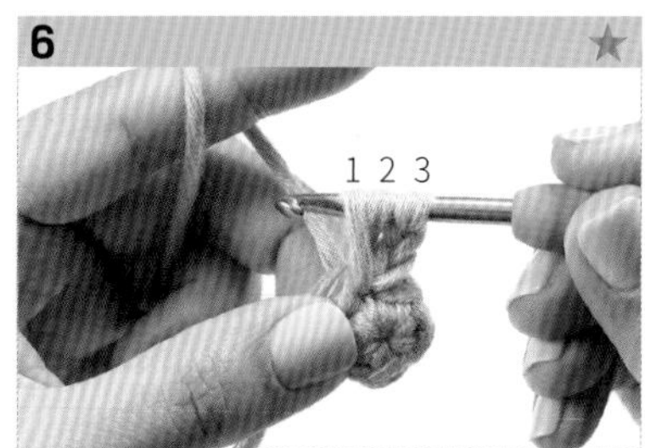

確認鉤針上的線圈是否有 3 個。這是未完成的中長針的樣子。

TIP 中長針是當鉤針上的線圈有 3 個的時候，鉤針鉤住線並一次拉出來的技法。未完成的中長針是指在鉤住線拉出來之前，鉤針上留有 3 個線圈的時候。

7

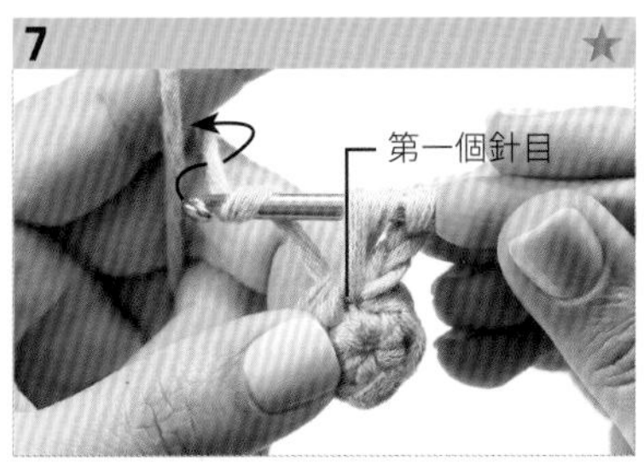

接著要編第二個中長針。必須要將鉤針插入第一段的第一個針目，所以請確認好位置，並使鉤針鉤住線。

8

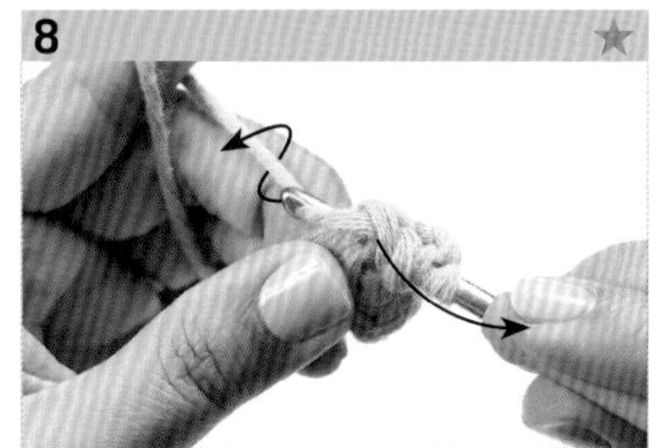

鉤針插入第一段的第一個針目，鉤住線並朝箭頭方向拉出來。

9

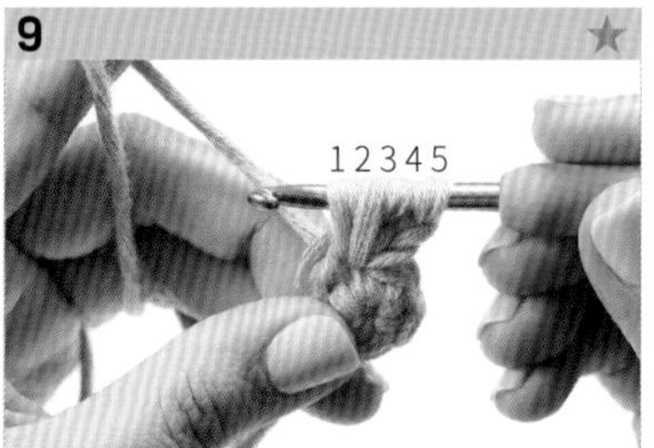

確認鉤針上線圈是否有 5 個。這是編 2 個未完成中長針的樣子。

TIP 必須充分地增加中長針，花瓣才會被編得既豐厚又漂亮。.

10

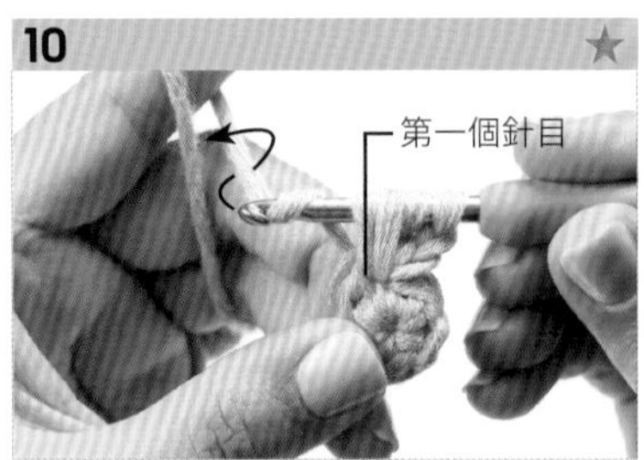

接著要編第三個中長針。使鉤針鉤住線後，插入第一段的第一個針目。

11

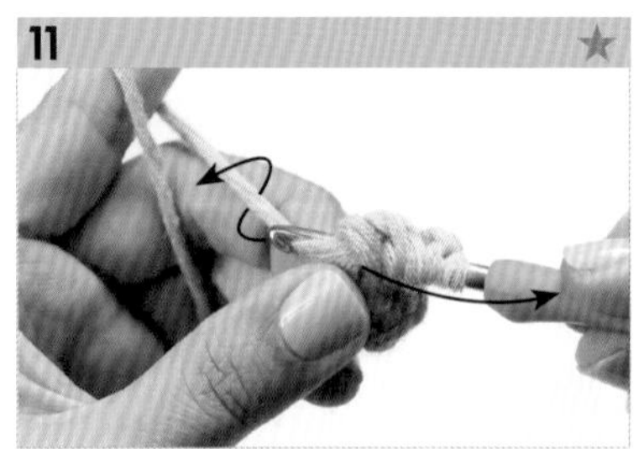

鉤針鉤住線並朝箭頭方向拉出來。

12

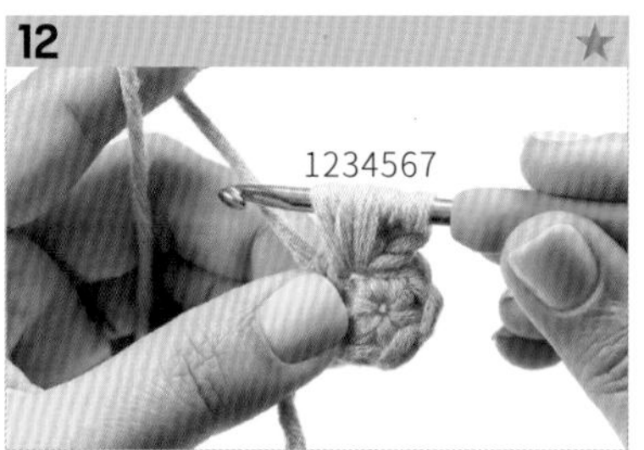

確認鉤針上線圈是否有 7 個。這是編 3 個未完成中長針的樣子。

13

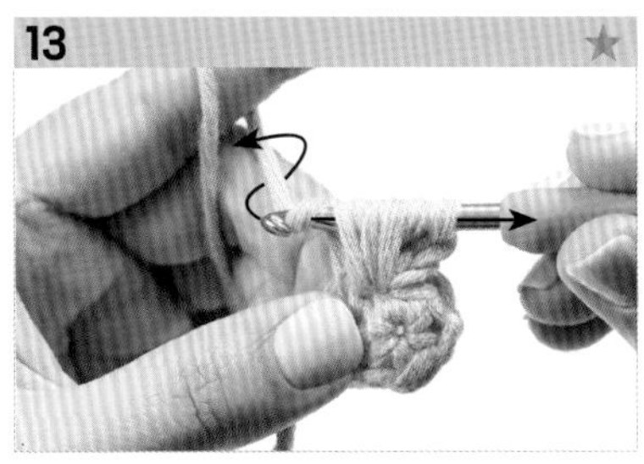

預備將泡泡編收尾。鉤針鉤住線並從線圈中一次拉出來。

14

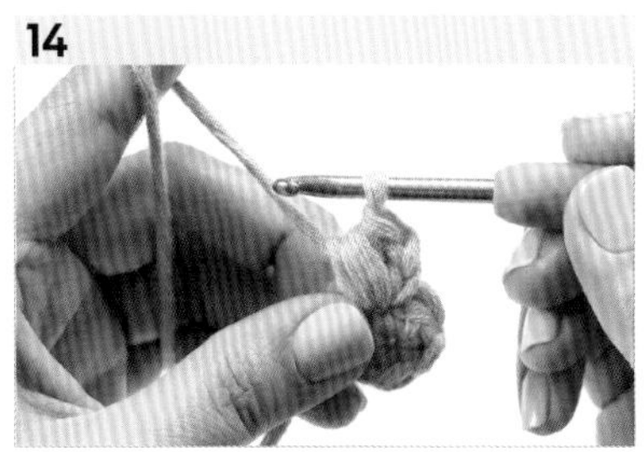

圖為泡泡編完成的樣子。

15

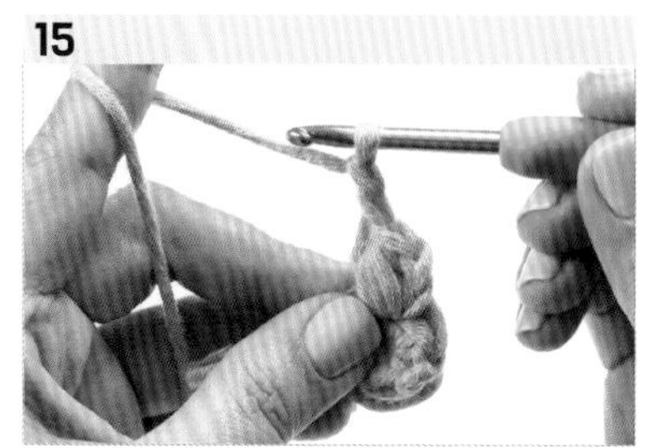

[花瓣] 鎖針

編 2 個鎖針使它們的高度跟中長針一樣高。

16

[花瓣] 引拔針

將鉤針插入第一段的第一個針目，鉤針鉤住線並編 1 個引拔針。

TIP 編第一片花瓣的時候，跟在第一段的第一個針目裡編引拔針做為開始一樣，也必須要用引拔針做為結束。

17

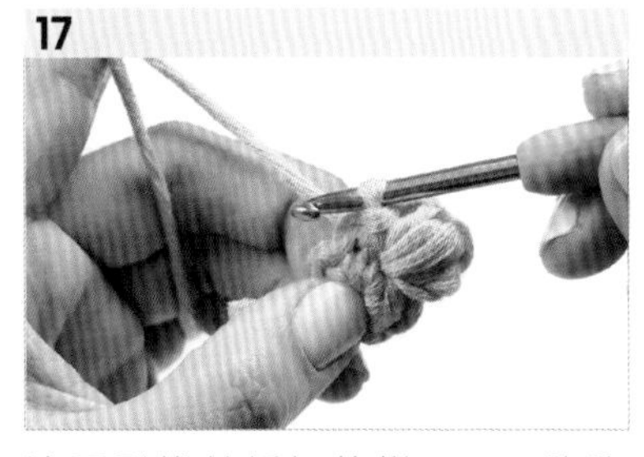

這是引拔針編好的樣子。用泡泡編完成一片花瓣。

18

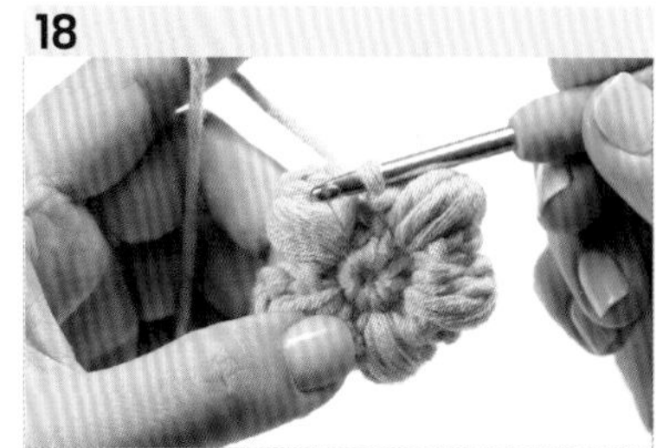

重複**步驟 2-16**，再編出四片花瓣。

END

19

[花瓣] 引拔針

為了不讓花瓣裂開，必須要用引拔針收尾。將鉤針插入第一段的第一個針目，編 1 個引拔針。

20

修剪毛線，並用毛線縫針收尾。完成。

立體鉤織法

\ SKILL /
3

LEVEL★★

用長針 3 針玉編鉤織花朵

玉編是編花辦或樹葉時常用的技法。
原則是在一個針目裡面編數個長針來增加針目數，
搭配編好數個未完成針目後，一次拉出來使針數減少的技法。

READY

準備物 混紡毛線（羊毛＋棉）· 粗線 · 蜂巢黃及糖果粉紅、毛線專用 8 號鉤針、毛線縫針、剪刀

使用的鉤織法 用兩個線圈編織的輪狀起針、引拔針、鎖針、短針、長針 3 針玉編

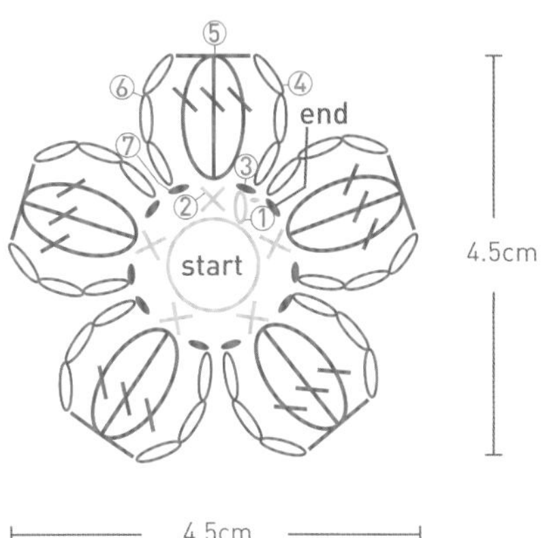

[start] 用兩個線圈編織的輪狀起針

[第一段] ① 鎖針、② 往左編短針、③ 引拔針

[第二段] ④ 鎖針、⑤ 長針 3 針玉編、⑥鎖針、⑦ 引拔針

[end] 引拔針、修剪毛線並用毛線縫針收尾

TIP 每片花瓣都是將鉤針插入第一段的每一個針目裡五次來進行編織。

如果覺得用長針 3 針玉編鉤織花朵很困難
請用手機掃描 QR code 觀看影片

START

1

[第一段] 輪狀起針、短針、引拔針

用兩個線圈編織輪狀起針後，先編 1 個鎖針做為短針的立針，再編 5 個短針。編完引拔針後剪斷毛線，將鉤針抽出來結束第一段。

2

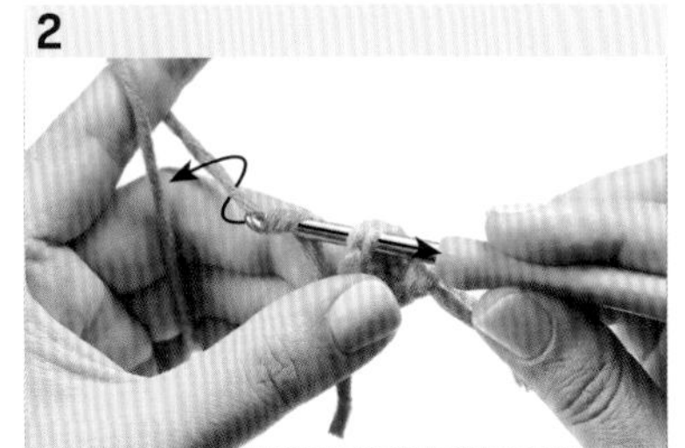

[花瓣] 換線

為了編花瓣，將鉤針插入第一段第一個針目的頭裡，鉤住新的線並拉出來。

3

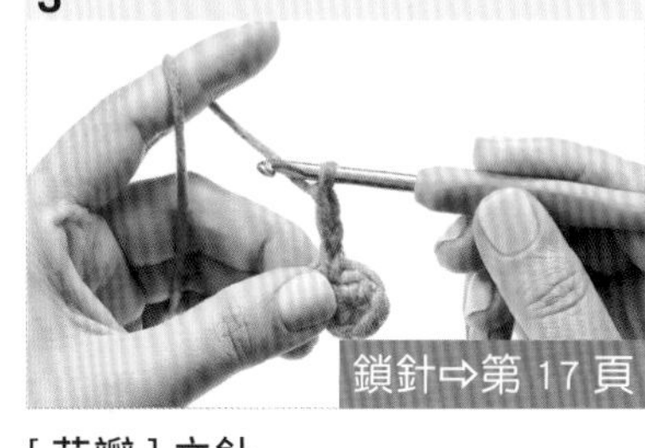

[花瓣] 立針

先編 3 個鎖針，做為長針的立針。

4

[花瓣] 未完成的長針

先將鉤針鉤住線，再插入立針立起的位置。

5

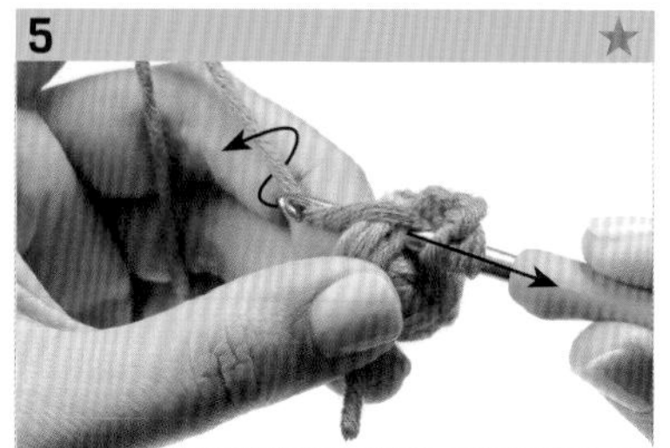

鉤針鉤住線並朝箭頭方向拉出來。確認鉤針上的線圈是否有 3 個。

6

鉤針鉤住線並只從 3 個線圈中的前兩個拉出來。

7

這是未完成長針編好的樣子。

TIP 未完成的針目織法，通常是使用於想要減針或將針目聚集成珠玉形狀的情況。

8

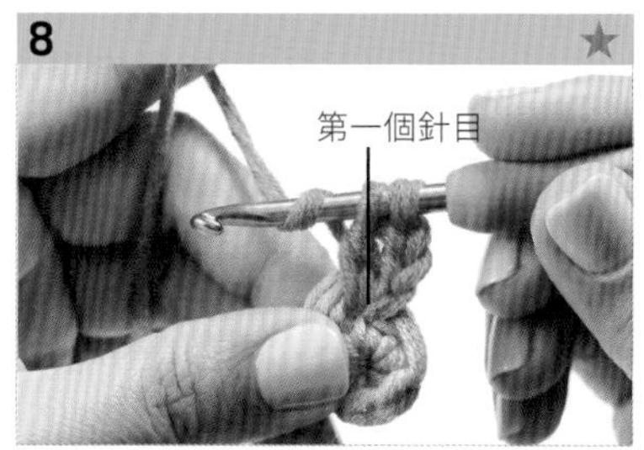

接著要編第二個長針。鉤針鉤住線，並插入第一段的第一個針目。

9

鉤針鉤住線並朝箭頭方向拉出來。確認鉤針上的線圈是否有 4 個。

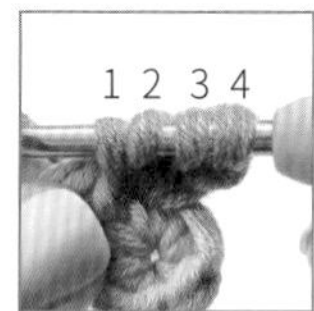

10

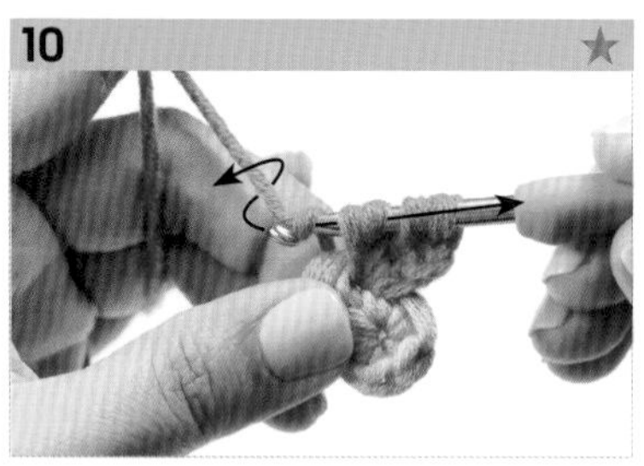

鉤針鉤住線並只從 4 個線圈中的前兩個拉出來。

11

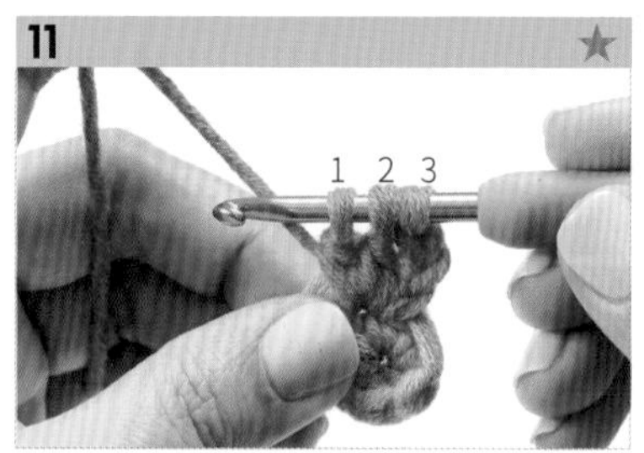

這是 2 個未完成長針編好的樣子。確認鉤針上線圈是否有 3 個。

12

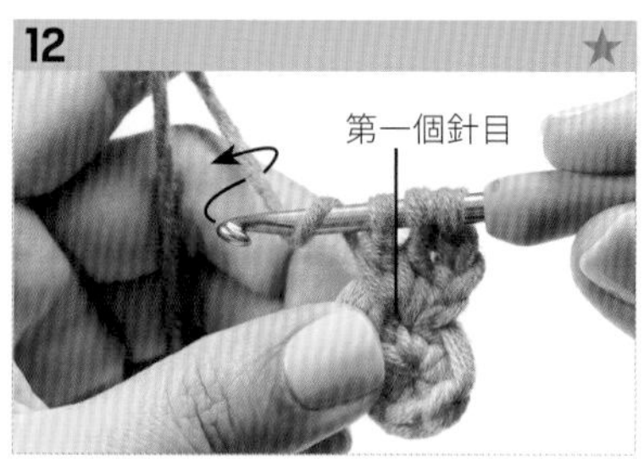

鉤針鉤住線，並插入第一段的第一個針目。

13

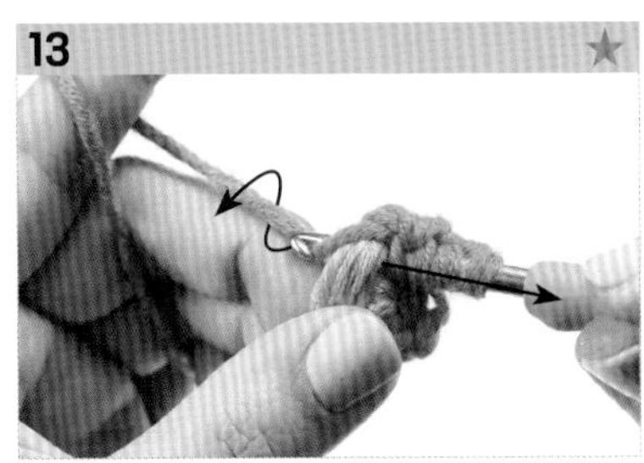

鉤針鉤住線並朝箭頭方向拉出來。確認鉤針上的線圈是否有 4 個。

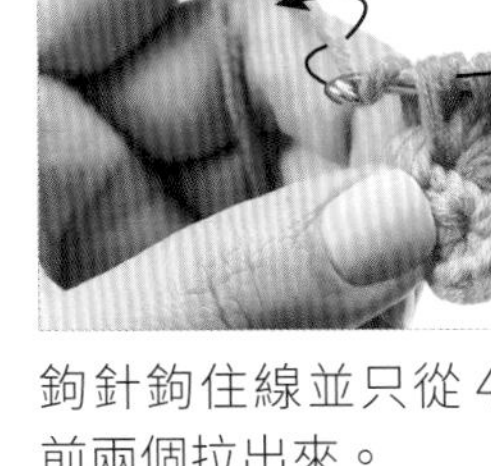

14

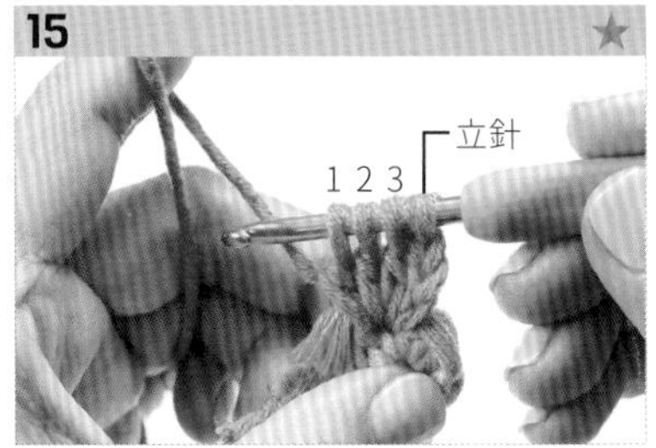

鉤針鉤住線並只從 4 個線圈中的前兩個拉出來。

15

這是再多一個未完成長針編好的樣子，總共已完成 3 個。

16

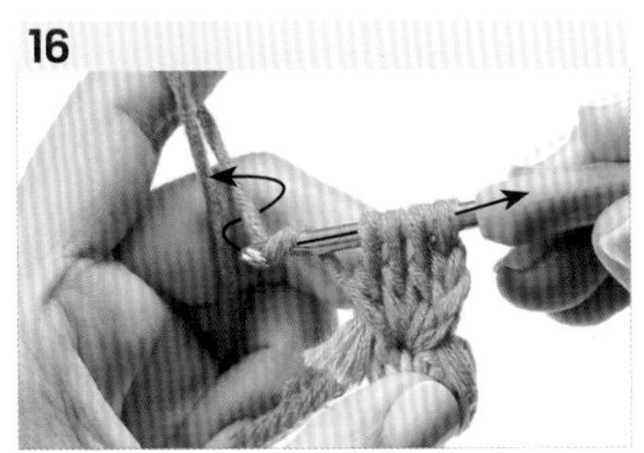

鉤針鉤住線並一次拉出來。

17

長針 3 針玉編就完成了。

18

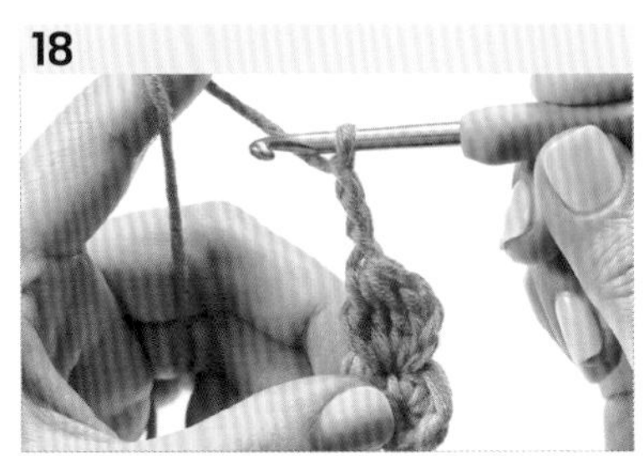

[花瓣] 鎖針

編 3 個鎖針使它們的高度跟長針一樣高。

END

19

[花瓣] 引拔針

將鉤針插入第一段的第一個針目，鉤針鉤住線並拉出來。

TIP 花瓣是以引拔針做為開始，也是以引拔針做為結束。

20

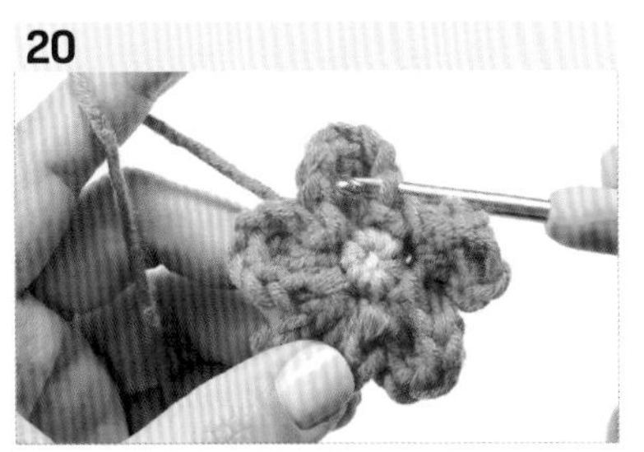

[花瓣] 引拔針

重複**步驟 2-19**，再編出四片花瓣。最後為了不讓花瓣裂開，必須將鉤針插入第一段的第一個針目，編 1 個引拔針。

21

修剪毛線，並用毛線縫針收尾。完成。

LESSON

2

織出不同造型的花樣織片

動手織出圓形、四角形、六角形、三角形等花樣織片，
並試著將完成的花樣織片以各種方式連接在一起吧！
看著扁平的花樣織片變身成精緻可愛的小物，
你將會漸漸地著迷在鉤針編織的樂趣中。

LEVEL ★★

細密的圓形花樣織片

想要鉤織圓圓的物品時，最常使用的就是圓形花樣織片。
完成的花樣織片依照大小的不同，可以用來當杯墊、板凳套，
或者將好幾片花樣織片縫合後，做成隔熱墊、零錢包、籃子等等。

SKILL 1

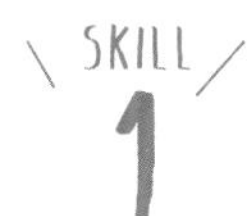

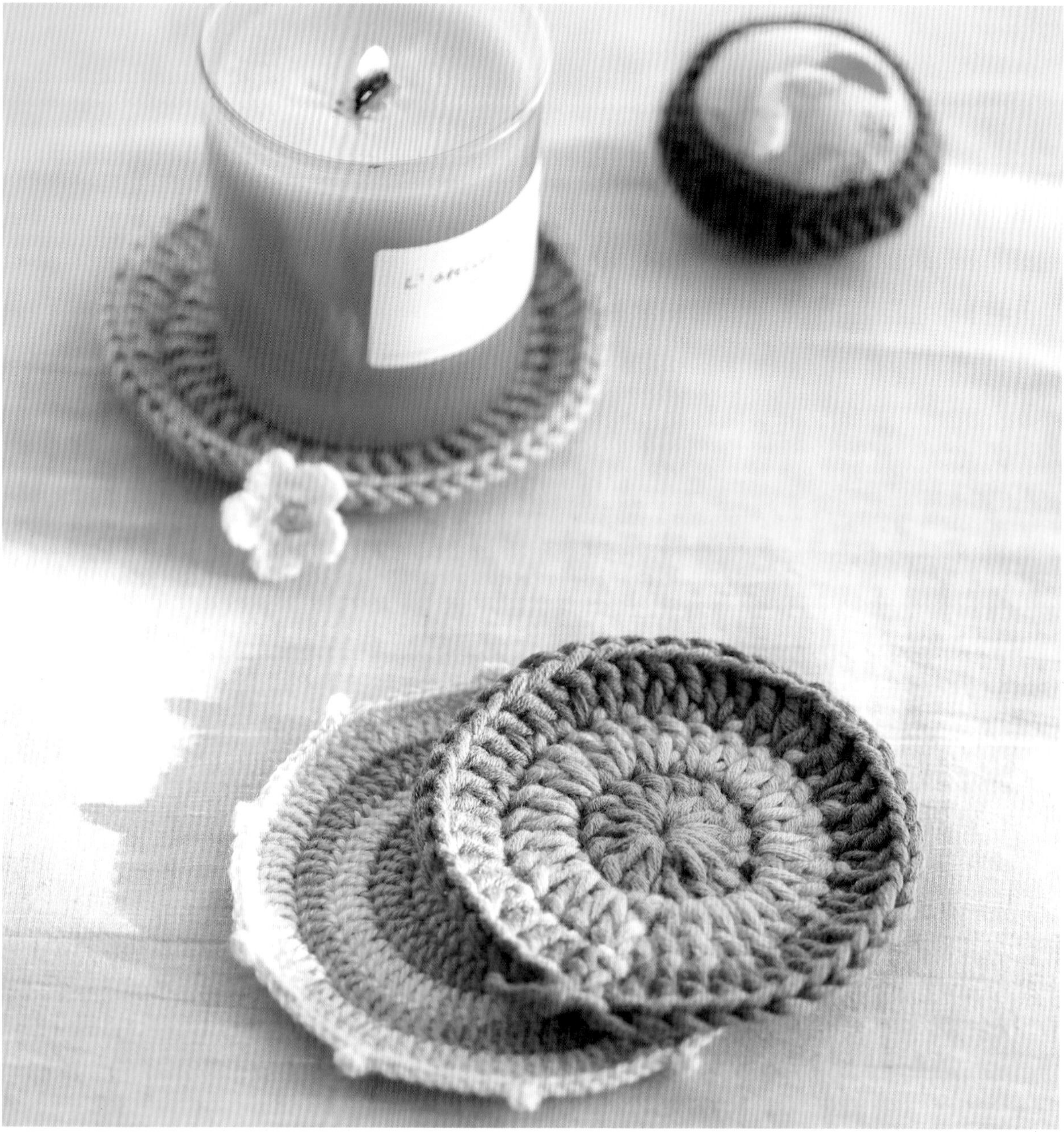

READY

準備物 混紡毛線（羊毛＋棉）· 粗線 · 湖水藍、蜂巢黃及葡萄紫、毛線專用 8 號鉤針、毛線縫針、剪刀

使用的鉤織法 用兩個線圈編織的輪狀起針、引拔針、鎖針、長針、2 長針加針

[start] 用兩個線圈編織的輪狀起針
[第一段] 鎖針、往綠色箭頭方向編長針、引拔針
[第二段] 鎖針、往藍色箭頭方向編 2 長針加針、引拔針
[第三段] 鎖針、往紅色箭頭方向編 2 長針加針、長針
[end] 引拔針、修剪毛線並用毛線縫針收尾

TIP 2 長針加針是將鉤針插入同一個針目裡兩次來進行鉤織。

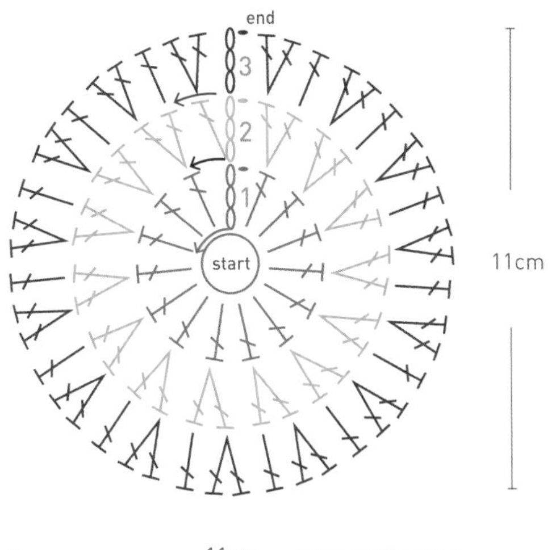

START

1

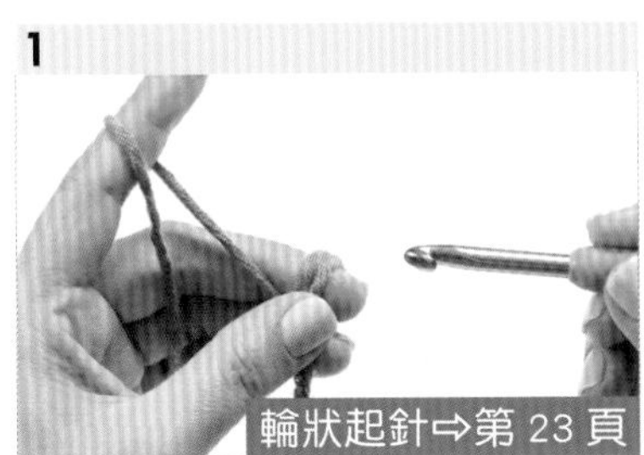

先用兩個線圈編織輪狀起針。

2

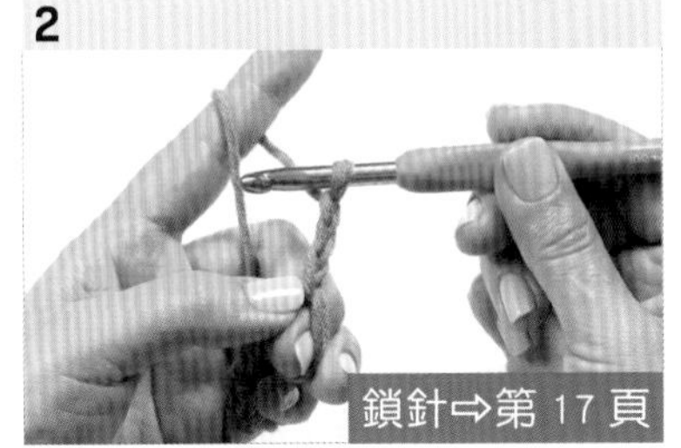

[第一段] 立針

編 3 個鎖針，做為長針的立針。

TIP 長針的立針會算成 1 針長針。

3

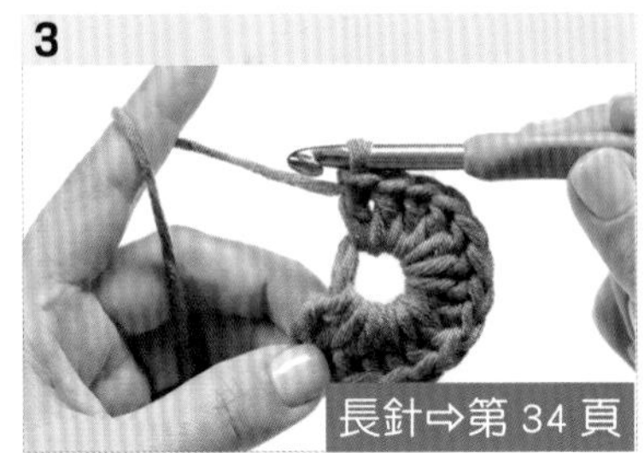

[第一段] 長針

接下來編 14 個長針。總共必須要編出 15 針。

4

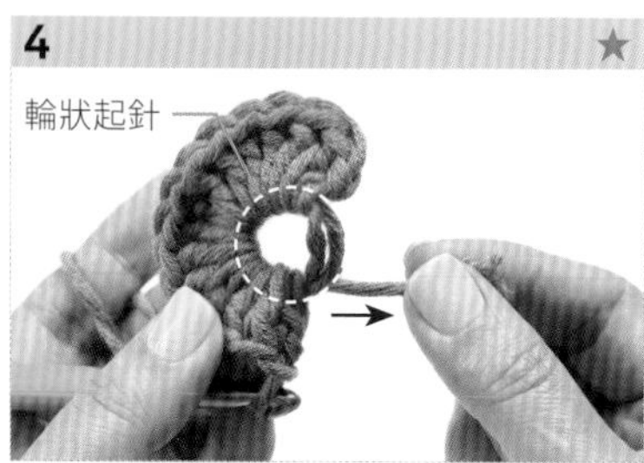

朝箭頭方向稍微拉一下線頭，（輪狀起針）兩條線之中會有一條線被拉動。

5

用手抓著移動的那一條線，並朝箭頭方向拉緊。

6

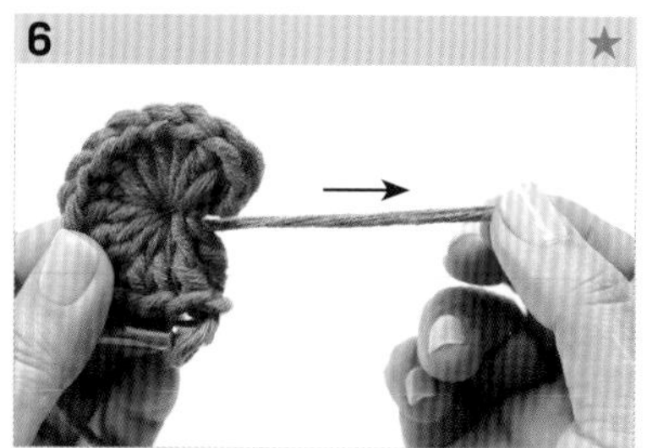

再次拉動**步驟 4** 中的線頭，將整個圓拉緊密。

7

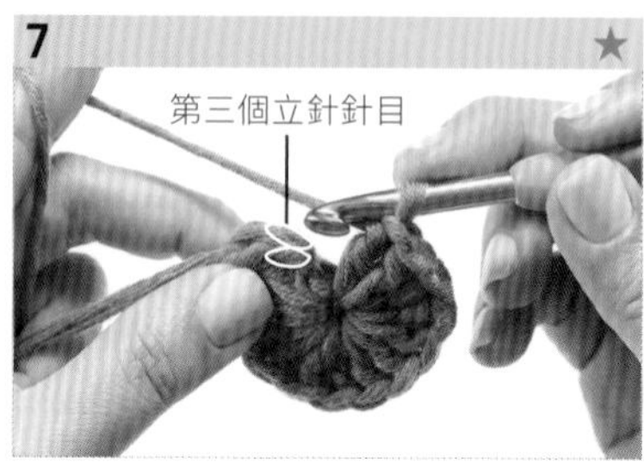

[第一段] 引拔針

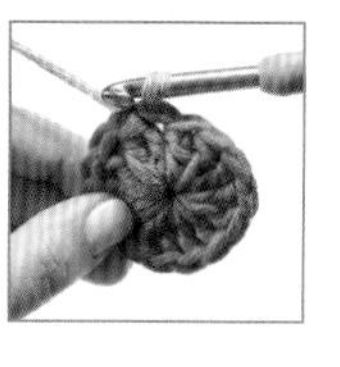

將鉤針插入第三個立針針目的裡山和半目兩線中。

TIP 簡單找出第三個立針針目的方法，是先確認前一個長針針目的頭和腳位置，再找它右邊的立針針目。

8

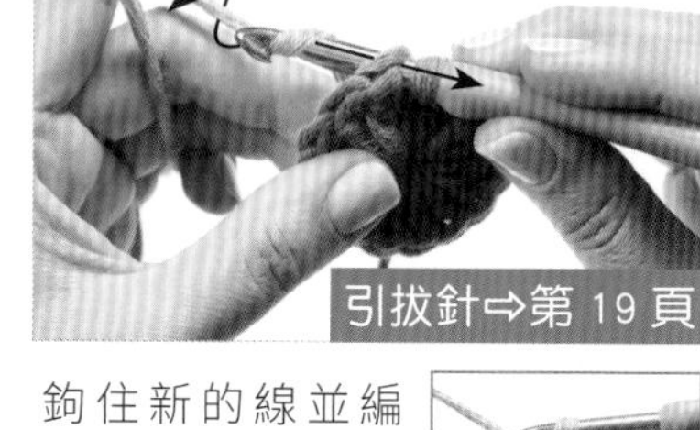

鉤住新的線並編引拔針。在編引拔針的時候，織片的縫隙有可能會裂開，所以鉤針必須要插入半目和裡山的兩條線裡。

TIP 也可以用第一段使用的線編完引拔針後，再從第二段開始換新線。

9

[第二段] 立針

編完引拔針後，要先編 3 個鎖針，做為第二段長針的立針。

10

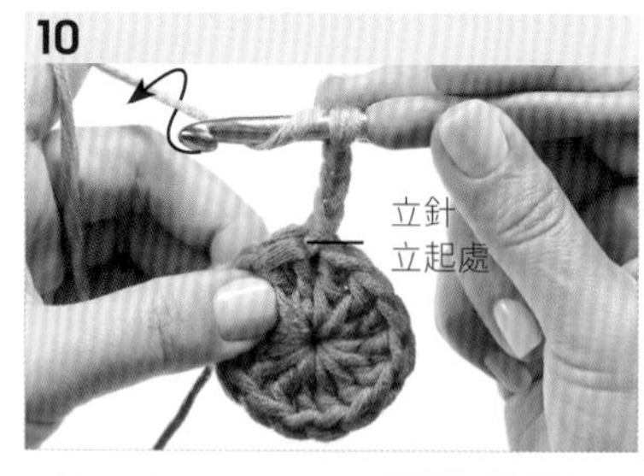

[第二段] 加針

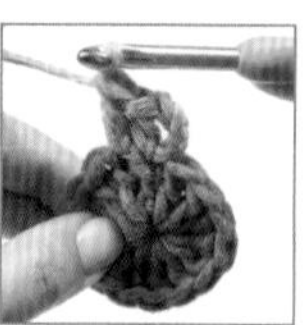

如果第一段的針目數是 15 針的話，第二段就必須要編 30 針才行。將鉤針鉤住線並插入立針立起的位置編 1 個長針。

11

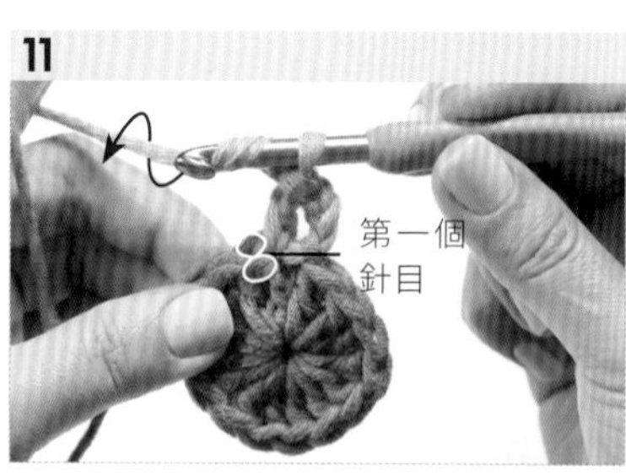

鉤針鉤住線並插入立針旁邊的第一個針目的頭，編 1 個長針。

12

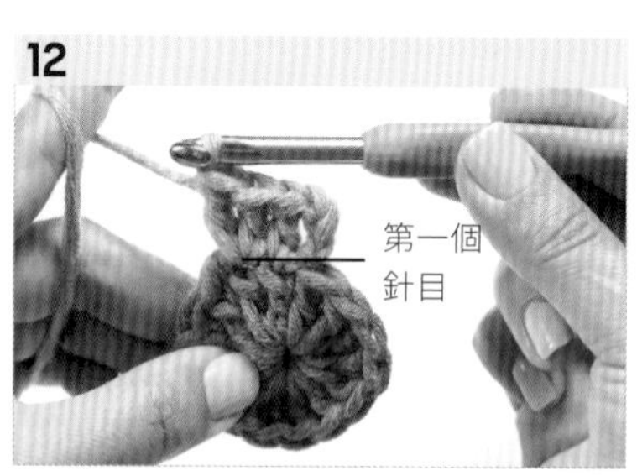

在相同位置的針目裡再編 1 個長針。

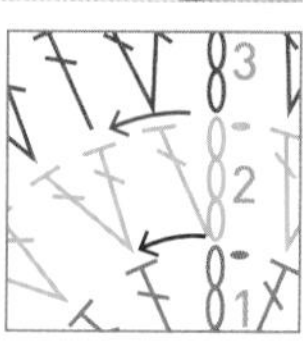

TIP 這個步驟就是 2 長針加針，是增加針數的方法。

13

在接下來的每一個針目裡都編 2 個長針，總共要編 26 個。

TIP 第二段總共會有 30 針。

14

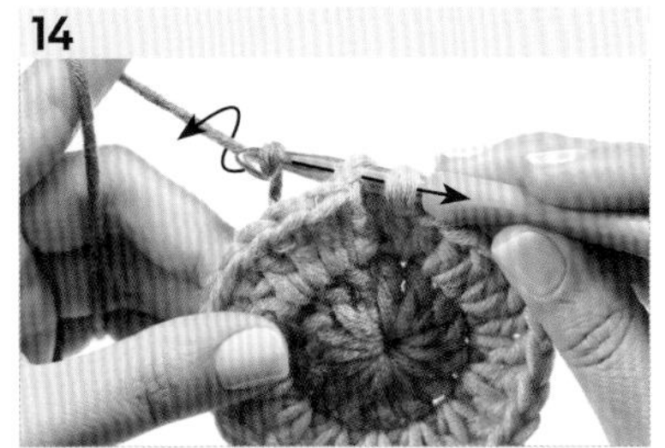

[第二段] 引拔針

為了結束第二段要編引拔針。將鉤針插入第三個立針針目的裡山和半目兩條線裡，鉤住新的線並編引拔針。

15

[第三段] 立針

編完引拔針後，要先編 3 個鎖針，做為第三段長針的立針。

16

[第三段] 長針

在立針旁邊的針目裡編 2 個長針。

TIP 第一段是 15 針長針，第二段是 30 針，第三段必須要增加為 45 針。

17

再下一個針目裡編 1 個長針。

18

再下一個針目裡編 2 個長針。

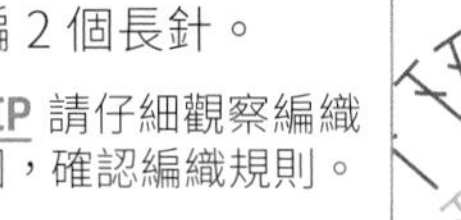

TIP 請仔細觀察編織圖，確認編織規則。

END

19

接著依照「一個針目編 1 針、下一個針目編 2 針」的循環規則編入長針，重複 13 次。總共編出 45 針。

20

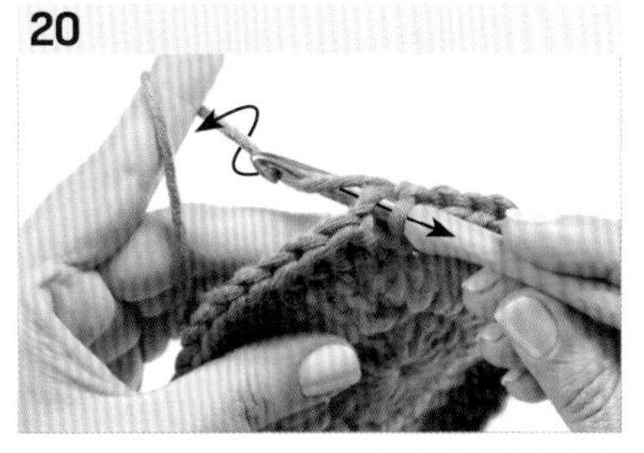

[第三段] 引拔針

用引拔針結束第三段。將鉤針插入第三個立針針目的裡山和半目兩條線裡，鉤住線並拉出來。

21

修剪毛線並用毛線縫針收尾。細密地編出三段顏色的圓形花樣織片就完成了。

LEVEL ★★★

隔熱墊

隔熱墊是在拿取熱鍋時使用的廚房工具。
雖然市面上就有販售多元圖案的款式，
但是只要先編出兩片圓形花樣織片，
用短針將它們縫合在一起，再加上吊環就完成了。
自己手作隔熱墊其實既簡單又有成就感。

READY

準備物 Hera 純羊毛毛線、毛線專用 6 號鉤針、毛線縫針、剪刀

使用的鉤織法 用兩個線圈編織的輪狀起針、引拔針、鎖針、短針、長針、2 長針加針

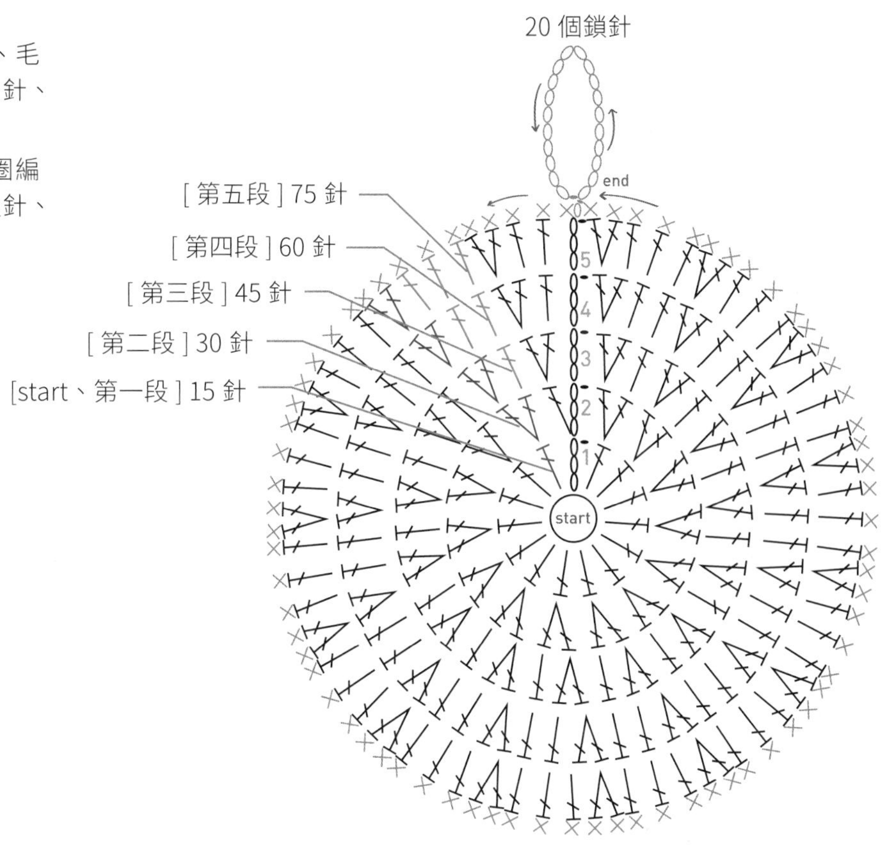

START

END

1

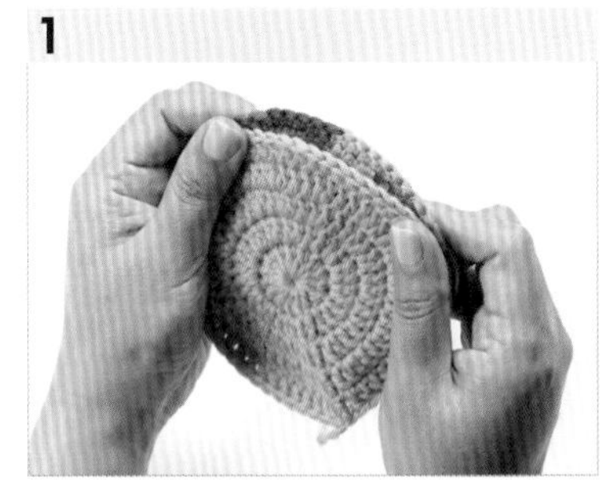

準備 2 片編得很細密的五段圓形花樣織片。將花樣織片背對，互相疊合在一起。

TIP 先編單色的花樣織片，再編多色的花樣織片，這樣會更容易上手。

2

用短針將 2 片花樣織片連接在一起，並編 1 個引拔針收尾。

TIP 在第一個短針針目的頭編引拔針，結束第六段。

3

編 20 個鎖針做成吊環，並用引拔針連接到織片上，即完成。

LEVEL ★★

細密的四角形花樣織片

四角形花樣織片可以做各式各樣的運用。
請多編幾片大小不一樣的織片，將各織片連接在一起，
就能做成靠枕、包包、毛毯等實用物品。

SKILL 2

READY

準備物 混紡毛線（羊毛＋棉）．粗線．葡萄紫、鸚鵡青及萊姆綠、毛線專用 8 號鉤針、毛線縫針、剪刀

使用的鉤織法 用兩個線圈編織的輪狀起針、引拔針、鎖針、長針

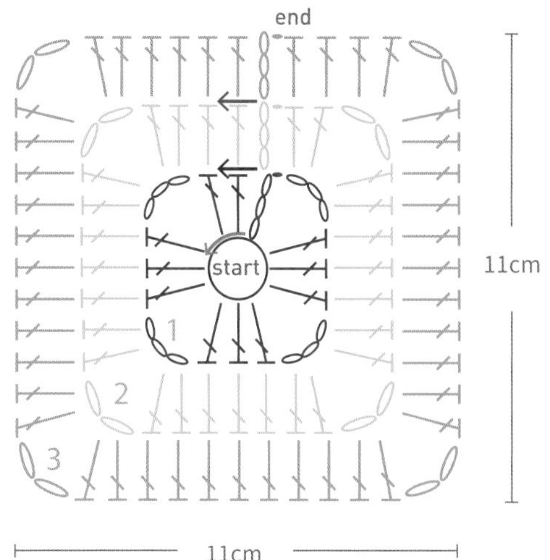

[start] 用兩個線圈編織的輪狀起針

[第一段] 鎖針、往綠色箭頭方向編長針、鎖針、引拔針

[第二段] 鎖針、往藍色箭頭方向編長針、鎖針、引拔針

[第三段] 鎖針、往紅色箭頭方向編長針、鎖針

[end] 引拔針、修剪毛線並用毛線縫針收尾

TIP 編四角形的面時，是將鉤針插到下面那段的針目裡進行編織；編稜角時，則是將鉤針插到鎖針針目底下的空洞處進行編織。編完稜角再編面的時候，很容易錯過第一個針目。請輕輕拉動織片，確定找出第一個針目再編。

START

1

輪狀起針⇨第 23 頁、鎖針⇨第 17 頁

[第一段] 立針

先用兩個線圈編織輪狀起針。再編 3 個鎖針，做為長針的立針。

TIP 長針的立針會算入 1 針長針。

2

長針⇨第 34 頁

[第一段] 第一個面

編 2 個長針以做出四角形的面。

3

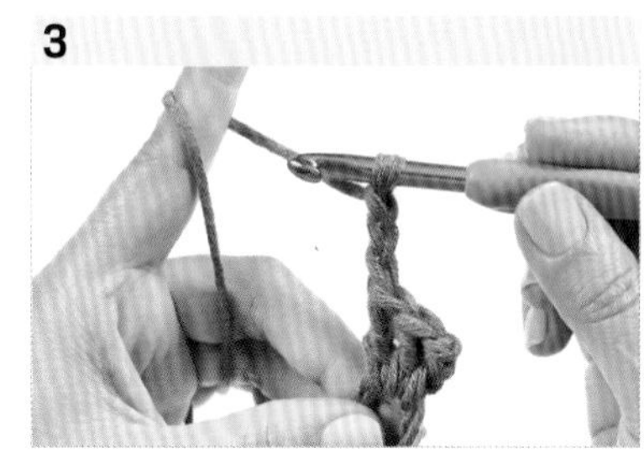

[第一段] 第一個稜角

接著要編四角形的稜角。編 3 個鎖針來完成。

4

像這樣「面用 3 長針、稜角用 3 鎖針」依序編織。一直到編完第四次的鎖針為止，過程中請同時看著編織圖。

5 ★

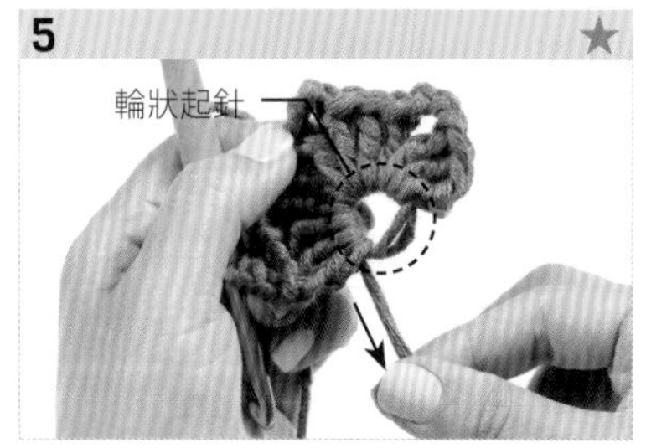

朝箭頭方向稍微拉一下線頭，(輪狀起針）兩條線之中會有一條線被拉動。

6 ★

用手抓著移動的那一條線，並朝箭頭方向拉緊。

7 ★

再次拉動**步驟 5** 中的線頭，將中心拉緊密。

8 ★

[第一段] 引拔針

準備用引拔針結束第一段。要編引拔針的位置就是第一段的第三個立針針目。

9 ★

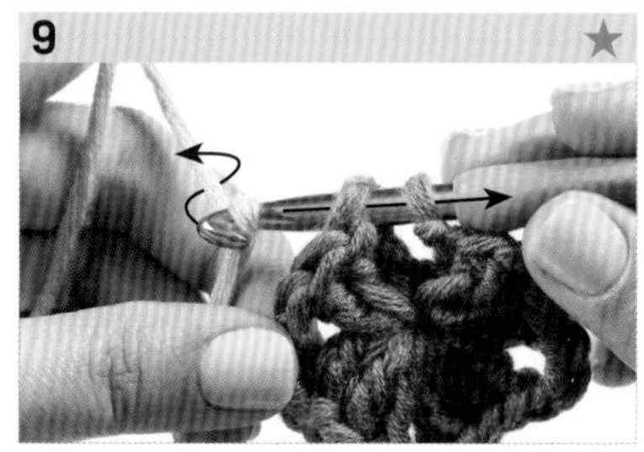

將鉤針插入第三個立針針目的裡山和半目兩條線裡，鉤住新的線並一次拉出來。剪掉原本編織的那條線。

10

[第二段] 第一個面

先編 3 個鎖針做為長針的立針。旁邊 2 個針目分別編入 1 長針。

TIP 如果將第一段的紫色線頭一起編進去，就能簡單又俐落地把線整理好。

11

[第二段]第一個稜角

將鉤針插入鎖針針目底下的空洞處。

12

編 2 個長針、2 個鎖針，再編 2 個長針。

TIP 將鉤針插入空洞處編織的時候，只要像是把整個鎖針包覆起來即可。

13

稍微修剪一下毛線，整理線頭。不用毛線縫針收尾也沒關係。

TIP 編第二段的時候，如果跟第一段的紫色線一起編的話，就能把線整理得很整齊。

14

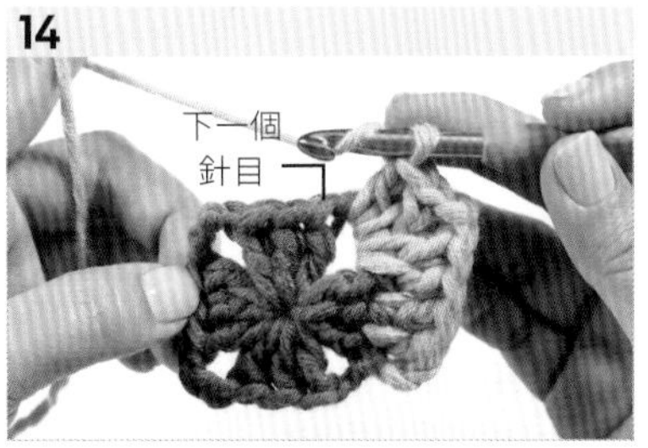

[第二段] 第二個面

編織第二個面時，不是在空洞處而是要在針目裡編長針。鉤針鉤住線，確認空洞處旁邊的針目。

TIP 因為有可能錯過針目，請輕輕拉開織片，確認清楚下一個針目位置。

15

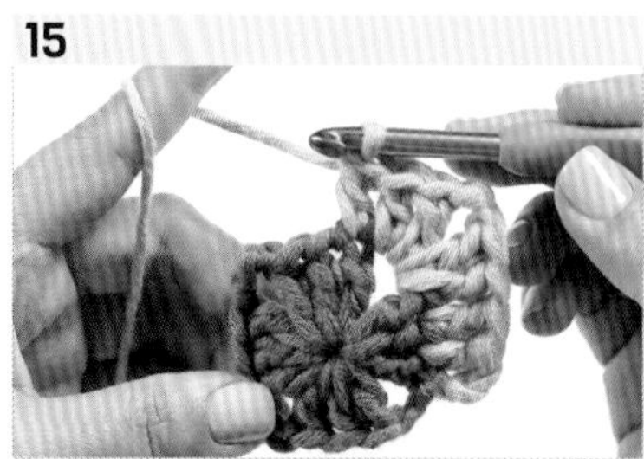

先編 1 個長針，旁邊 2 個針目也分別編入 1 長針，編出面再編稜角。

16

[第二段] 面、稜角

1 個針目編 1 個長針，鎖針底下的空洞處則編入 2 個長針、2 個鎖針、2 個長針，依序完成四個邊。請一邊查看編織圖一邊進行。

17

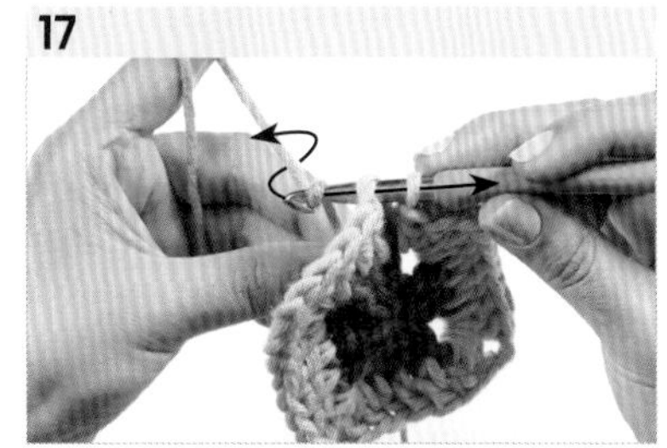

[第二段] 引拔針

鉤針插入第三個立針針目的裡山和半目兩條線裡，鉤住新線並編引拔針。

18

[第三段] 面、稜角

用跟第二段一樣的方法換線，並配合規則編出第三段。請同時查看著編織圖來完成。

19

[第三段] 引拔針

將鉤針插入第三個立針針目的裡山和半目兩條線裡，最後編 1 個引拔針。

\END/

20

修剪毛線並用毛線縫針收尾。細密地編出三段顏色的四角形花樣織片就完成了。

LEVEL★★★

杯套

在寒冷的冬天裡，幫散發著溫暖熱氣的杯子穿上杯套吧。
做法很容易，只需要先編好四片四角形花樣織片，
再用捲針縫連接起來，連初學者也能輕鬆跟著做。
一起用杯套創造更溫暖的下午茶時光吧！

READY

準備物 Hera 純羊毛毛線、毛線專用 6 號鉤針、毛線縫針、剪刀、縫線、鈕扣

使用的鉤織法 用兩個線圈編織的輪狀起針、引拔針、鎖針、長針、全目縫合法

TIP 用全目縫合法將花樣織片連接在一起，並插入鉤針以鎖針編出扣環。

[稜角]長針和鎖針的針數沒有變動

[面]長針的針數增加4針

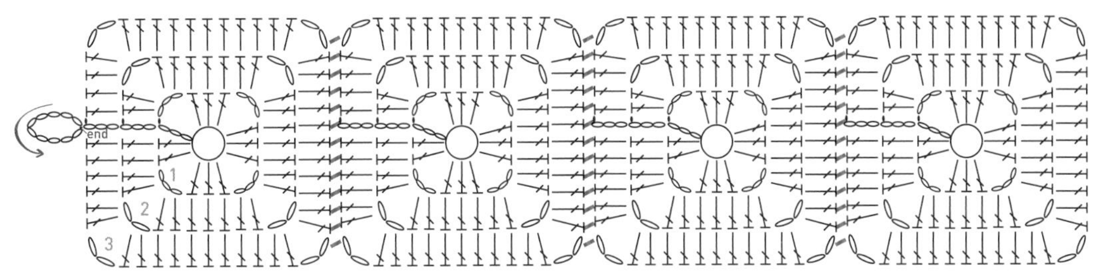

START

END

1

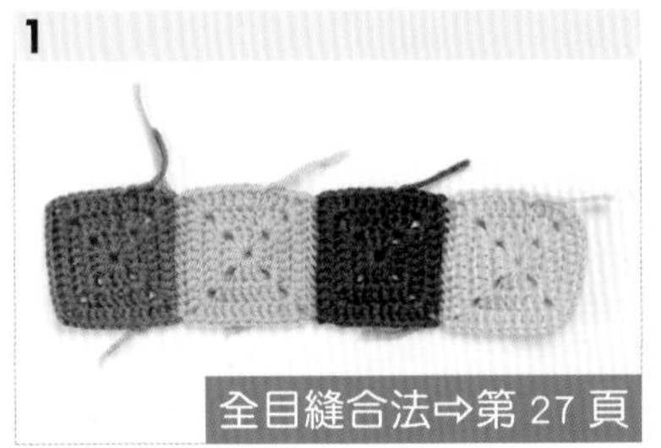
全目縫合法⇨第 27 頁

將 4 片編得很細密的花樣織片橫向排列放好，用捲針縫進行全目縫合法。

TIP 必須仔細地確認跟連接，不要漏掉針目。

2

用毛線縫針整理線頭。

3

在織片右邊縫上鈕扣，左邊編 10 個鎖針做成扣環。

TIP 將鉤針插入花樣織片中，拉出線即可開始編織扣環。

LEVEL★★

細密的六角形花樣織片

以六角形拼接而成的作品，稱之為「祖母花園」。
編織六角形織片時必須編出六個稜角，
將不同織片連接在一起後，可以做成籃子的蓋子、毛毯、地毯或墊子等。

SKILL 3

READY

準備物 混紡毛線（羊毛＋棉）・粗線・淺灰、湖水藍及蜂巢黃、毛線專用 8 號鉤針、毛線縫針、剪刀

使用的鉤織法 用兩個線圈編織的輪狀起針、引拔針、鎖針、長針

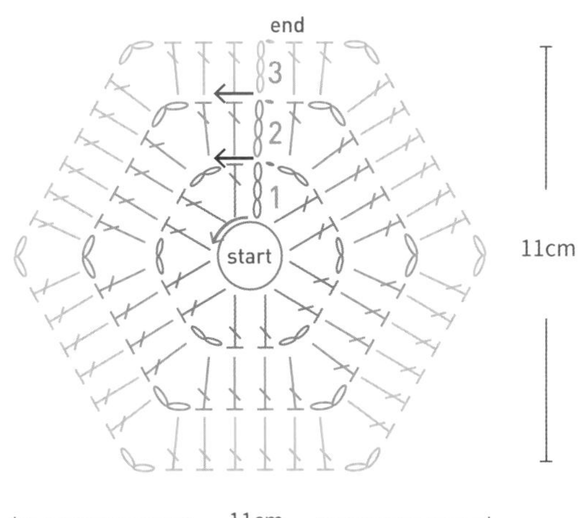

[start] 用兩個線圈編織的輪狀起針

[第一段] 鎖針、往綠色箭頭方向編長針、鎖針、引拔針

[第二段] 鎖針、往藍色箭頭方向編長針、鎖針、引拔針

[第三段] 鎖針、往紅色箭頭方向編長針、鎖針

[end] 引拔針、修剪毛線並用毛線縫針收尾

TIP 六角形從一個面來看，長針針目數是第一段 2 針、第二段 4 針、第三段 6 針，每段增加 2 針。請搭配這個規則，也試著編看看四段以上的六角形花樣織片。

START

1

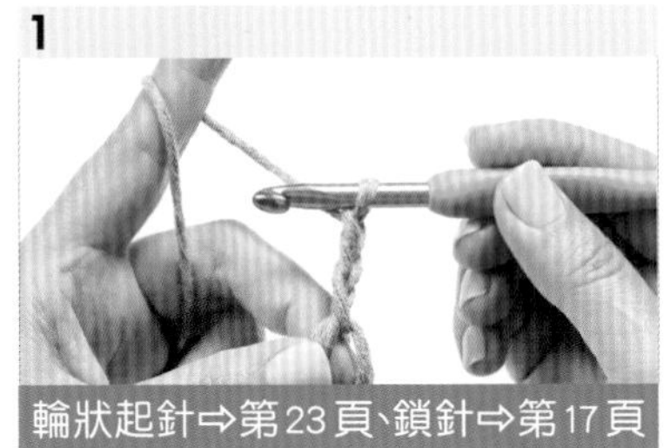

[第一段] 立針

先用兩個線圈編織輪狀起針。再編 3 個鎖針，做為長針的立針。

TIP 長針的立針會算入 1 針長針。

2

[第一段] 第一個面

再編 1 個長針做出六角形的面。

3

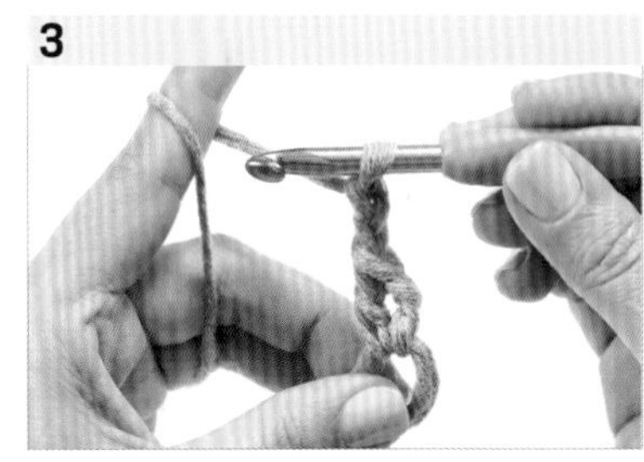

[第一段] 第一個稜角

接著要編六角形的稜角。編 2 個鎖針來完成。

4

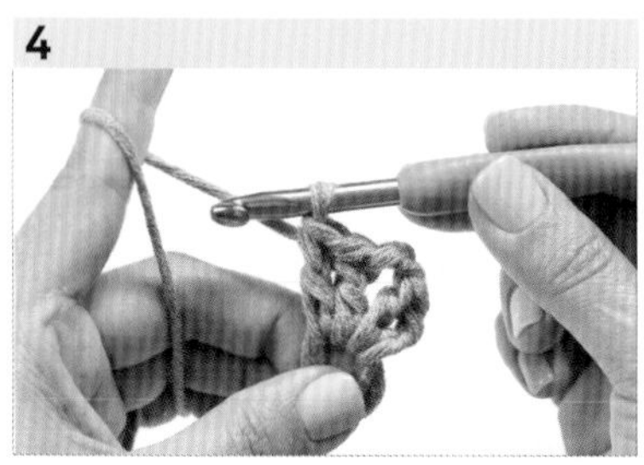

[第一段] 面、稜角

再次編六角形的面，編 2 個長針。接著編稜角，編 2 個鎖針。

5

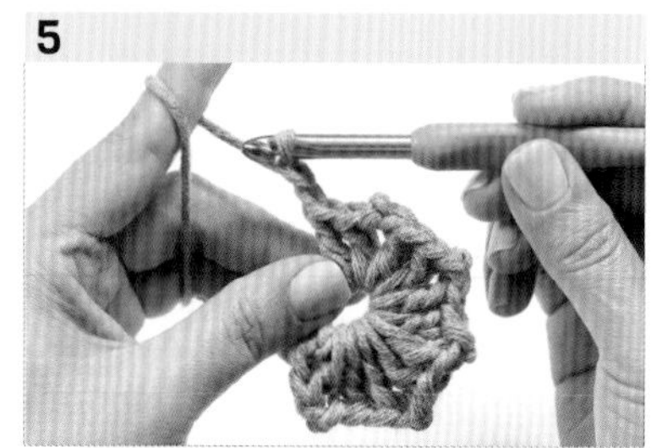

像這樣，依照「面用 2 長針、稜角用 2 鎖針」的規則來編織。請看著編織圖編，一直編到第六個稜角為止。

TIP 步驟 1 的鎖針是長針的立針，也必須算進面裡的針目數。

6 ★

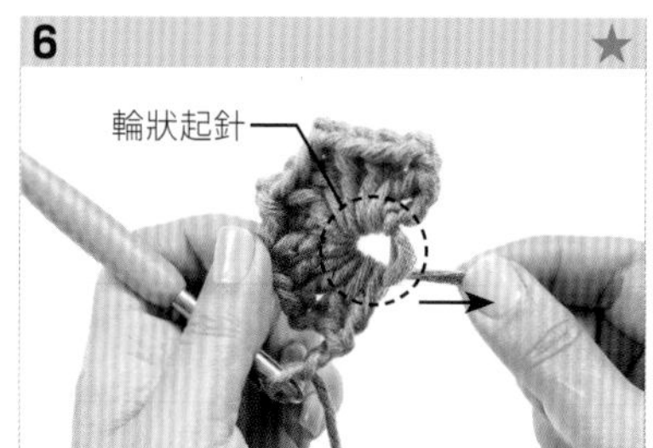

朝箭頭方向稍微拉一下線頭，（輪狀起針）兩條線之中會有一條線被拉動。

7 ★

用手抓著移動的那條線，並朝箭頭方向拉緊。

8 ★

再次拉動**步驟 6** 中的線頭，將中心拉緊。

9 ★

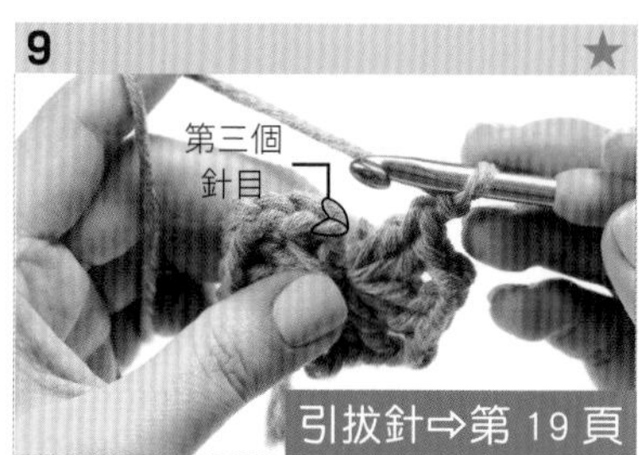

[第一段] 引拔針

準備用引拔針結束第一段。將鉤針插入第三個立針針目的裡山和半目兩條線裡。

10 ★

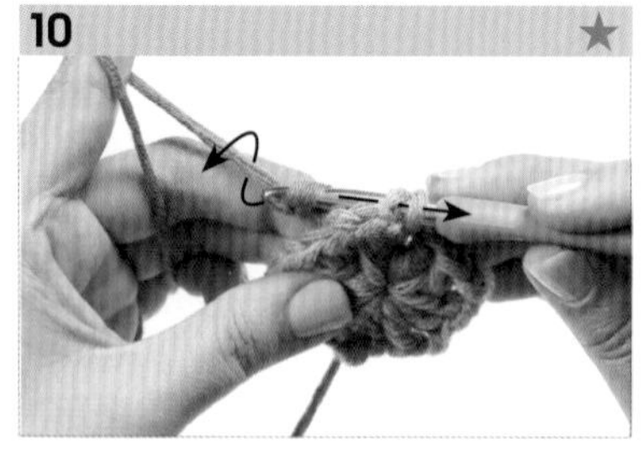

編出引拔針後，用鉤針鉤住新的線並一次拉出來。

11

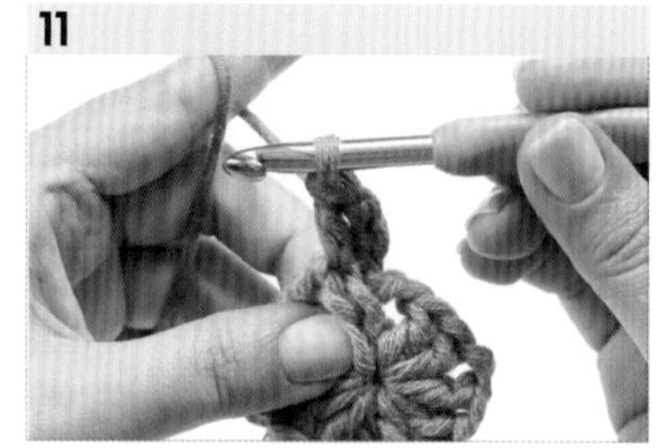

[第二段] 第一個面

先編 3 個鎖針做為長針的立針，在旁邊的針目裡編 1 個長針。

12

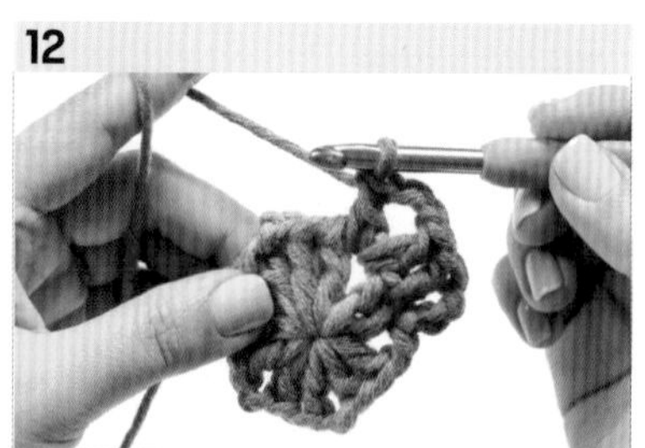

[第二段] 第一個稜角

將鉤針插入鎖針針目底下的空洞處，編 1 個長針、2 個鎖針、1 個長針。

13

[第二段] 面、稜角

看著編織圖，配合規則用長針編出面、用鎖針與長針編出稜角。

TIP 六角形和四角形是一樣的編織原理。如果因為角太多而感到困難，也可以先多練習四角形。

14

[第二段] 引拔針

將鉤針插入第二段第三個立針針目的裡山和半目兩條線裡，鉤住新的線並一次拉出來。

15

[第三段] 立針

先編 3 個鎖針，做為長針的立針。

TIP 立針會算入面的針目數。

16

[第三段] 第一個面

下一個針目編 1 個長針、再下一個針目編 1 個長針，總共編 2 個。

17

[第三段] 第一個稜角

將鉤針插入鎖針針目底下的空洞處，編 1 個長針、2 個鎖針、1 個長針。

18

[第三段] 面、稜角

搭配跟第二段一樣的規則，編出第三段。

19

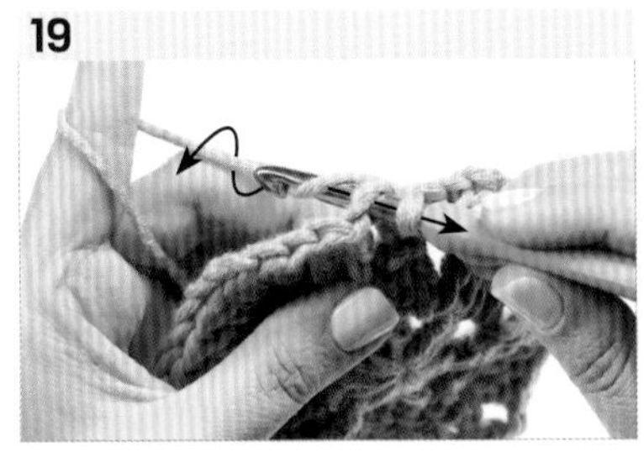

[第三段] 引拔針

將鉤針插入第三段第三個立針針目的裡山和半目兩條線裡，鉤住線並一次拉出來。

END

20

修剪毛線並用毛線縫針收尾。細密地編出三段顏色的六角形花樣織片就完成了。

LEVEL★★★

茶壺墊

如果覺得只編一個六角形花樣織片拿來當茶杯墊，好像不太過癮，
可以試著編好幾片花樣織片並連接在一起做成茶壺墊。
根據不同大小與線材種類，也可以當作鍋子或罐子的墊子來使用。

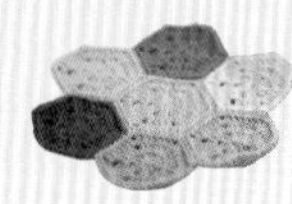

READY

準備物 Hera 純羊毛毛線、毛線專用 6 號鉤針、毛線縫針、剪刀

使用的鉤織法 用兩個線圈編織的輪狀起針、引拔針、鎖針、長針、半目縫合法

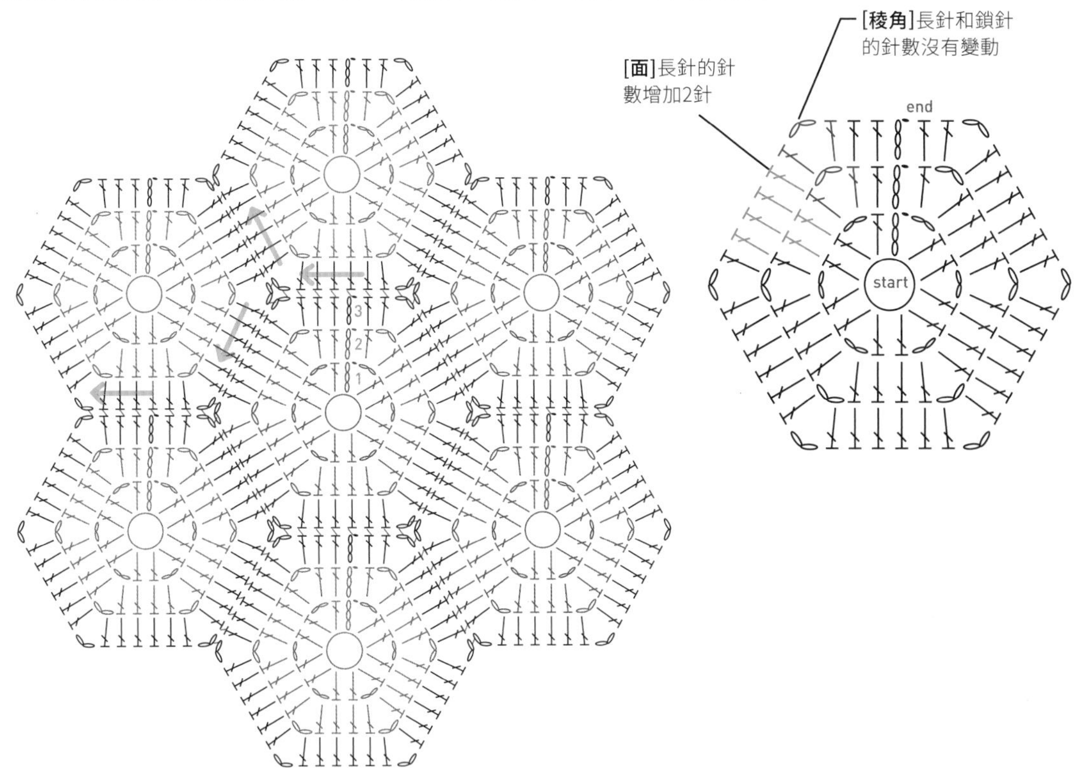

END

1 ★

將 7 片六角形花樣織片排好後，按照順序用半目縫合法連接起來。

TIP 嘗試不同的連接方法，可以做出完全不一樣的成品。

2

用毛線縫針將線頭收尾。

TIP 用毛線製作的成品容易起毛球，而且可能會鬆脫。建議整理完線頭後，稍微浸泡在中性洗衣精裡，沖洗乾淨並脫水後，再用熨斗輕輕燙平背面。

LEVEL★

細密的三角形花樣織片

三角形花樣織片的稜角針目必須要規律性地增加。
編好幾片花樣織片並連接在一起，
加裝毛球或是花朵織片，都能變成華麗的裝飾。

SKILL 4

READY

準備物 混紡毛線（羊毛＋棉）・粗線・橡膠藍、鸚鵡青及糖果粉紅、毛線專用 8 號鉤針、毛線縫針、剪刀

使用的鉤織法 用兩個線圈編織的輪狀起針、引拔針、鎖針、長針

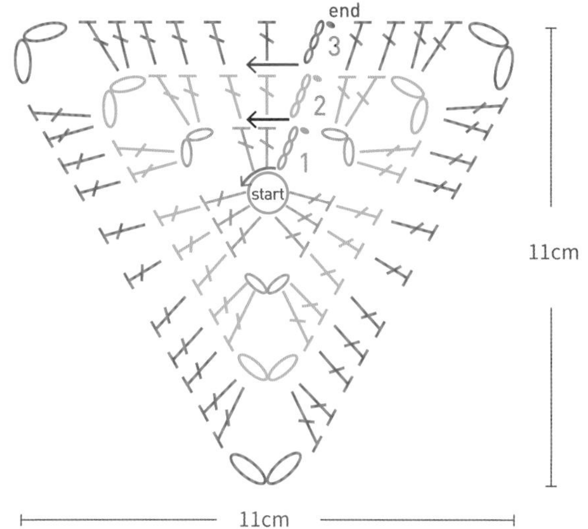

[start] 用兩個線圈編織的輪狀起針

[第一段] 鎖針、往綠色箭頭方向編長針、鎖針、引拔針

[第二段] 鎖針、往藍色箭頭方向編長針、鎖針、引拔針

[第三段] 鎖針、往紅色箭頭方向編長針、鎖針

[end] 引拔針、修剪毛線並用毛線縫針收尾

TIP 三角形面的針目數是第一段 3 針、第二段 7 針、第三段 11 針，每段增加 4 針。請搭配這個規則，也試著編看看四段以上的三角形花樣織片。

START

1

[第一段] 立針

先用兩個線圈編織輪狀起針。再編 3 個鎖針，做為長針的立針。

2

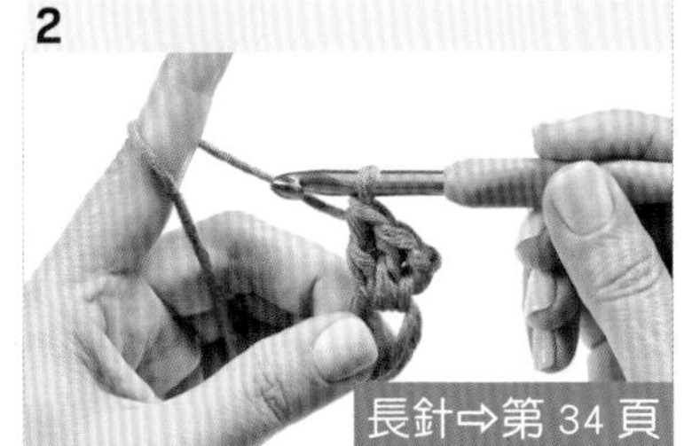

[第一段] 第一個面

再編 2 個長針做出三角形的面。

3

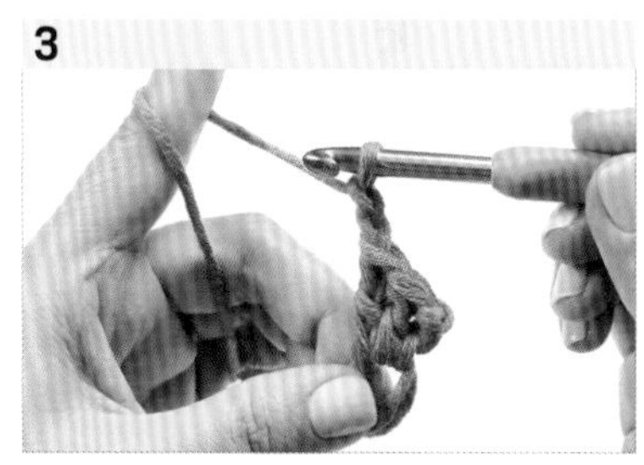

[第一段] 第一個稜角

接著要編三角形的稜角。編 2 個鎖針來完成。

4

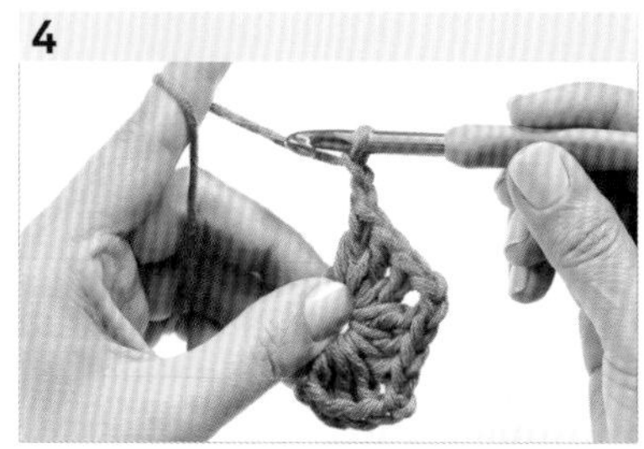

[第一段] 面、稜角

在要成為面的地方編 3 個長針，稜角的地方編 2 個鎖針。重複這個步驟兩次就編完第一段。

5 ★

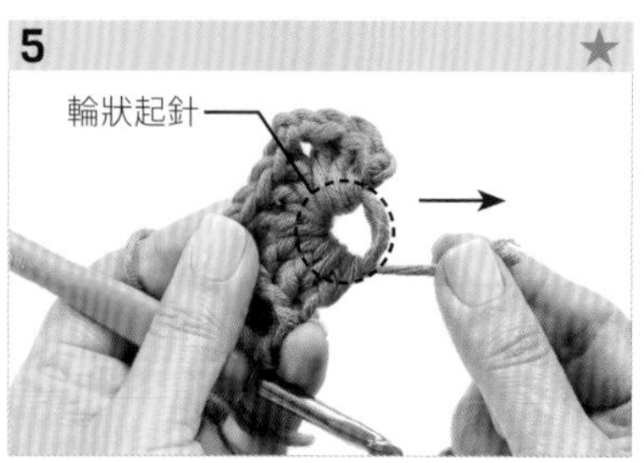

朝箭頭方向稍微拉一下線頭，（輪狀起針）兩條線之中會有一條線被拉動。

6 ★

用手抓著移動的那條線，並朝箭頭方向拉緊。

7 ★

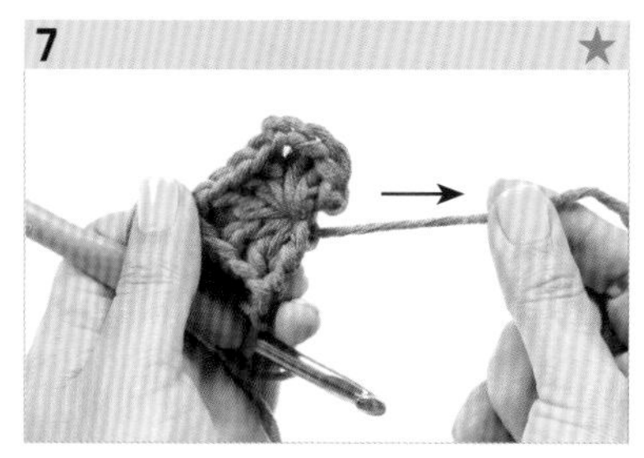

再次拉動**步驟 5** 中的線頭，將中心拉緊。

8 ★

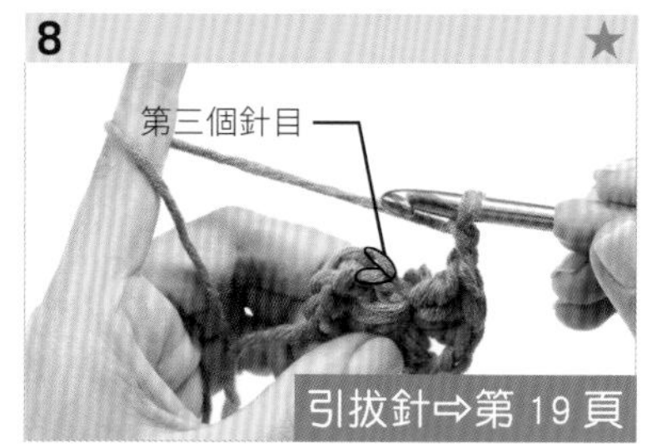

[第一段] 引拔針

將鉤針插入第三個立針針目的裡山和半目兩條線裡。

9 ★

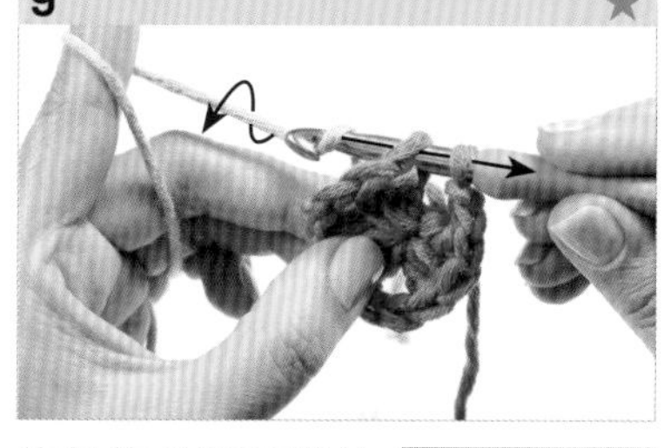

鉤針鉤住新的線並一次拉出來，編出引拔針。

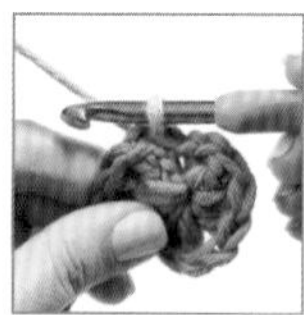

10

[第二段] 第一個面

編 3 個鎖針，做為長針的立針。旁邊 2 個針目分別編入 1 長針。

TIP 第二段的面包含立針總共是 3 針。

11

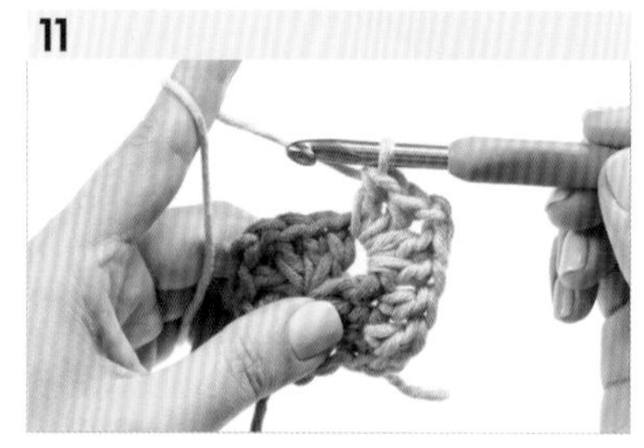

[第二段] 第一個稜角

將鉤針插入鎖針針目底下的空洞處，編 2 個長針、2 個鎖針、2 個長針，形成稜角。

12

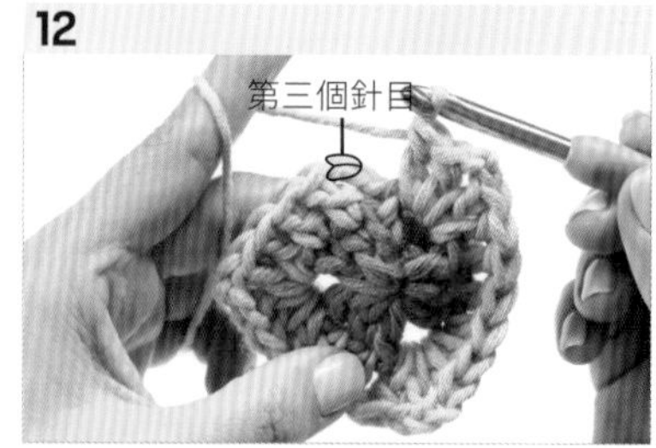

[第二段] 面、稜角

在每個長針針目裡編入 1 個長針，鎖針針目底下的空洞處則編入 2 個長針、2 個鎖針、2 個長針，形成面跟稜角。重複這個步驟兩次。

13

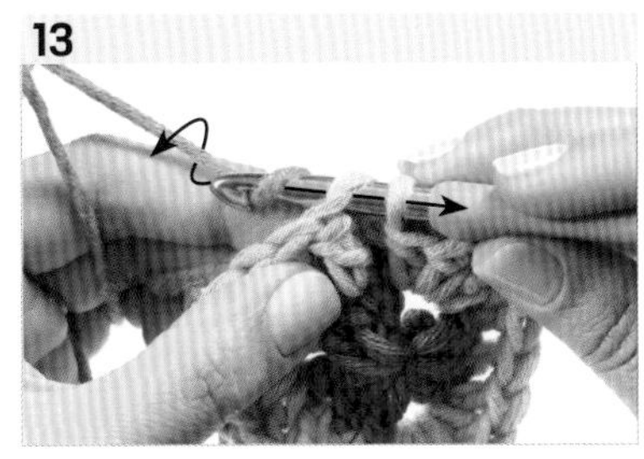

[第二段] 引拔針

將鉤針插入第三個立針針目的裡山和半目兩條線裡，鉤住新的線後一次拉出來。

14

[第三段] 第一個面

編 3 個鎖針，做為長針的立針。接下來的 4 個長針針目分別編入 1 個長針。

TIP 請將第二段的線頭一起編進去。

15

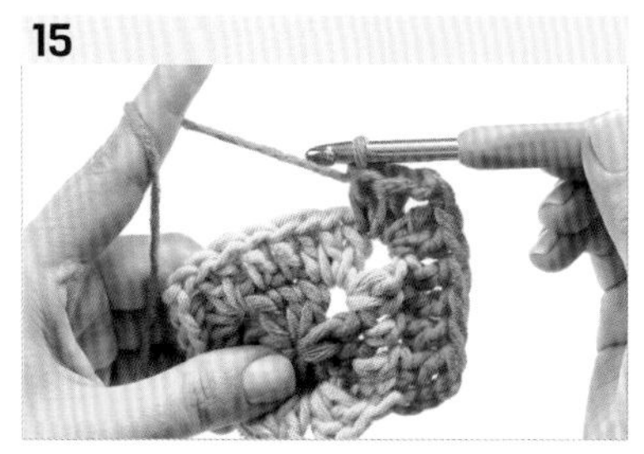

[第三段] 第一個稜角

將鉤針插入鎖針針目底下的空洞處，編 2 個長針、2 個鎖針、2 個長針，形成稜角。

16

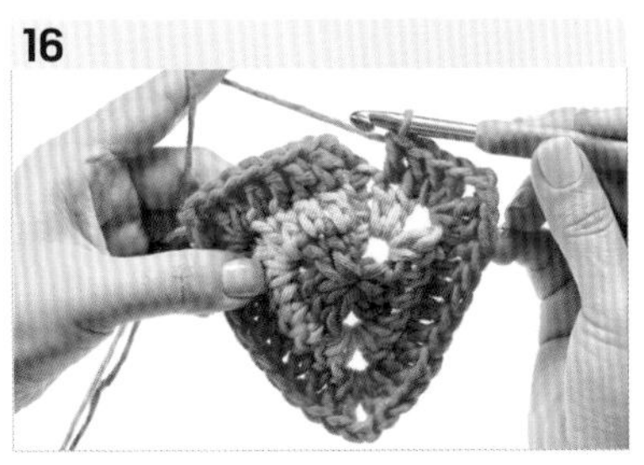

[第三段] 面、稜角

看著編織圖，配合規則編出面跟稜角。

17

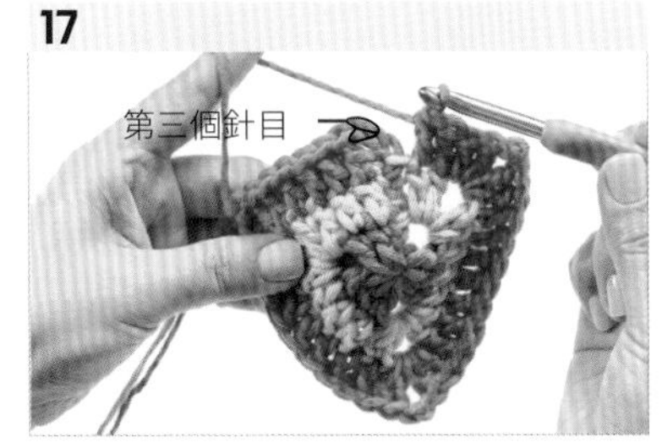

[第三段] 引拔針

將鉤針插入第三個立針針目的裡山和半目兩條線裡，鉤住線並一次拉出。

END

18

修剪毛線並用毛線縫針收尾。細密地編出三段顏色的三角形花樣織片就完成了。

LEVEL★★

掛飾

在三角形花樣織片鉤織成的小物中，
最簡單的東西就是掛飾，不是嗎？
一起來製作看看為嬰兒的週歲宴席、
孩子們的生日宴會、復古風的露營所準備的掛飾吧！
如果想要做出更大的，也可以將四段改成編六段。

READY

準備物 Hera 純羊毛毛線、毛線專用 6 號鉤針、毛線縫針、剪刀

使用的鉤織法 用兩個線圈編織的輪狀起針、引拔針、鎖針、短針、長針

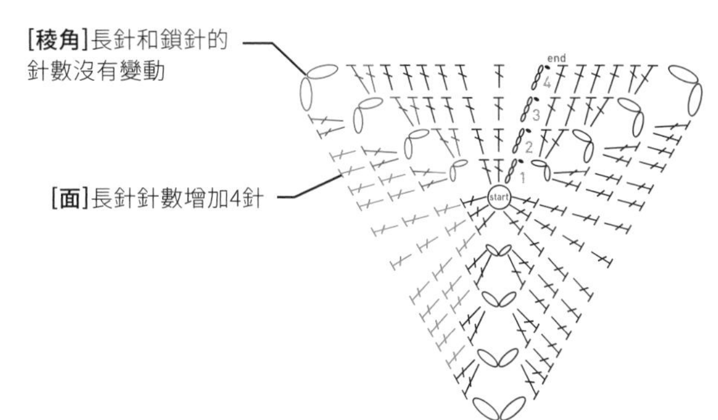

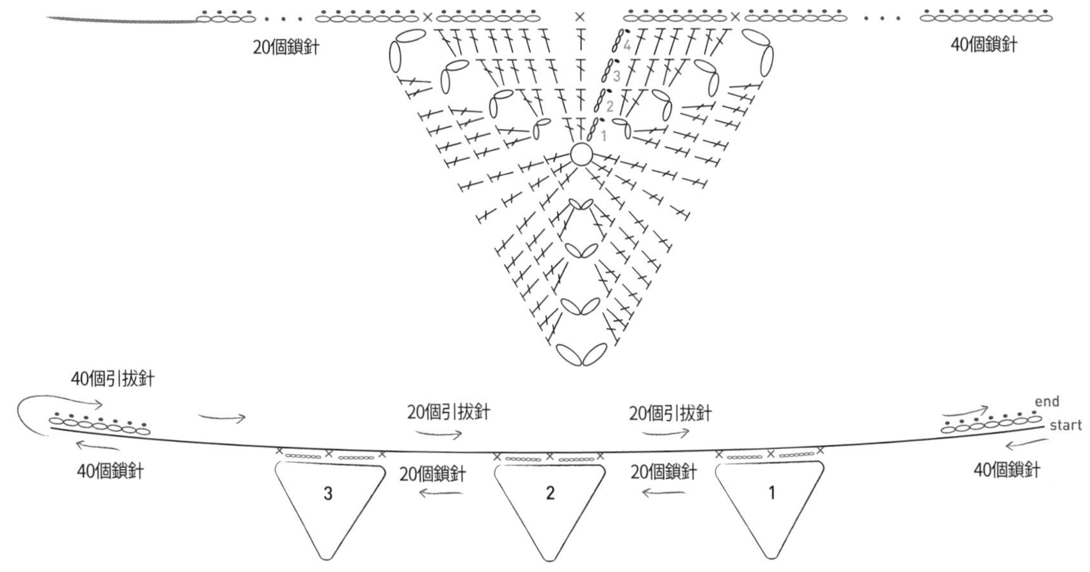

準備 3 片三角形花樣織片。先編出 40 個鎖針，做為掛飾的線。在三角形的稜角編 1 個短針，將織片跟線連接。接著再編 7 個鎖針，並在三角形邊長中心的第八個針目編 1 個短針將織片跟線連接。然後再編 7 個鎖針後，在稜角編 1 個短針連接。

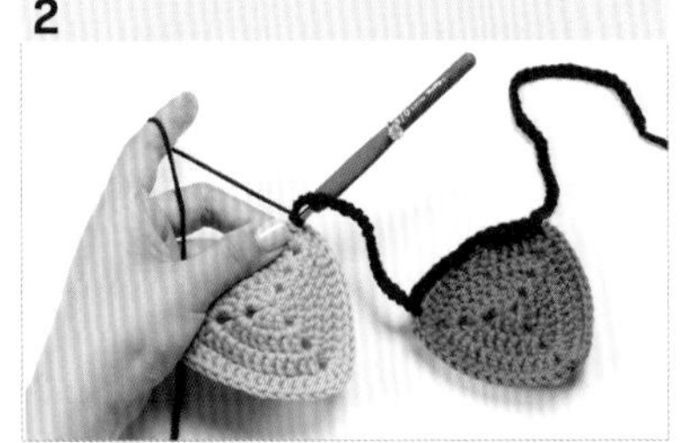

編 20 個鎖針後，用短針連接另外一個三角形織片的稜角。重複編鎖針與短針，將剩下的三角形織片連接在一起。

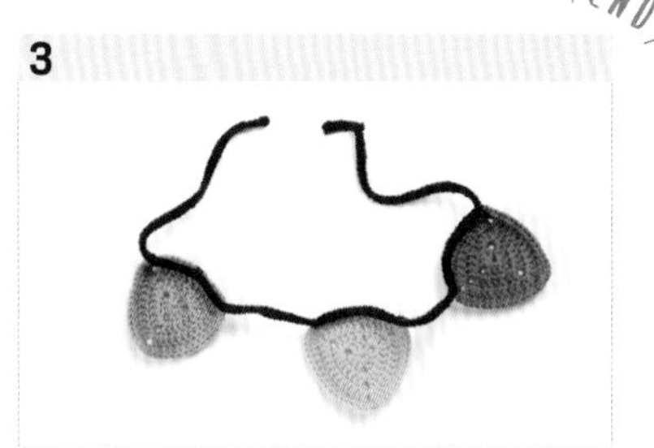

用鎖針跟短針連接好之後，再以引拔針倒編回去，把線完成。

END

LEVEL★★

鏤空的圓形花樣織片

設計成一個一個洞的鏤空狀圓形花樣織片，可以拿來做成什麼呢？
如果按照需求，增加針數去編織，
小至茶杯墊，大至桌墊、靠枕、板凳墊、地毯都可以編得出來喔。

SKILL 5

READY

準備物 混紡毛線（羊毛＋棉）．粗線．萊姆綠、糖果粉紅及鸚鵡青、毛線專用 8 號鉤針、毛線縫針、剪刀

使用的鉤織法 用兩個線圈編織的輪狀起針、引拔針、鎖針、長針

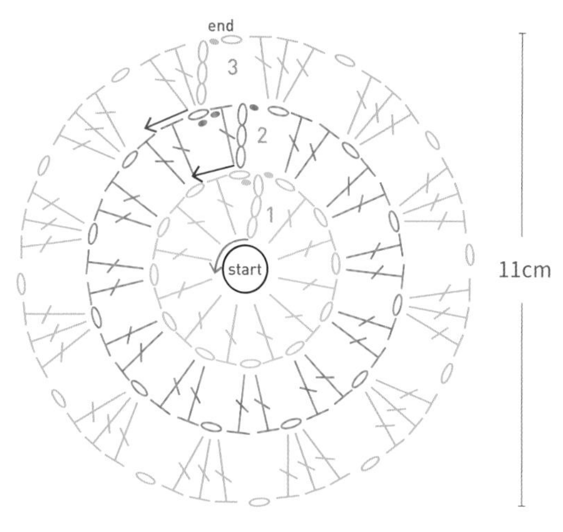

[start]　用兩個線圈編織的輪狀起針

[第一段]　鎖針、往綠色箭頭方向編長針、鎖針、引拔針

[第二段]　鎖針、往藍色箭頭方向編長針、鎖針、引拔針

[第三段]　鎖針、往紅色箭頭方向編長針、鎖針

[end]　引拔針、修剪毛線並用毛線縫針收尾

TIP 編織圓形織片時須用到加針的技法，第一段 1 針、第二段 2 針、第三段 3 針，每段都必須增加 1 針長針。

START!

1

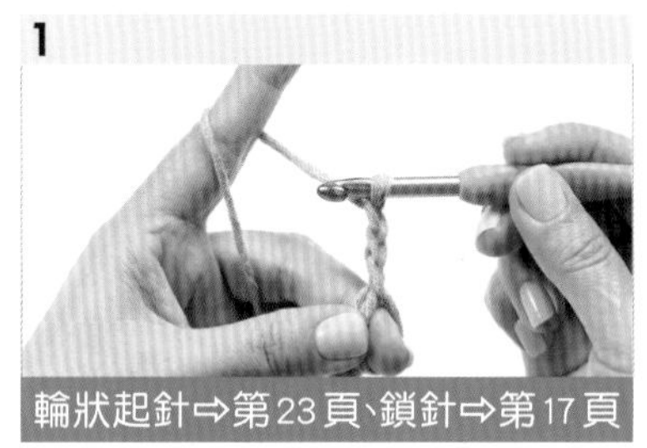
輪狀起針⇨第 23 頁、鎖針⇨第 17 頁

[第一段]立針

先用兩個線圈編織輪狀起針，將鉤針往線圈中間插入，再鉤著線拉出來。再編3個鎖針，做為長針的立針。

2

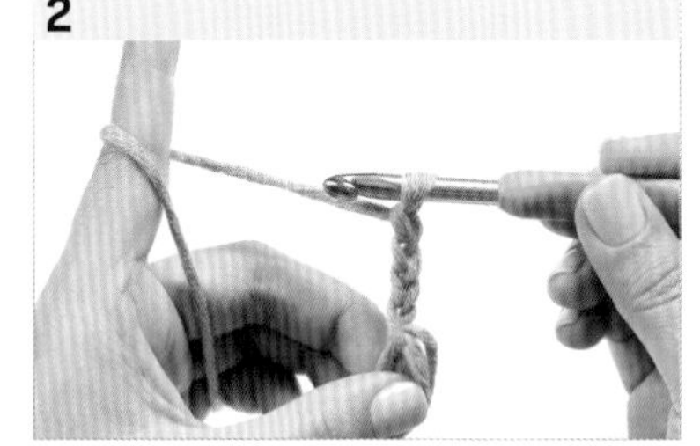

因為要製造出寬鬆的空間，這裡再編 1 個鎖針。

TIP 利用鎖針製造空間。

3

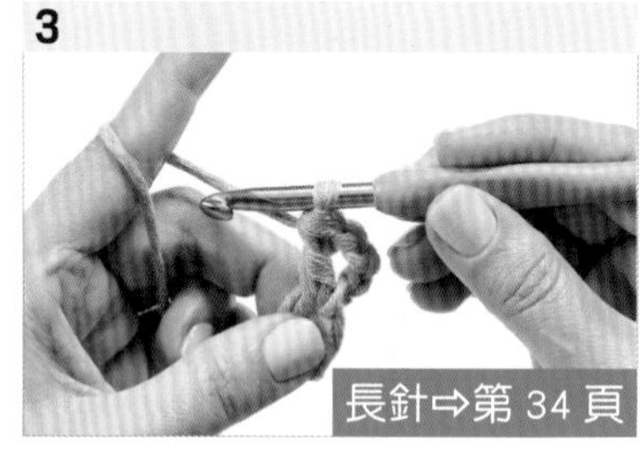
長針⇨第 34 頁

[第一段] 長針

鉤針鉤住線並插入輪狀起針裡，編 1 個長針。

4

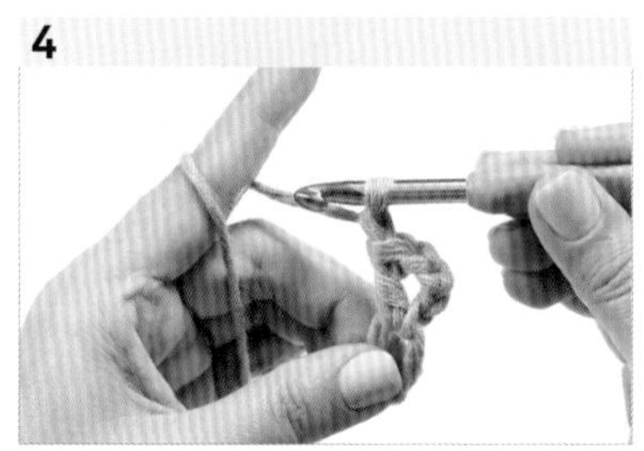

[第一段] 鎖針

再編 1 個用來製造空間的鎖針。

5

請看著編織圖，重複編出長針和鎖針。

TIP 第一段的長針包含立針是 12 針，製造空間的鎖針也是 12 針。

6 ★

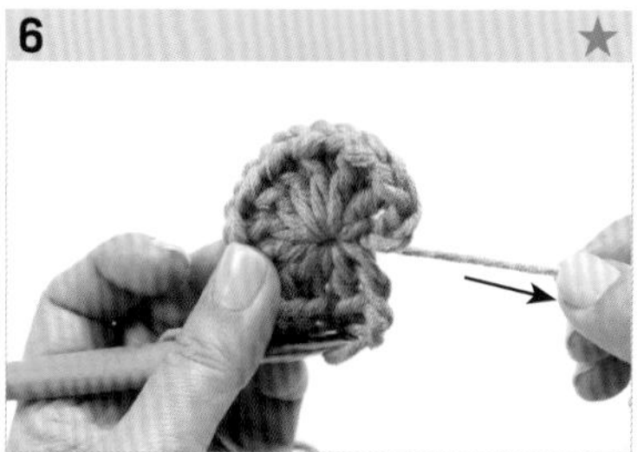

稍微拉一下線頭，（輪狀起針）兩條線之中會有一條線被拉動。抓住移動的那條線並拉緊。再次拉動線頭，將整個圓拉緊密。

7

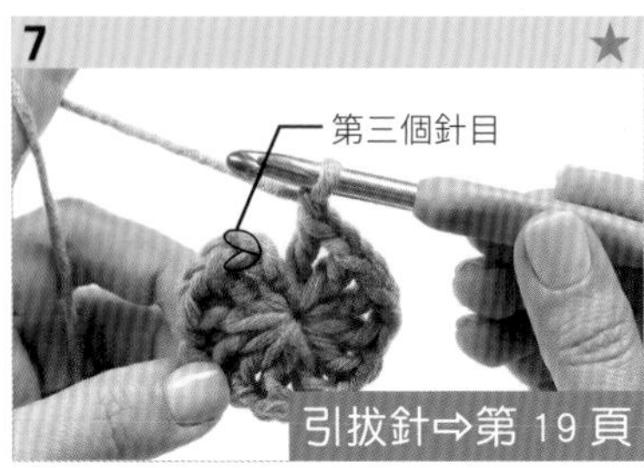

[第一段] 引拔針

將鉤針插入第三個立針針目的裡山和半目兩條線裡，鉤住新的線並一次拉出來。

8

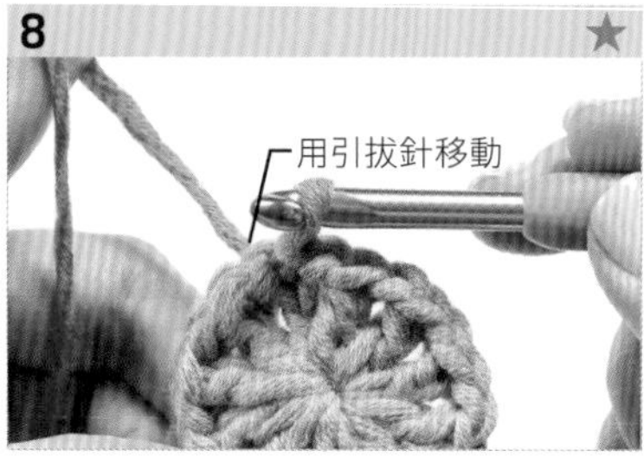

[第二段]

用引拔針移動

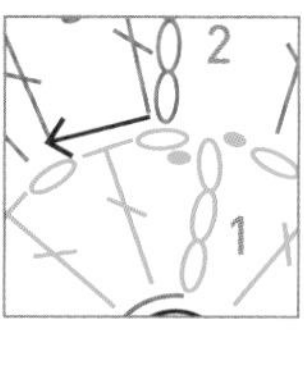

為了在鎖針針目底下的空洞處編第二段，要先編引拔針來移動過去。

9

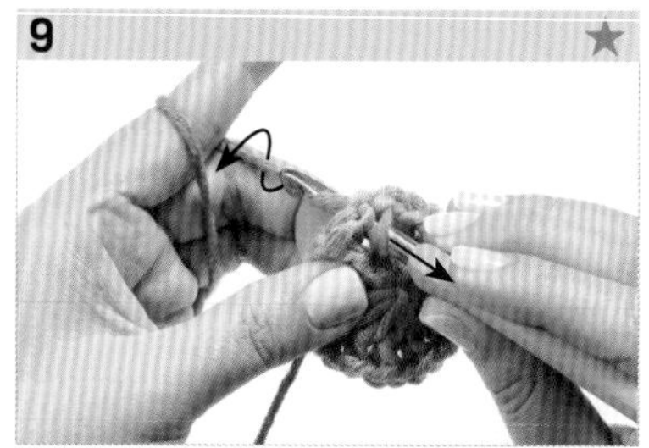

鉤針鉤住線並一次拉出來。這是用引拔針移動一個針目的樣子。

TIP 想要交換或移動位置的時候，可以用引拔針來移動。

10

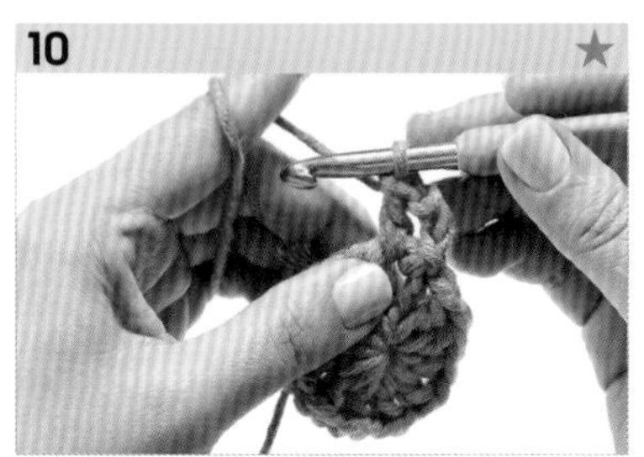

[第二段] 立針、長針

在第一段鎖針底下的空洞處編立針，並在同樣的位置插入鉤針編 1 個長針。

TIP 第二段並不是將鉤針插入第一段的針目來編，而是將鉤針插入鎖針底下的空洞處，必須包覆住整個鎖針。

11

[第二段] 鎖針

為了製造空間要編 1 個鎖針。

TIP 將製造空間的鎖針想成「空間鎖針」，會比較方便。

12

接下來每個鎖針空洞處都編 2 個長針、1 個鎖針，總共編 11 次。

TIP 最後一個空洞處裡也要編 2 個長針，並且一定要編 1 個鎖針才行。

13

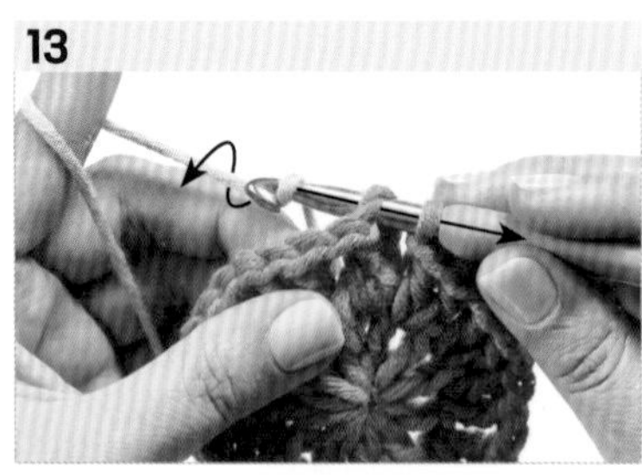

[第二段] 引拔針

將鉤針插入第三個立針針目的裡山和半目兩條線裡，鉤住新的線並一次拉出來。

14

[第三段]

用引拔針移動

為了在鎖針針目底下的空洞處編第三段，要先往左邊方向編 1 個引拔針來移動過去。請確認引拔針的位置。

15

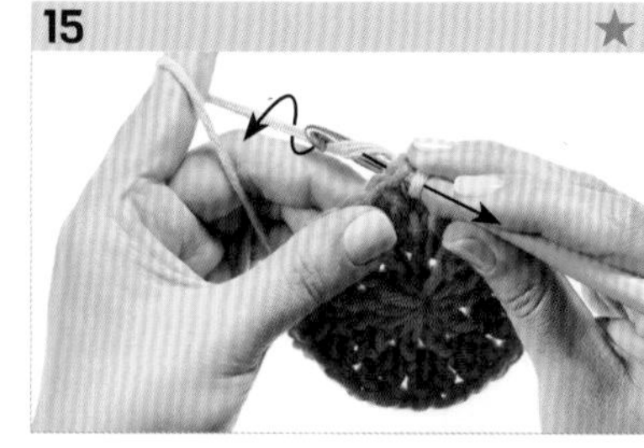

鉤針鉤住線並一次拉出來。

16 ★

為了移動到空洞處，再多編 1 個引拔針。請確認引拔針的位置。

17 ★

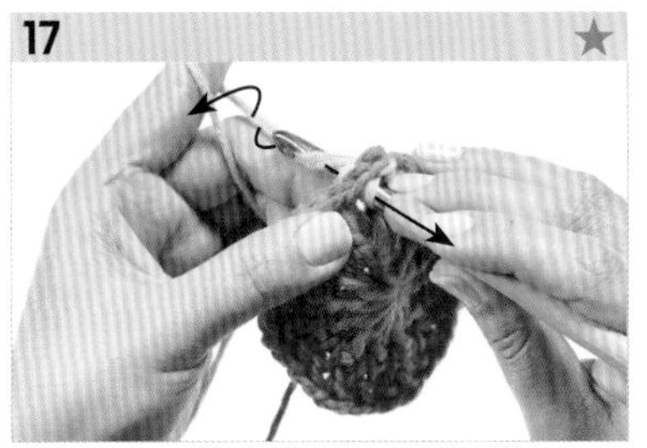

鉤針鉤住線並一次拉出來。

TIP 第三段總共要編 2 個引拔針來移動。

18 ★

[第三段] 立針、長針、鎖針

在鎖針針目底下的空洞處編 3 個鎖針，做為長針的立針，並在同樣的位置插入鉤針編 2 個長針、1 個鎖針。

19

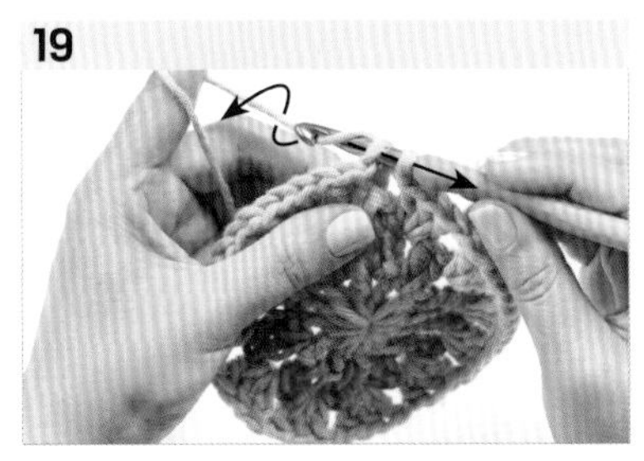

[第三段] 引拔針

接下來每個鎖針空洞處都編 3 個長針、1 個鎖針，總共編 11 次。最後用引拔針結束第三段，將鉤針插入第三個立針針目的裡山和半目兩條線裡，鉤住線並一次拉出來。

20

END

修剪毛線並用毛線縫針收尾。三段顏色的鏤空圓形花樣織片就完成了。

單色編織圖

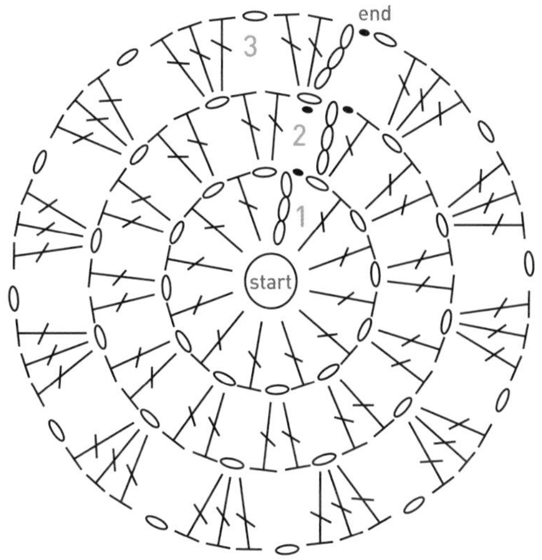

LEVEL★★★

捕夢網

每當風輕輕吹來，搖動的捕夢網就讓人心情愉悅。
聽說捕夢網的製作起源於美國原住民，
是可以阻擋惡夢，讓人只做好夢的守護品。
編兩片鏤空的圓形花樣織片，再用捲針縫連接後，
以網子、羽毛、珠珠等做裝飾就完成了。

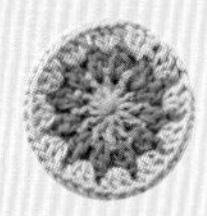

READY

準備物 Hera 純羊毛毛線、毛線專用 6 號鉤針、毛線縫針、剪刀、皮革線、鈴鐺、木頭串珠、羽毛

使用的鉤織法 用兩個線圈編織的輪狀起針、引拔針、鎖針、長針、長針加針、全目縫合法

TIP 也可以試著編純白色或單色的捕夢網。

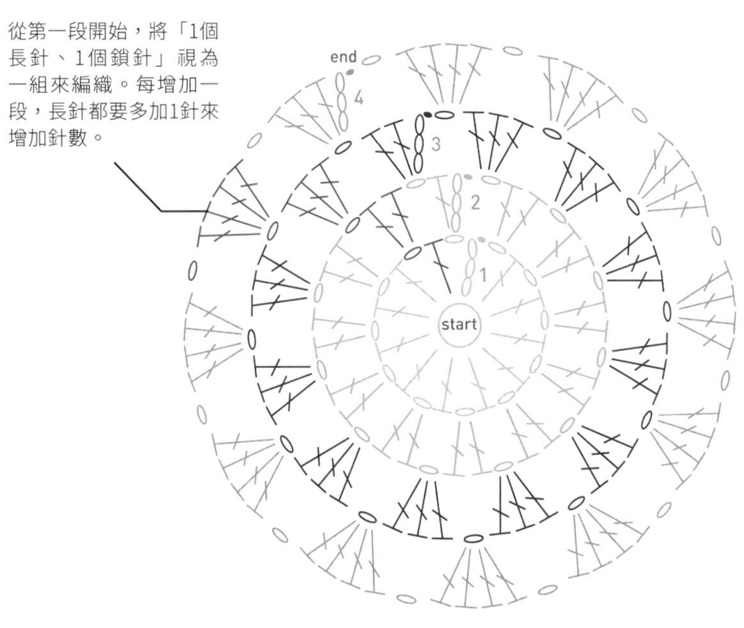

END

1

將 2 片花樣織片背對背疊合在一起後，用毛線縫針分別穿入花樣織片各自的 1 個針目，總共 2 個針目，利用全目縫合法縫起來。縫完一圈為止。

2

線頭在結尾的地方打一個結後，把線剪短並塞到織片裡藏好。

3

鉤針插入花樣織片後，將羽毛的線拉進來，並往線圈中間穿過，綁住固定。用同樣的方法，在捕夢網中間上方掛上皮革線。

TIP 可以在適當的位置放上鈴鐺或串珠當作裝飾。

LEVEL★★

鏤空的四角形花樣織片

四角形花樣織片也稱為 Crochet Square，是鉤針編織中最具代表性的花樣織片。
由於初學者也可以輕易挑戰成功，常被當作是入門專用的花樣織片。
請試著將完成的四角形花樣織片連接在一起，做成包包、靠枕、毛毯等。

SKILL 6

READY

準備物 混紡毛線（羊毛＋棉）．粗線．糖果粉紅、淺灰及湖水藍、毛線專用 8 號鉤針、毛線縫針、剪刀

使用的鉤織法 用兩個線圈編織的輪狀起針、引拔針、鎖針、長針

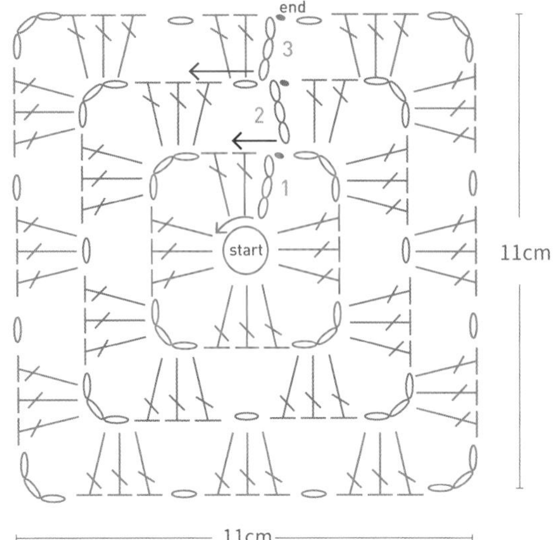

[start] 用兩個線圈編織的輪狀起針
[第一段] 鎖針、往綠色箭頭方向編長針、鎖針、引拔針
[第二段] 鎖針、往藍色箭頭方向編長針、鎖針、引拔針
[第三段] 鎖針、往紅色箭頭方向編長針、鎖針
[end] 引拔針、修剪毛線並用毛線縫針收尾

TIP 四角形的面是編 3 個長針、1 個鎖針而形成，每增段就依此規則增加。稜角固定編 3 個長針、3 個鎖針、3 個長針。

START

1

[第一段] 立針

先用兩個線圈編織輪狀起針，將鉤針往線圈中間插入再鉤著線拉出來。再編 3 個鎖針，做為長針的立針。

2

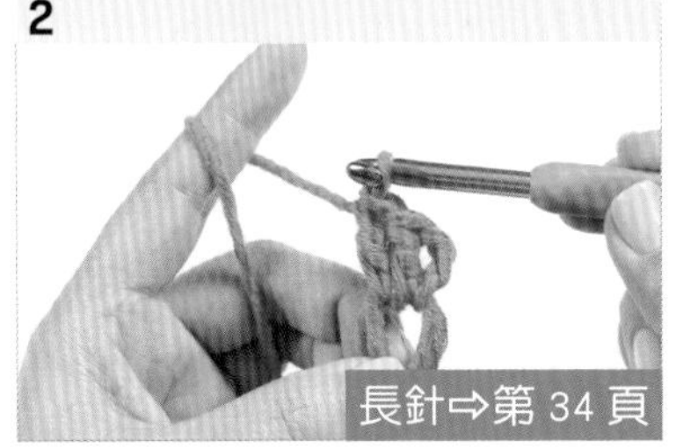

[第一段] 第一個面

為了編出四角形的面，編 2 個長針。包含立針總共完成 3 針長針。

3

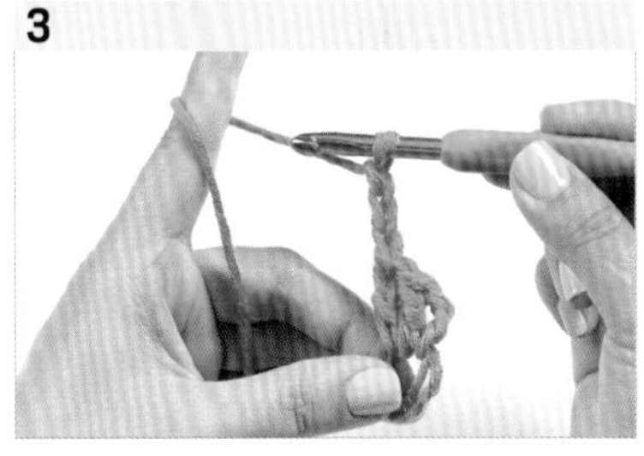

[第一段] 第一個稜角

接著編四角形的稜角，要編 3 個鎖針來完成。

4

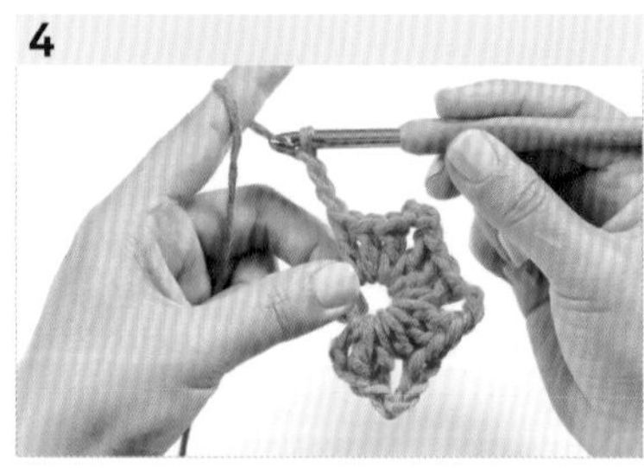

[第一段] 面、稜角

為了編出另外三個面及稜角，重複編3個長針、3個鎖針，共3次。

5 ★

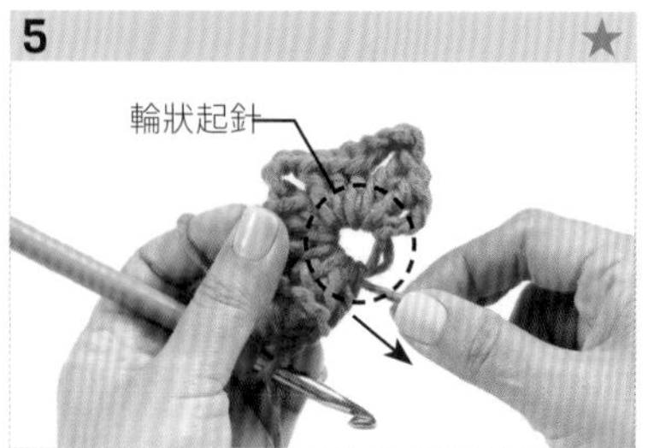

朝箭頭方向稍微拉一下線頭，（輪狀起針）兩條線之中會有一條線被拉動。

6 ★

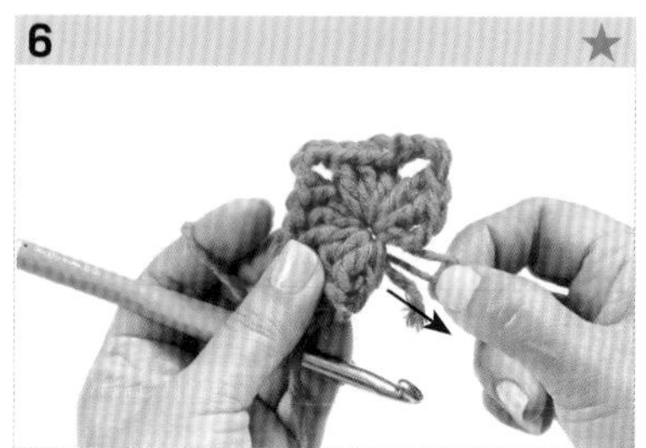

用手抓著移動的那一條線，並朝箭頭方向拉緊。

7 ★

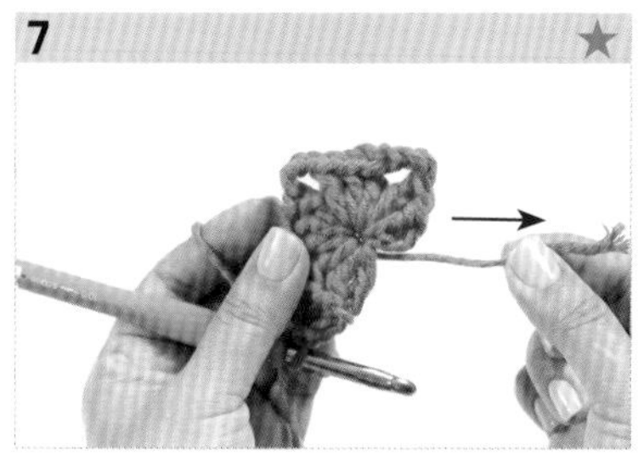

再次拉動**步驟 5** 中的線頭，將中心拉緊密。

8 ★

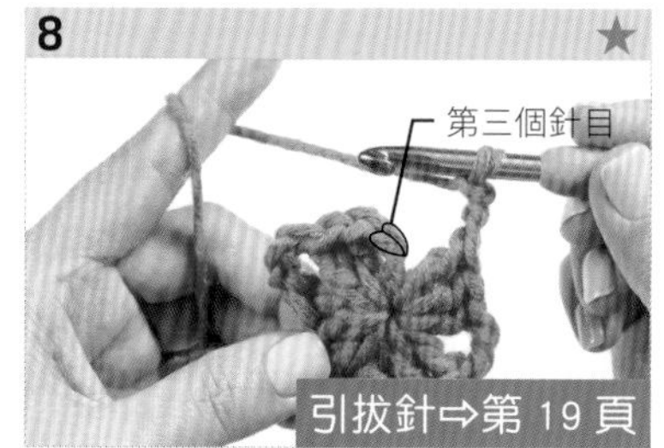

[第一段] 引拔針

用引拔針結束第一段。將鉤針插入第三個立針針目的裡山和半目兩條線裡。

9 ★

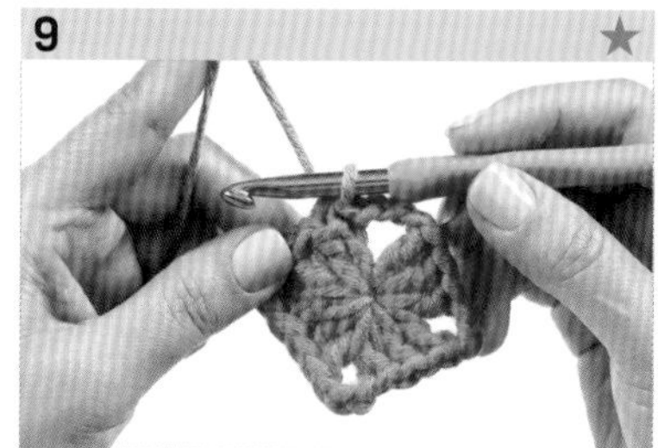

鉤住新的線並編 1 個引拔針。剪掉原本編織的那條線。

10

[第二段] 立針

先編 3 個鎖針，做為長針的立針。要再編 1 個製造空間的鎖針。

TIP 編第二段的時候，如果把第一段的線頭一起編進去，就能把線整理得很整齊。

11

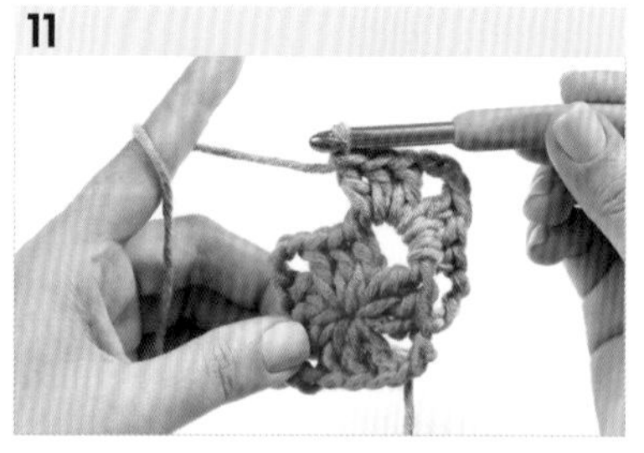

[第二段] 稜角

接著編稜角。將鉤針插入第一段鎖針針目底下的空洞處，編 3 個長針、3 個鎖針、3 個長針。

12

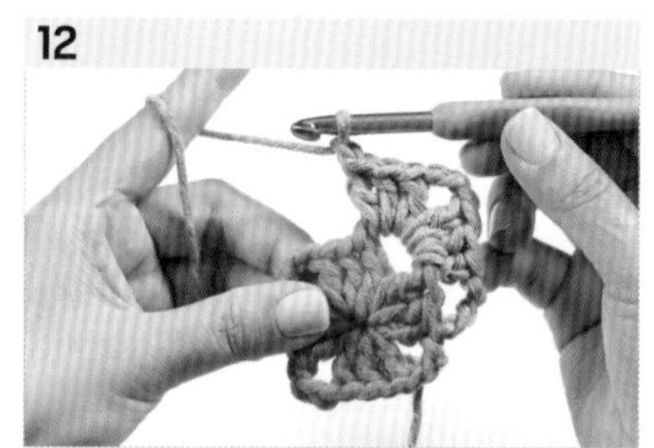

為了製造面的空間，要再編 1 個鎖針。

TIP 編第三段的面時，把鉤針插入這個空間來編即可。

13

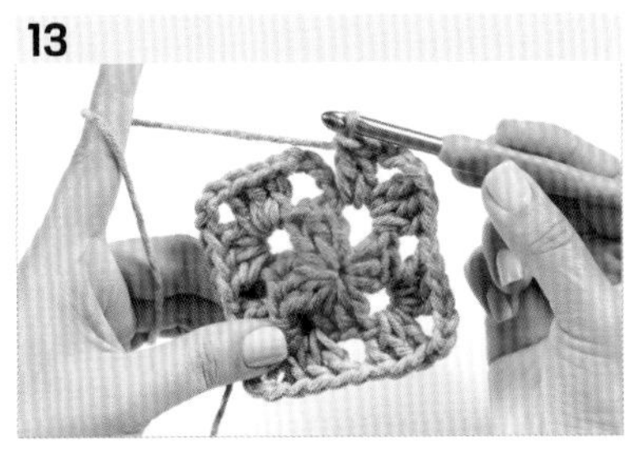

[第二段] 面、稜角

在下一個空洞處編 3 個長針、3 個鎖針、3 個長針形成稜角，再接著編 1 個鎖針，製造面的空間。重複 3 次。

14

[第二段] 引拔針

用引拔針結束第二段。將鉤針插入第二段第三個立針針目的裡山和半目兩條線裡，鉤住要交換的線，並編 1 個引拔針。

15

[第三段] 面、稜角

看著編織圖，注意面和稜角，用跟第二段相同的方法編出第三段。

END

16

[第三段] 引拔針

用引拔針結束第三段。在第三段第三個立針針目的裡山和半目兩條線裡，編 1 個引拔針。

17

修剪毛線並用毛線縫針收尾。三段顏色的鏤空四角形花樣織片就完成了。

換線位置不同的編織圖

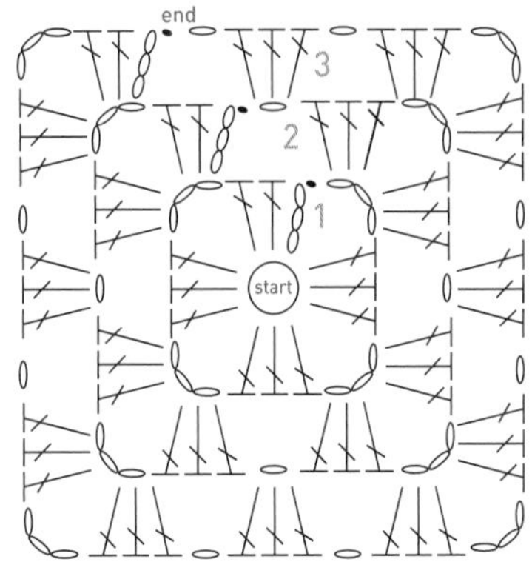

LEVEL★★★

立方體籃子

編出五片四角形花樣織片，再用引拔針連接，
就能做成四方體的漂亮籃子。
如果覺得籃子稍嫌單調，
加上提把就能變身成很好看的包包。

READY

準備物 Hera 純羊毛毛線、毛線專用 6 號鉤針、毛線縫針、剪刀

使用的鉤織法 用兩個線圈編織的輪狀起針、引拔針、鎖針、長針

[稜角]長針和鎖針的針數沒有變動

[面]將「3個長針、1個鎖針」視為一組，每一段都要增加一組

end

start

1 2 3 4

5

4 1 2

3

組合順序

縫合位置

TIP 將花樣織片編完四段後，依照組合順序一邊編織第五段，一邊用引拔針連接5片花樣織片。籃子做好後，試著加上皮革線，就能變成小包包。

START

1

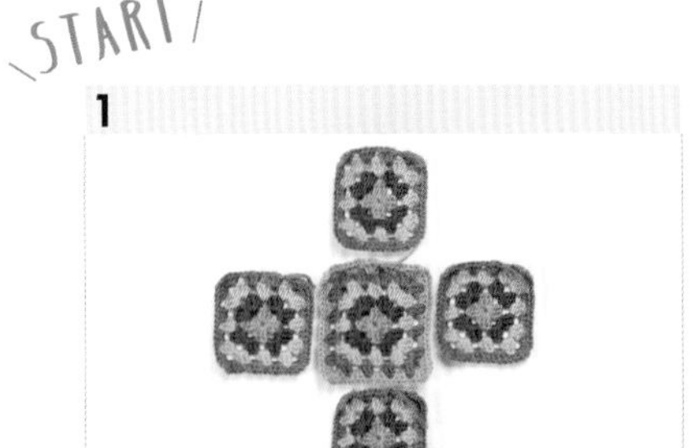

看著編織圖，先編出5片只有四段的花樣織片。接著將花樣織片排列成像圖片這樣，從中間的花樣織片開始編第五段，再把線剪掉。依照組合的順序一邊編出各織片的第五段，一邊連接起來。

END

2

立方體籃子最上面的邊緣要反覆編「3個長針、1個鎖針」來做整理。最後再用毛線縫針收尾。

LEVEL★★

鏤空的六角形花樣織片

鏤空的六角形花樣織片並不是將鉤針插入針目裡編織，
而是插入鎖針針目底下的空洞處，做出鏤空的樣子。
可以編一片拿來當茶杯墊，
也可以編好幾片並連接起來，做成桌墊或鋪在椅子底下的地毯。

SKILL 7

READY

準備物 混紡毛線（羊毛＋棉）・粗線・葡萄紫、萊姆綠及深天藍、毛線專用 8 號鉤針、毛線縫針、剪刀

使用的鉤織法 用兩個線圈編織的輪狀起針、鎖針、引拔針、長針

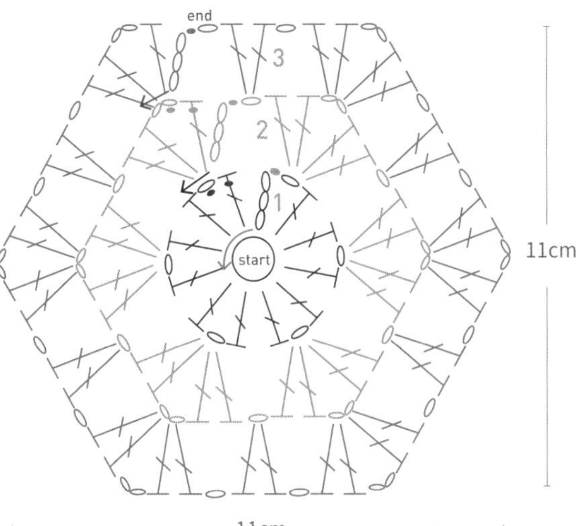

[start]　用兩個線圈編織的輪狀起針

[第一段]　鎖針、往綠色箭頭方向編長針、鎖針、引拔針

[第二段]　鎖針、往藍色箭頭方向編長針、鎖針、引拔針

[第三段]　鎖針、往紅色箭頭方向編長針、鎖針

[end]　引拔針、修剪毛線並用毛線縫針收尾

TIP 編織六角形時，以 2 個長針、1 個鎖針形成面，每增段就依此規則增加。而固定以 2 個長針、2 個鎖針、2 個長針形成稜角。

START /

1

輪狀起針⇨第23頁、鎖針⇨第17頁

[第一段] 立針

先用兩個線圈編織輪狀起針，鉤針插入線圈中間再鉤著線拉出來。再編 3 個鎖針，做為長針的立針。

2

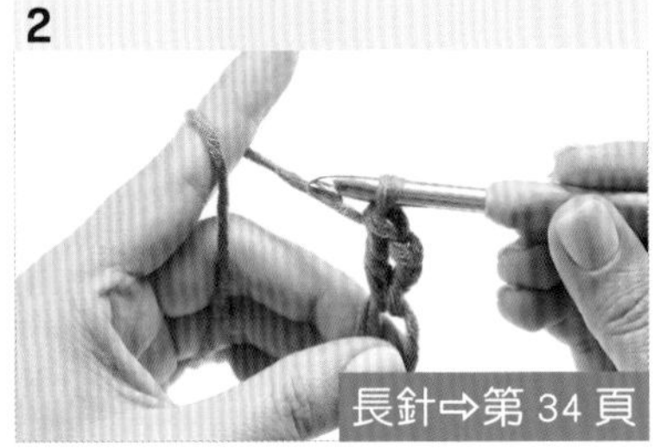
長針⇨第 34 頁

[第一段] 長針

鉤針插入輪狀起針中間，並編 1 個長針。

3

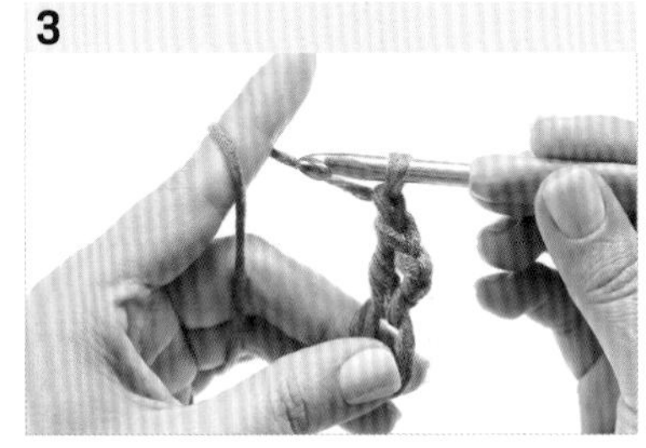

[第一段] 鎖針

編 1 個用來製造空間的鎖針。

4

[第一段] 長針、鎖針

接著輪流編出 2 個長針、1 個鎖針。重複編 5 次。

5 ★

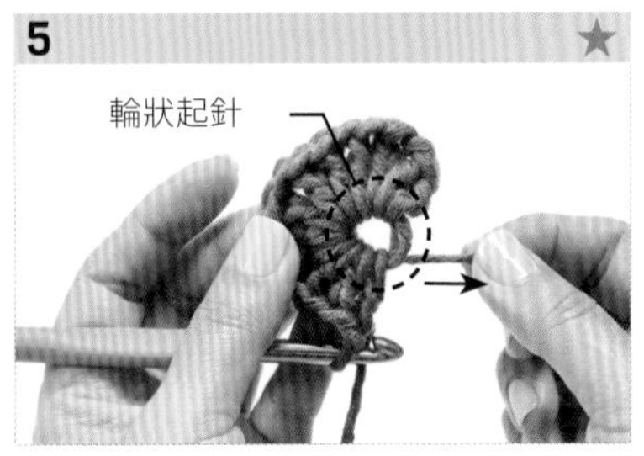

朝箭頭方向稍微拉一下線頭，（輪狀起針）兩條線之中會有一條線被拉動。

6 ★

用手抓著移動的那條線，並朝箭頭方向拉緊。

7 ★

再次拉動**步驟 5** 中的線頭，將中心拉緊密。

8 ★

[第一段] 引拔針

將鉤針插入第三個立針針目的裡山和半目兩條線裡，鉤住新的線並一次拉出來，編出引拔針。

9 ★

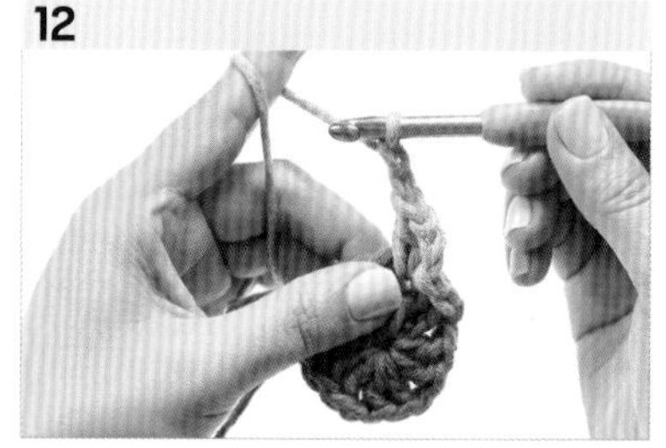

[第二段]

用引拔針移動

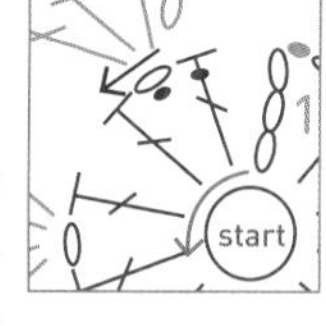

先分別在第一段的第一個針目、鎖針針目底下的空洞處各編 1 個引拔針。接下來將從第一段鎖針針目底下的空洞處開始編第二段。並把原本的紫線剪掉。

10

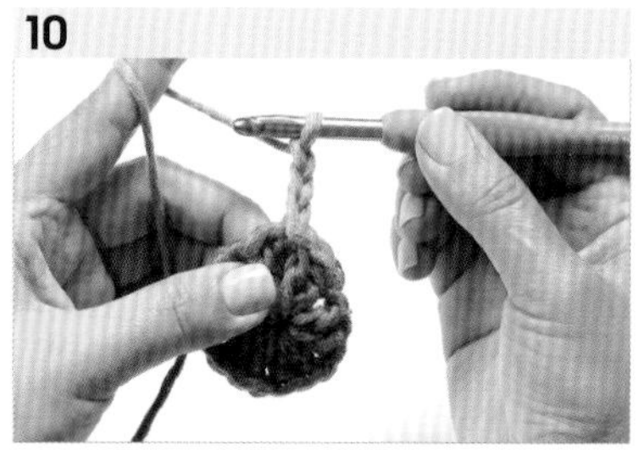

[第二段] 立針

接下來要編第二段的稜角。先編 3 個鎖針，做為長針的立針。

11

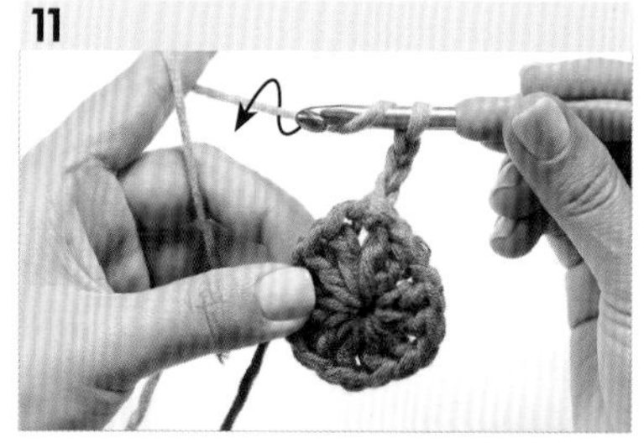

[第二段] 第一個稜角

鉤針鉤住線，插入第一段鎖針針目底下空洞處，編 1 個長針。

12

接著編 2 個鎖針。

13

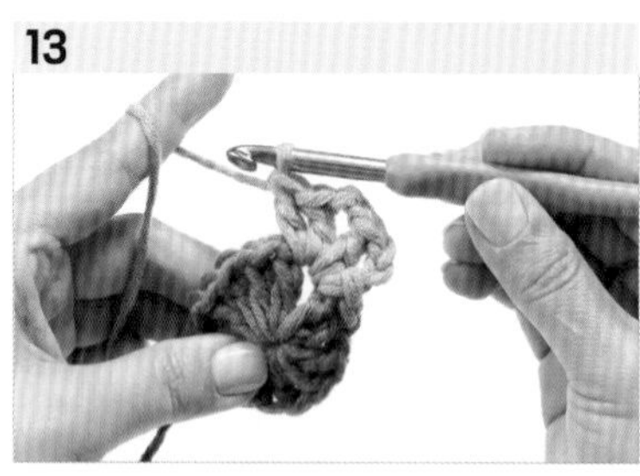

在**步驟 11** 中編長針的位置裡再編 2 個長針。稜角包含立針即為 2 個長針、2 個鎖針、2 個長針。

14

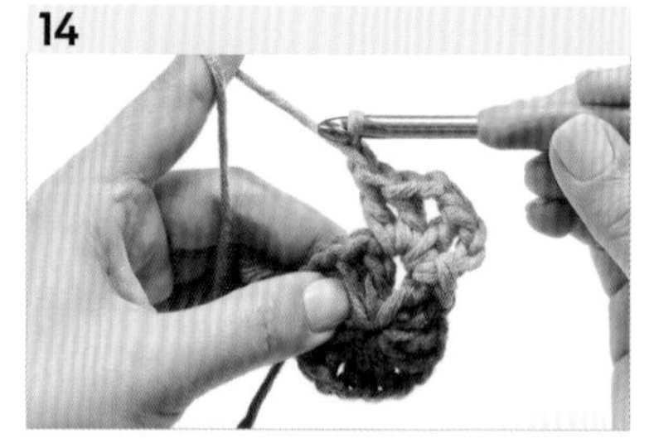

[第二段] 第一個面

編 1 個鎖針當作面的空間。

TIP 請區分清楚要編成稜角和編成面的地方，來進行第二段的編織。

15

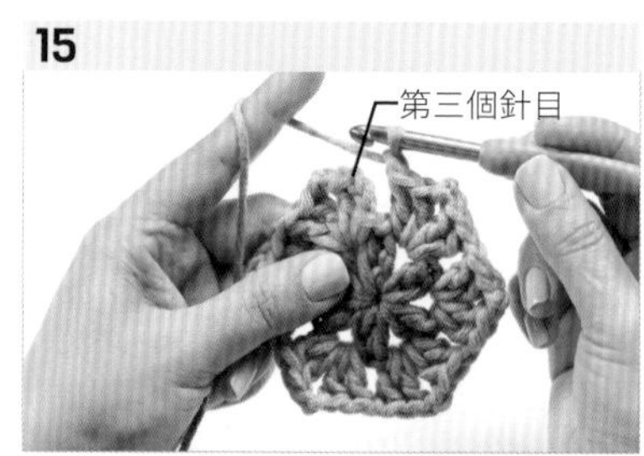

[第二段] 引拔針

看著編織圖並配合規則，用同樣的方法編出所有的面跟稜角。最後鉤新的線並編 1 個引拔針做為結束。

16

[第三段]

用引拔針移動

像**步驟 9** 一樣，為了移動要在第二段第一個針目和鎖針針目底下空洞處各編 1 個引拔針。

17

[第三段] 第一個稜角

和第二段相同，編出來的稜角包含立針，共編了 2 個長針、2 個鎖針、2 個長針。

18

[第三段] 第一個面

為了編面，要編 1 個鎖針、2 個長針、1 個鎖針。

19

[第三段] 面、稜角

下一個空洞處也是配合規則編織，請依序編出六角形的稜角和面。

20

[第三段] 引拔針

最後用引拔針結束第三段。將鉤針插入第三個立針針目的裡山和半目兩條線裡，編 1 個引拔針。

21

修剪毛線並用毛線縫針收尾。三段顏色的鏤空六角形花樣織片就完成了。

單色編織圖

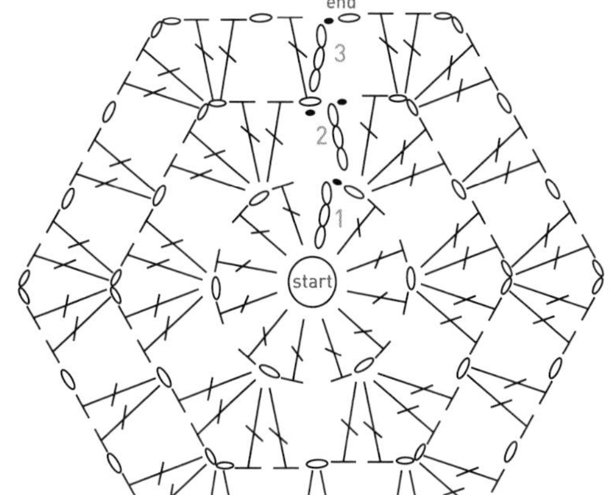

LEVEL★★★

針插

喜歡針線活和編織的人一定要有的針插，
只需編好兩片六角形花樣織片，再放入棉花就能做出來。
如果搭配不同的連接方法，還能變化出各種樣貌。
請試著用全目縫合法、半目縫合法、短針縫合、引拔針縫合等
各式各樣的方法來製作看看吧！

READY

準備物 Hera 純羊毛毛線、毛線專用 6 號鉤針、毛線縫針、棉花、不織布、剪刀

使用的鉤織法 用兩個線圈編織的輪狀起針、引拔針、鎖針、短針、長針

TIP 完成針插後，可以再用鈕扣或流蘇做裝飾。

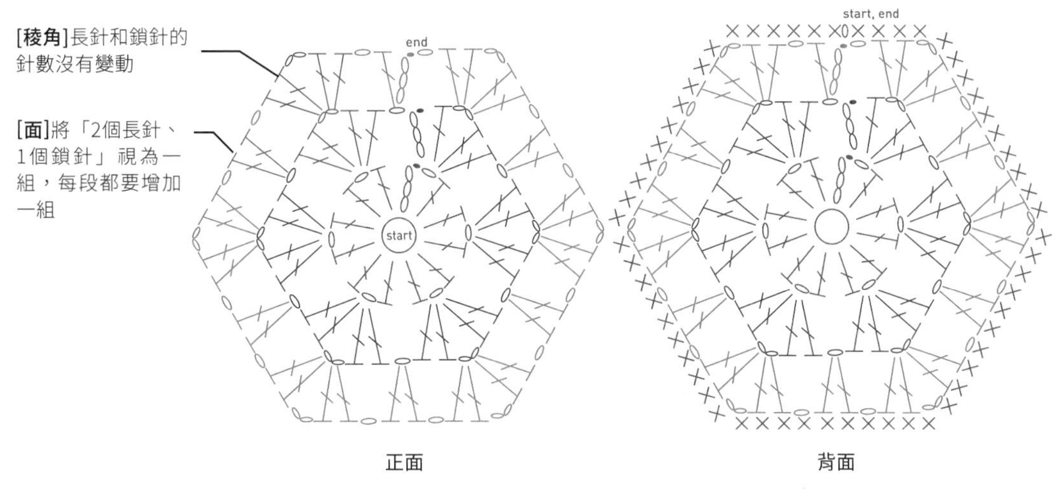

START

END

1

將 2 片六角形花樣織片背對疊合在一起。先編 1 個鎖針做短針的立針。從立針立起的地方開始用短針編，編到 2/3 左右暫停。

TIP 短針的立針不算進針目數裡。

2

放入 2 片六角形的不織布，並在它們之間填塞棉花。

3

繼續將短針編到最後，把鉤針插入短針第一個針目的頭編引拔針做為結束。六角形針插就完成了。

LEVEL★★

鏤空的三角形花樣織片

將三片花樣織片組合在一起，就會變成小巧的粽子型。
拉出尖角拿來當作生活用品超可愛！
如果是連接六片花樣織片，就能做成坐墊使用，
甚至編好幾片用一條線連接起來，還可以變身掛飾。

SKILL 8

READY

準備物 混紡毛線（羊毛＋棉）・粗線・蜂巢黃、番紅花橘及葡萄紫、毛線專用 8 號鉤針、毛線縫針、剪刀

使用的鉤織法 用兩個線圈編織的輪狀起針、引拔針、鎖針、長針

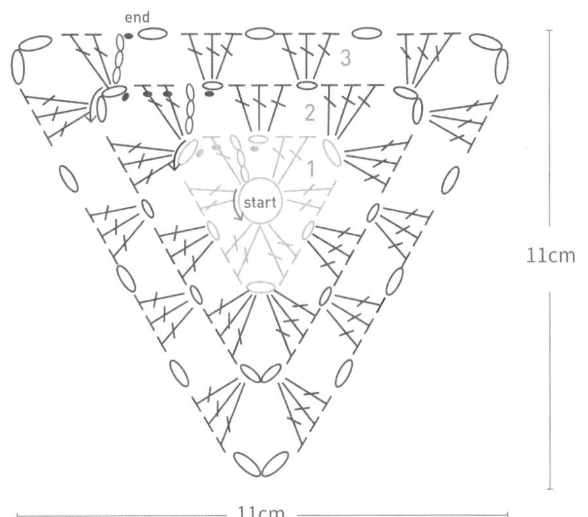

[start] 用兩個線圈編織的輪狀起針

[第一段] 鎖針、往綠色箭頭方向編長針、鎖針、引拔針

[第二段] 鎖針、往藍色箭頭方向編長針、鎖針、引拔針

[第三段] 鎖針、往紅色箭頭方向編長針、鎖針

[end] 引拔針、修剪毛線並用毛線縫針收尾

TIP 三角形的面是以 3 個長針、1 個鎖針而形成，每增段就依此規則增加。稜角皆是以 3 個長針、2 個鎖針、3 個長針構成。

START

1

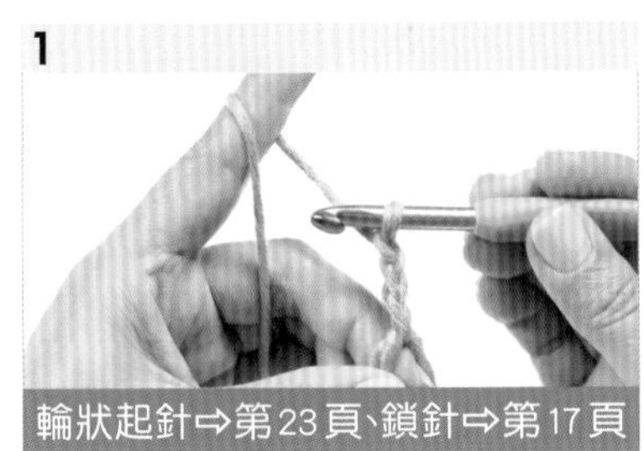
輪狀起針⇨第 23 頁、鎖針⇨第 17 頁

[第一段] 立針

先用兩個線圈編織輪狀起針，將鉤針插入線圈中間再鉤著線拉出來。再編 3 個鎖針，做為長針的立針。

2

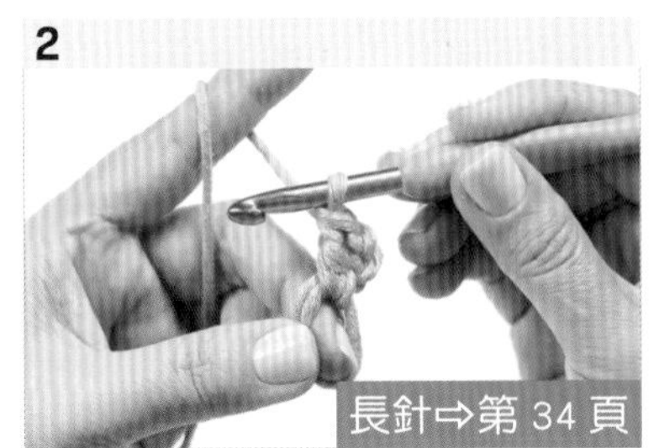
長針⇨第 34 頁

[第一段] 長針

接著編 1 個長針、1 個鎖針。

3

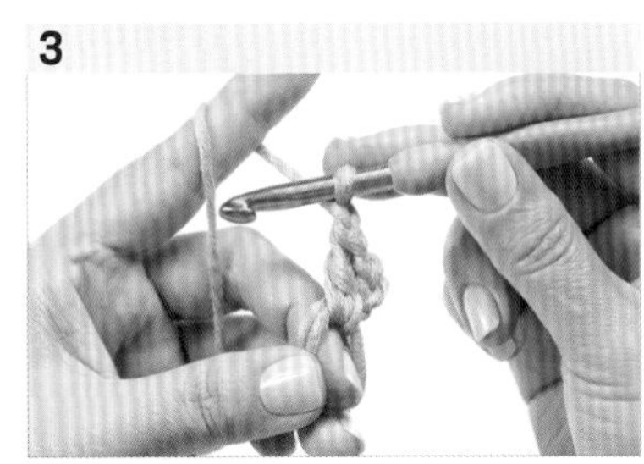

編 2 個長針、1 個鎖針。此動作重複編 5 次。

4

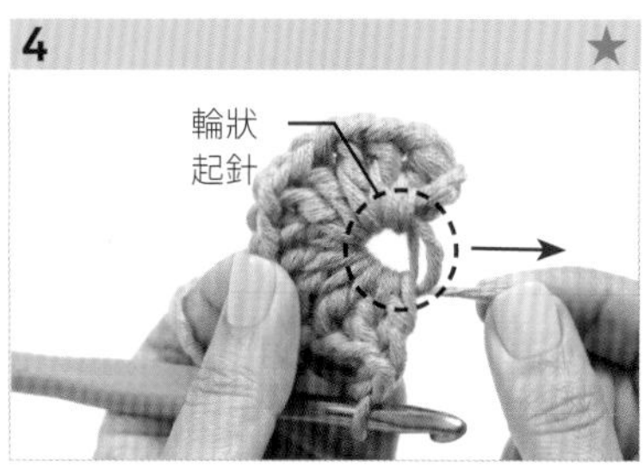

朝箭頭方向稍微拉一下線頭，（輪狀起針）兩條線之中會有一條線被拉動。

5

用手抓著移動的那條線，並朝箭頭方向拉緊。

6

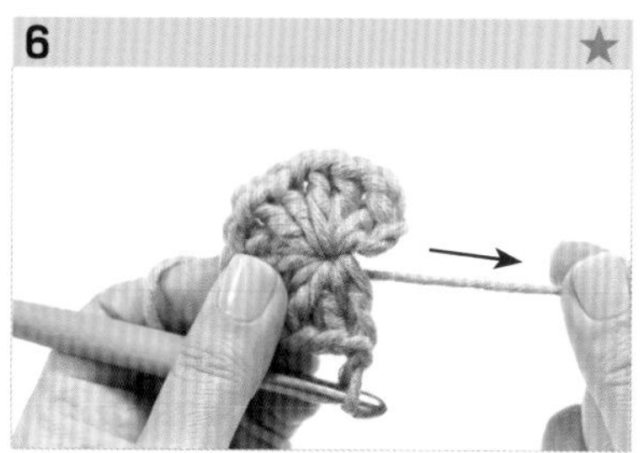

再次拉動**步驟 4** 中的線頭，將中心拉緊密。

7

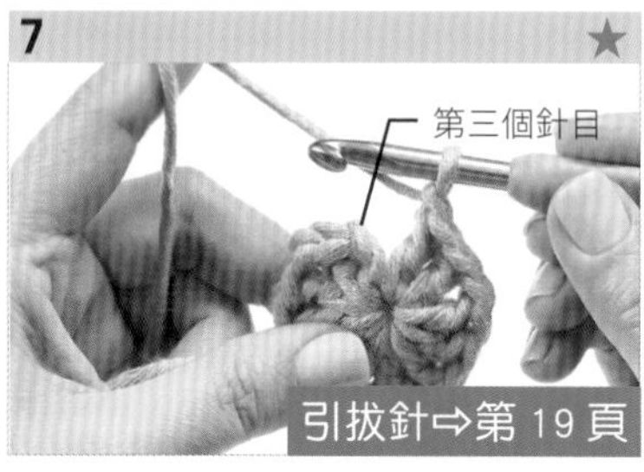

引拔針⇨第 19 頁

[第一段] 引拔針

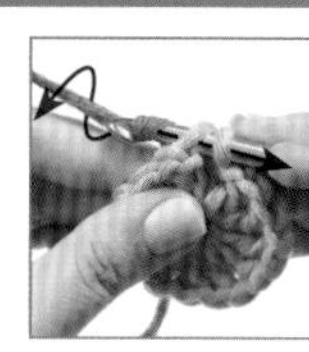

將鉤針插入第三個立針針目的裡山和半目兩條線裡，鉤住新的線並編 1 個引拔針。

8

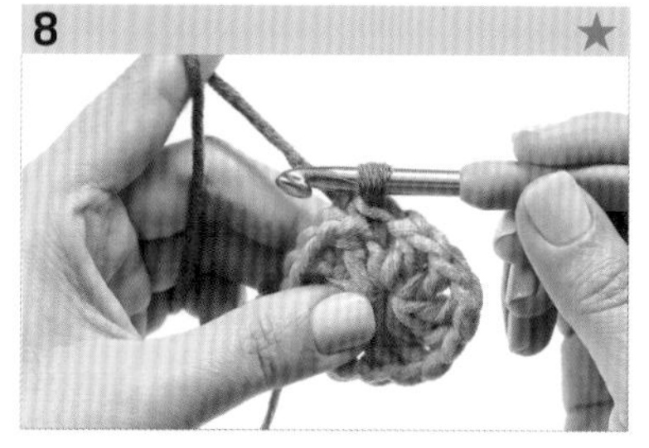

[第二段]

用引拔針移動

第二段將從第一段鎖針針目底下的空洞處開始編織，因此要用引拔針來移動位置。

9

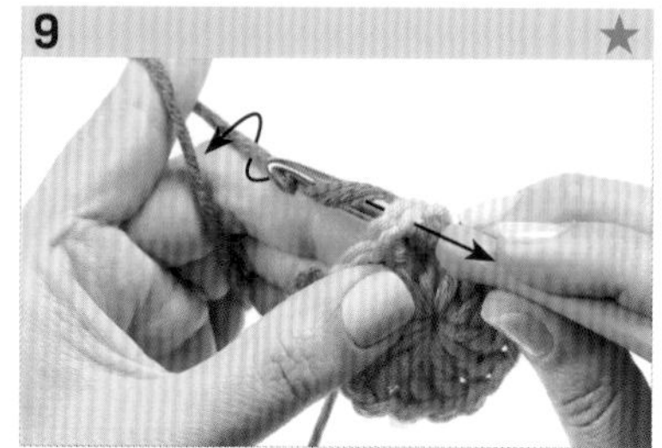

將鉤針插入第一段立針旁的針目，鉤住線並拉出。這個動作就是用引拔針往旁邊移動針目。

10

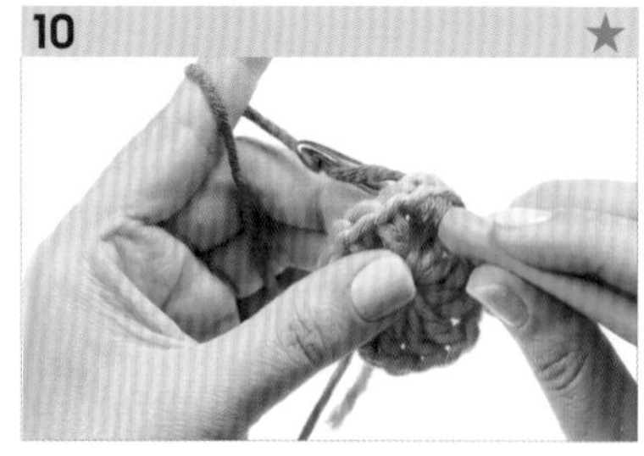

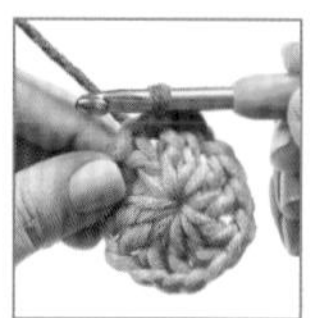

在鎖針針目底下的空洞處再編 1 個引拔針。

11

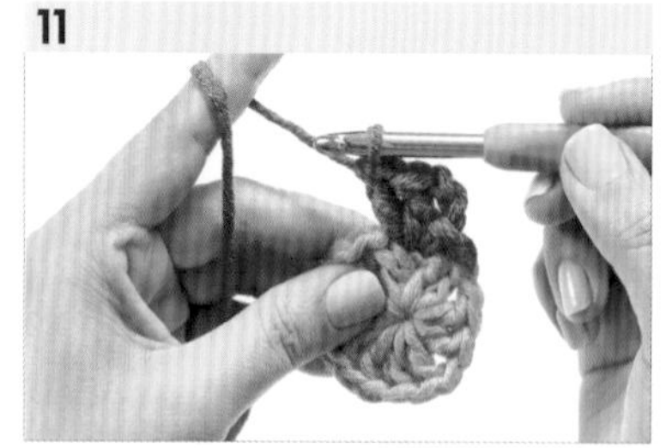

[第二段] 稜角

先編 3 個鎖針，做為長針的立針。在同樣的位置插入鉤針，並編 2 個長針。

TIP 第二段開始的立針並不是將鉤針插入第一段的針目，而是將鉤針插入鎖針底下的空洞處，必須包覆住整個鎖針來編才行。

12

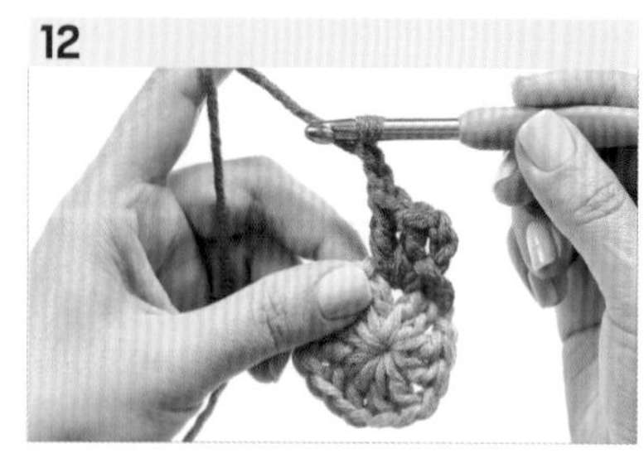

接著編 2 個鎖針。

13

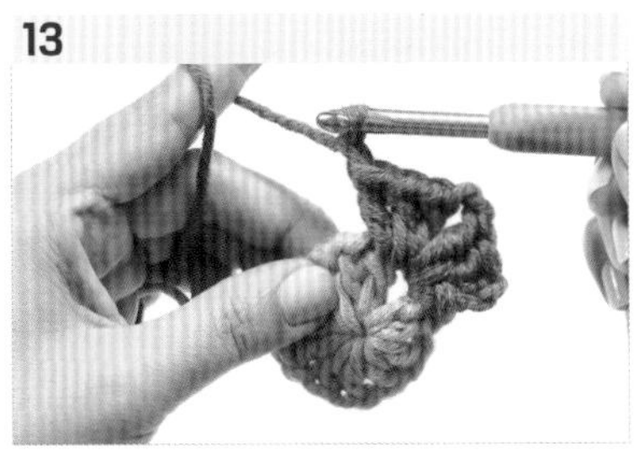

在**步驟 11** 中插入鉤針的位置編 3 個長針，完成稜角。再編 1 個製造空間的鎖針。

14

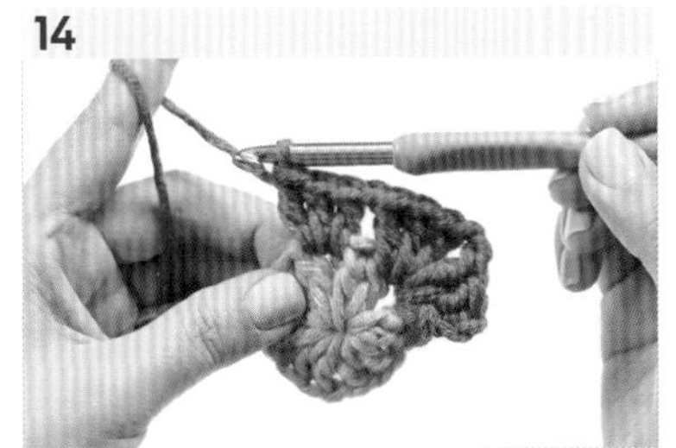

[第二段] 面

在下一個空洞處編 3 個長針、1 個製造空間的鎖針。

15

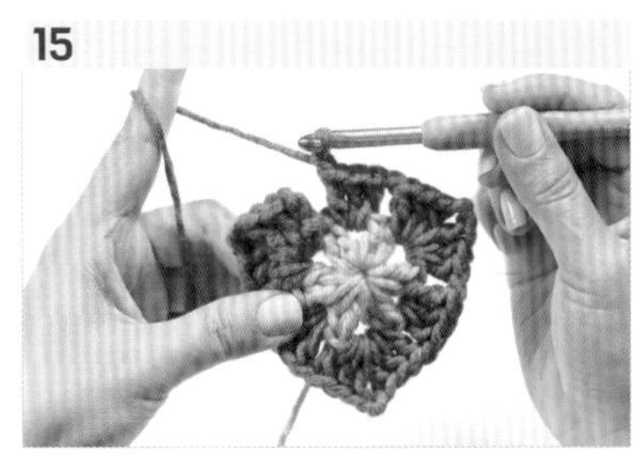

看著編織圖並配合規則，依序編出三角形的所有面和稜角。

16

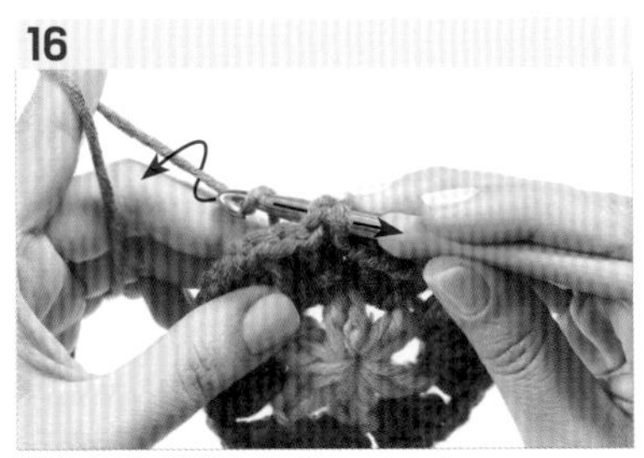

[第三段] 引拔針

將鉤針插入第三個立針針目的裡山和半目兩條線裡，鉤住線並編引拔針。

17 ★

[第三段]

用引拔針移動

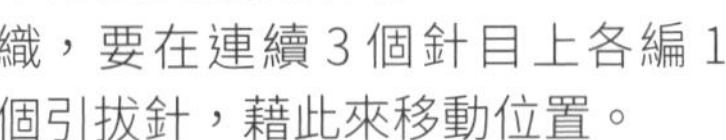

跟**步驟 8-10** 一樣，為了從鎖針針目底下的空洞處開始編織，要在連續 3 個針目上各編 1 個引拔針，藉此來移動位置。

TIP 想要交換或移動位置的時候，可以用引拔針來移動。

18

[第三段]

面、稜角、引拔針

第三段也是看著編織圖並配合規則，編出面跟稜角後用引拔針結束。

END

19

修剪毛線並用毛線縫針收尾。三段顏色的鏤空三角形花樣織片就完成了。

單色編織圖

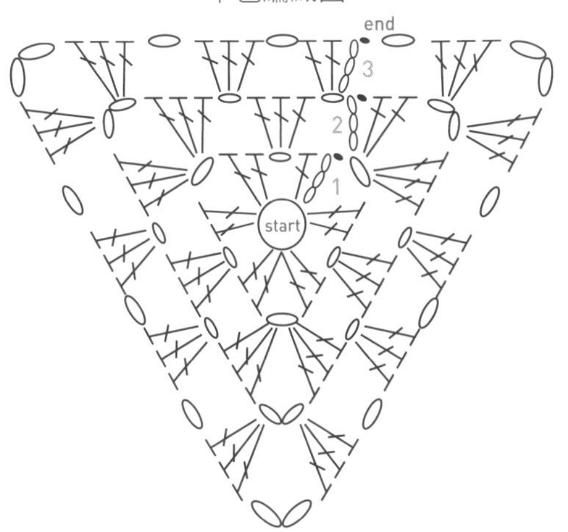

LEVEL★★★

茶杯套

在尋找溫暖咖啡的季節裡，不可或缺的就是茶杯套。
如果尺寸做得小巧玲瓏，就可以當砂糖蓋使用。
做大一點的話，很適合拿來包覆寬口的紅茶杯。

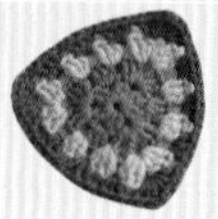

READY

準備物 Hera 純羊毛毛線、毛線專用 6 號鉤針、毛線縫針、剪刀

使用的鉤織法 用兩個線圈編織的輪狀起針、引拔針、鎖針、短針、長針

TIP 編完茶杯套後，也可以挑戰編織砂糖蓋。

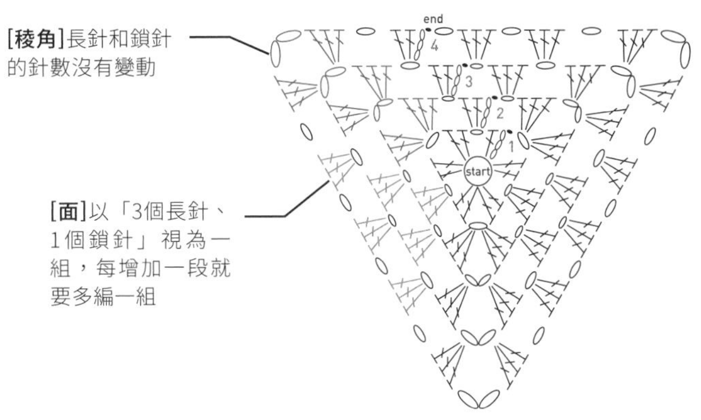

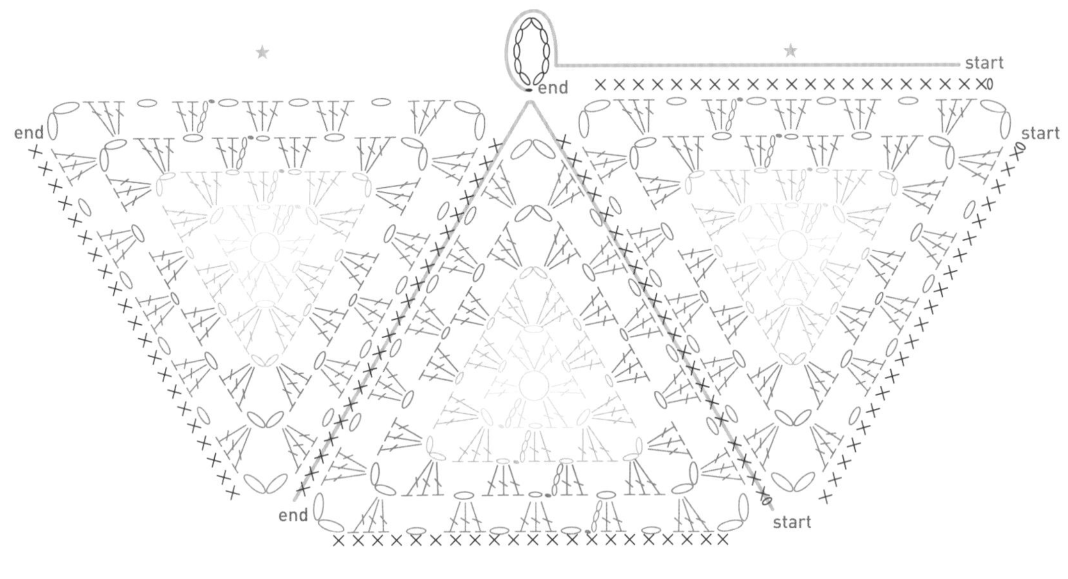

END

1

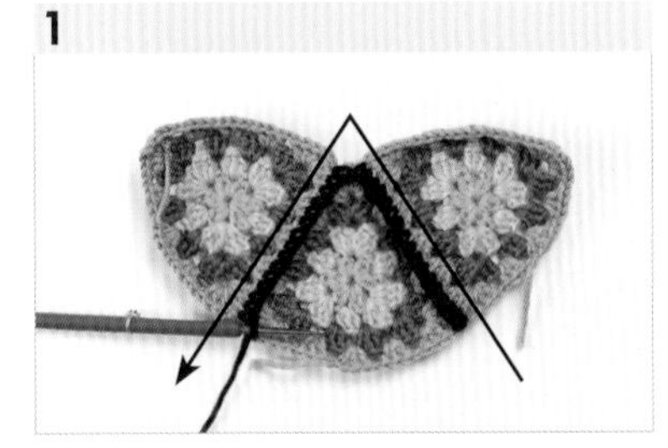

將 3 片編四段的三角形花樣織片如照片排列，依照箭頭方向用短針縫合。

2

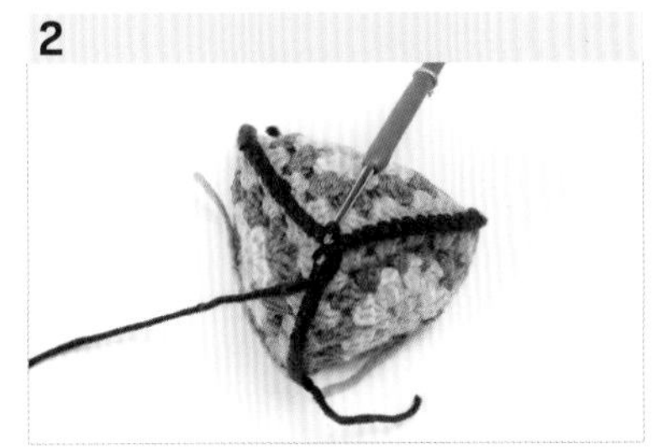

剩下需要連接的兩面也用短針縫合，從底部往尖角連接一起後，繼續編 10 個鎖針做成小吊環。

3

在底部邊緣編短針以做出漂亮的收尾。三角形茶杯套就完成了。

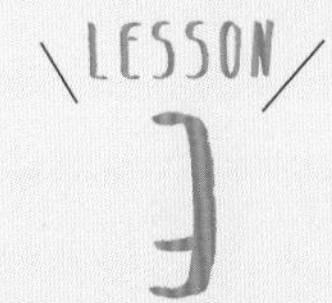

挑戰容易出錯的來回平編

此章節練習由鎖針開始、左右往返的平面編織。
只要掌握住第一個針目，像毛毯般的大型作品也能編織完成。
每當結束一段後，必須仔細地確認下一個要編的針目位置，
才不會多針或少針，減少錯誤發生的可能。
一邊增加段一邊做出花樣，再試著編出各種風格小物，
讓我們一起開始不一樣的鉤織吧！

LEVEL★★

細密的條紋

編成細密條紋狀的花樣織片，不論尺寸是小或大，
只要掌握好第一個針目後開始編，都能做出很好看的作品。
編出正方形或長方形的面並往下增加段，就能做出板凳套，
或是將兩片織片疊合，把面連接起來，也能當作包包來使用。

SKILL 1

READY

準備物 混紡毛線（羊毛＋棉）‧粗線‧番紅花橘及孔雀藍、毛線專用 8 號鉤針、毛線縫針、剪刀
使用的鉤織法 鎖針、長針

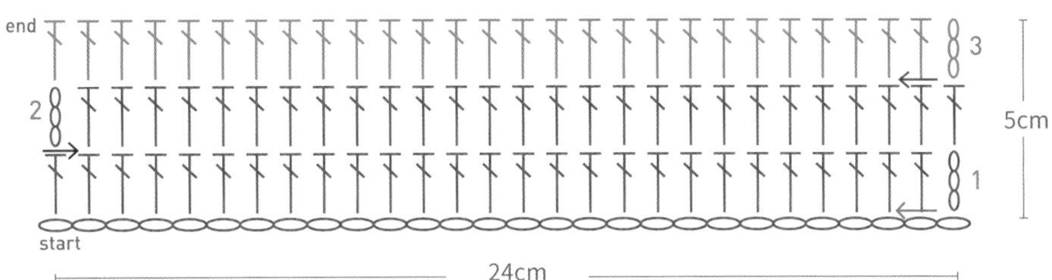

[start]　寬鬆的鎖針
[第一段] 鎖針、往綠色箭頭方向編長針
[第二段] 鎖針、往藍色箭頭方向編長針
[第三段] 鎖針、往紅色箭頭方向編長針
[end]　修剪毛線並用毛線縫針收尾

TIP 每一段都編出立針，然後將織片翻面再編長針。
請注意不要將鉤針插入第一個針目而導致針數增加，或錯過最後一個針目而讓針數減少。

START

1

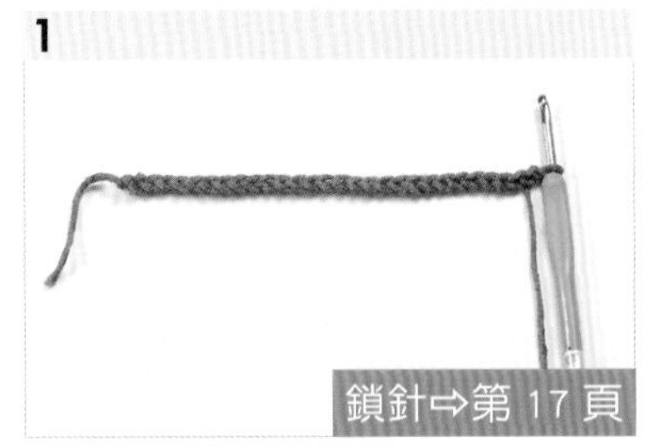

編 28 個鎖針起針。

2

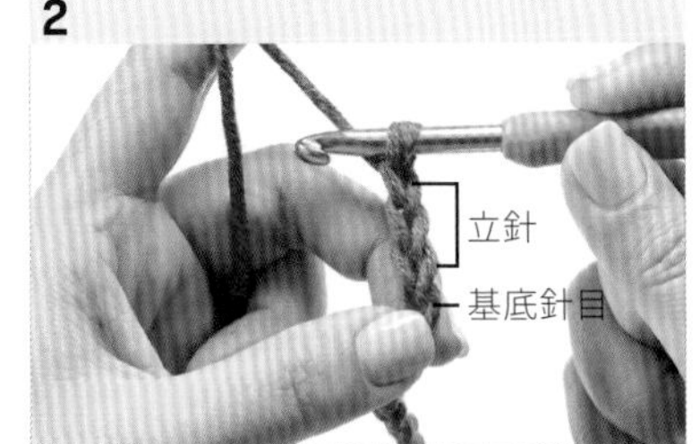

[第一段] 立針
編 3 個鎖針，做為長針的立針。

3

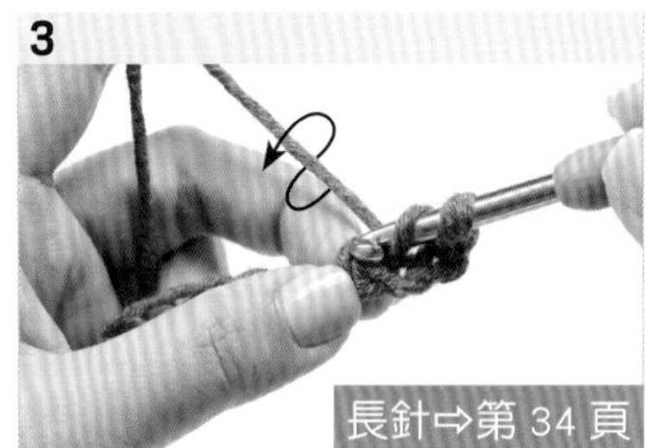

鉤針鉤住線並插入立針和基底針目旁邊的針目，也就是從上往下數的第 5 個鎖針半目裡，準備編長針。

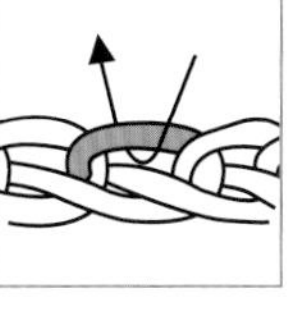

4

編好 1 個長針。

5

跟**步驟 3-4** 一樣，將鉤針插入每個鎖針半目裡，再編 26 個長針。

TIP 編平面的時候很容易漏針或多針，請多加注意。

6

[第二段] 立針

接著編 3 個鎖針，做為第二段長針的立針。

7

將織片的背面翻到前面。

8

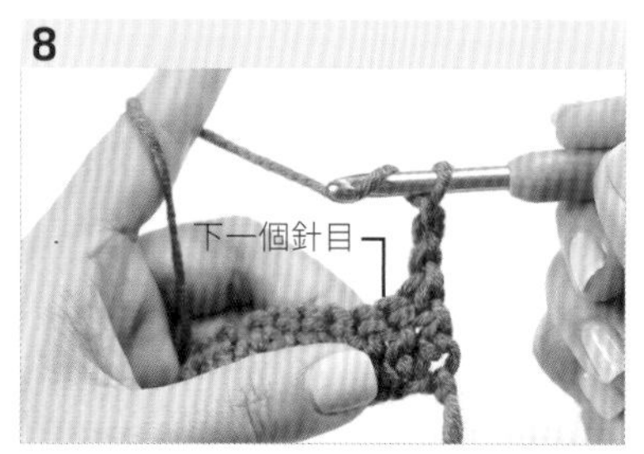

鉤針鉤住線並插入下一個針目的頭裡，編 1 個長針。

TIP 請注意不要將鉤針插入立針針目裡編，否則針數會增加。

9

將鉤針依序插入每個針目的頭，再編 25 個長針。

10

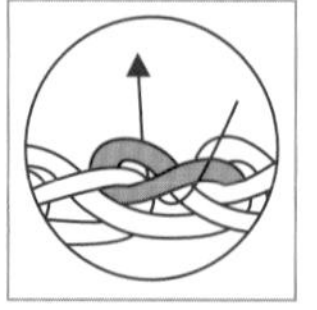

為了在最後一個針目裡換線，必須要編 1 個未完成的長針。鉤針鉤住線並插入第一段立針針目的裡山和半目兩條線裡。

TIP 請注意不要錯過最後一個針目而使針目數變少。

11

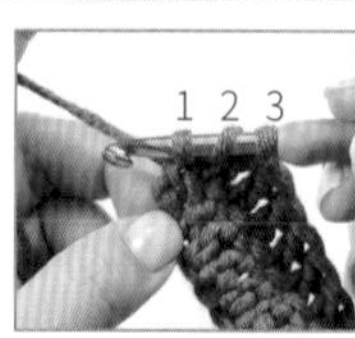

鉤針鉤住線並朝箭頭方向拉出來。確認鉤針上是否有3個線圈。

12

鉤針鉤住線並只從 3 個線圈中的前兩個拉出來。確認鉤針上的線圈是否有 2 個。

13

[第二段] 換線

鉤針鉤住新的線並一次拉出來。

14

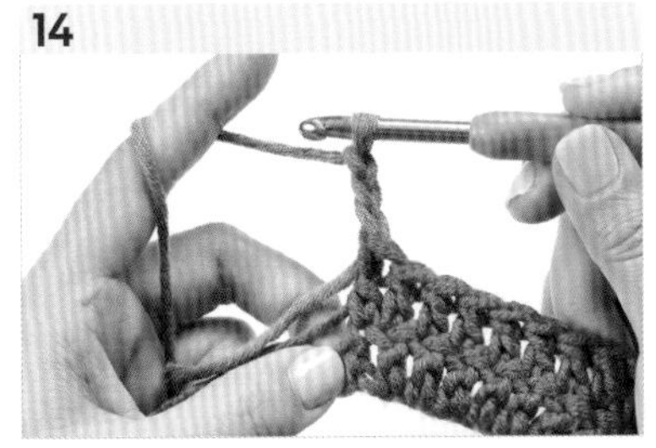

[第三段] 立針

編 3 個鎖針，做為長針的立針。

15

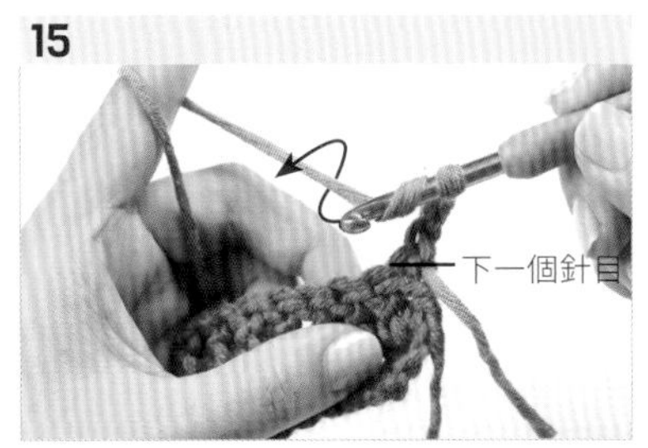

[第三段] 長針

把織片翻過來，鉤針鉤住線並插入下一個針目的頭裡，編 1 個長針。

END

16

將鉤針插入每個針目的頭，再編 25 個長針。

17

最後一個針目是將鉤針鉤住線，並插入第二段立針針目的裡山和半目兩條線裡編 1 個長針。

TIP 請注意不要錯過最後一個針目而使針目數變少。

18

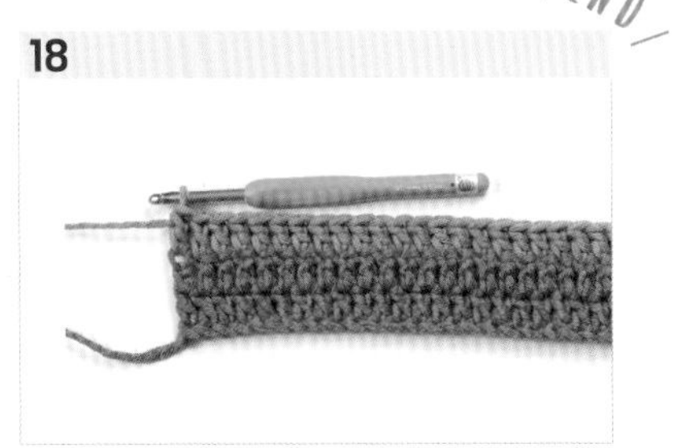

修剪毛線並用毛線縫針收尾。編得很細密的三段條紋花樣織片就完成了。

LEVEL★★

眼鏡盒

編出一片細密條紋的花樣織片，
用短針縫合法連接之後，就能變成眼鏡盒。
依據織片大小的不同，也能當作小包包、筆袋等來使用。
留意左右兩側和蓋子的邊緣，必須整理平整才會好看。

READY

準備物 Hera 純羊毛毛線、毛線專用 6 號鉤針、毛線縫針、剪刀、縫線、暗扣、固定針

使用的鉤織法 鎖針、長針、短針

TIP 縫合時要從眼鏡盒的左側開始，接著是蓋子、右側的邊緣，請用短針縫合法連接起來。

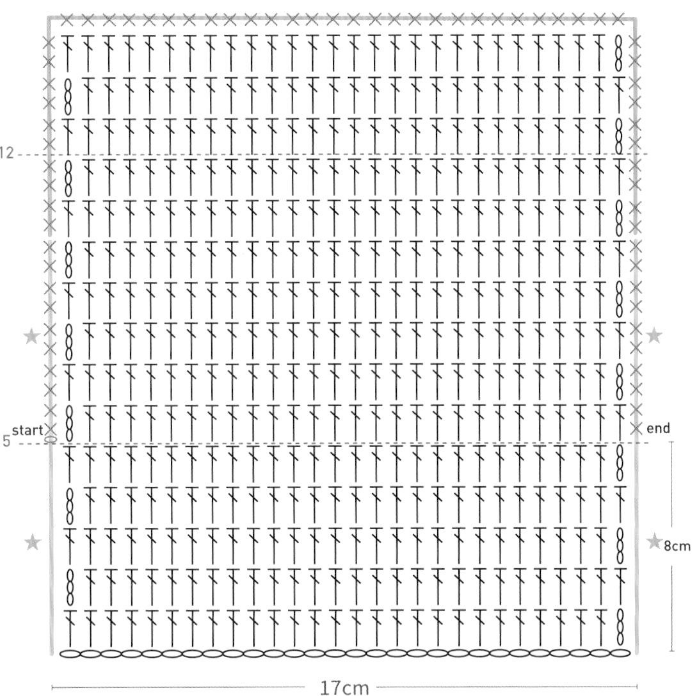

START

1 準備好 1 片編有十五段的細密條紋花樣織片。將下方五段往上折疊蓋好後，先用固定針固定住。

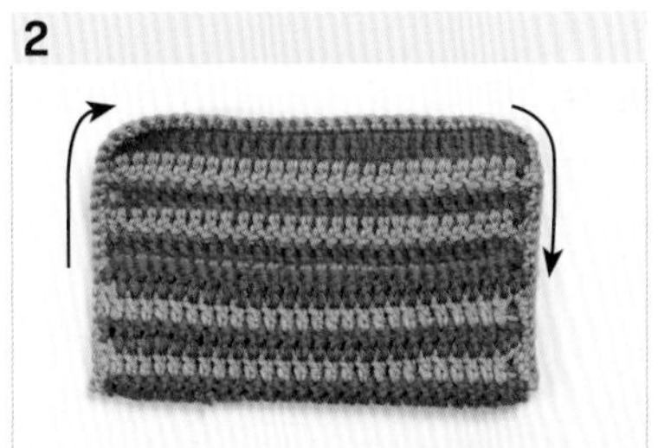

2 用短針縫合法從織片左側的邊緣開始縫合，接著一路往上方、右側邊緣縫合完畢。修剪毛線並用毛線縫針整理。

END

3 最後用縫線把暗扣縫上去，眼鏡盒就完成了。

LEVEL★★

細密的波浪紋

每次在編織波浪紋花樣織片的時候，就會想起海浪的水波紋。
波紋是利用加針及減針的鉤織法編織出來的，
要減少針數的時候，利用未完成針目將兩針併成一針，
要增加針數的時候，則是在同一針目裡編入兩針以上。
只要好好地掌握第一個針目並增加段，就能完成作品。
從小的茶杯墊到大型的桌墊、毛毯、地毯都編得出來呢！

SKILL 2

READY

準備物 混紡毛線（羊毛＋棉）· 粗線 · 葡萄紫及蜂巢黃、毛線專用 8 號鉤針、毛線縫針、剪刀

使用的鉤織法 鎖針、長針、2 長針加針、2 長針併針

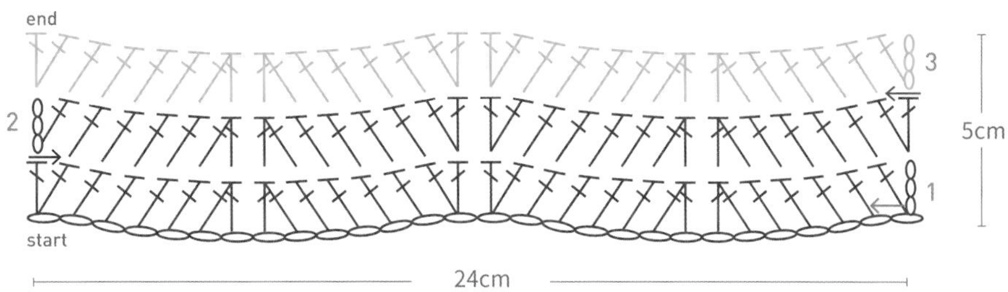

[start] 寬鬆的鎖針

[**第一段**] 鎖針、往綠色箭頭方向編長針、2 長針併針、2 長針加針

[**第二段**] 鎖針、往藍色箭頭方向編長針、2 長針併針、2 長針加針

[**第三段**] 鎖針、往紅色箭頭方向編長針、2 長針併針、2 長針加針

[end] 修剪毛線並用毛線縫針收尾

TIP 起針的時候，鎖針針目必須要編得寬鬆，織片才不會捲起來。
第一個針目和最後一個針目都要加針。請注意不要少編針數。

1

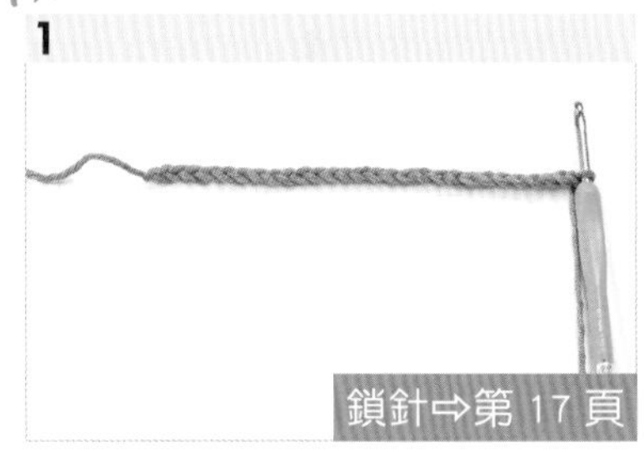

鎖針⇨第 17 頁

編 28 個鎖針起針。

TIP 請將起針編得寬鬆一點。如果起針編得太緊密，織片會變捲曲。

2

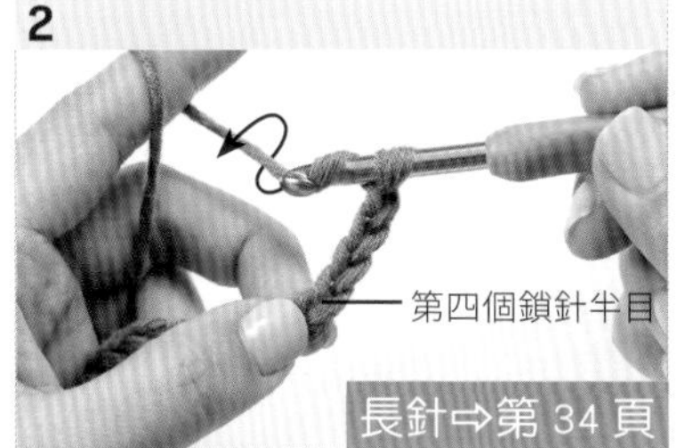

長針⇨第 34 頁

[**第一段**]

立針、長針

先編 3 個鎖針做為立針，再把鉤針鉤住線並插入第四個鎖針半目裡編出 1 個長針。

TIP 在第一個和最後一個針目裡要增加針目數。

3

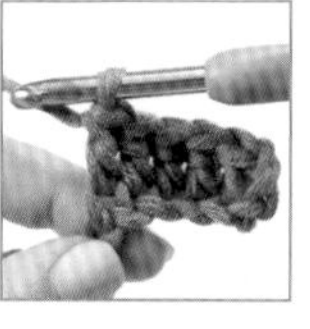

含立針為 2 長針，這樣加針就完成了。下一個針目開始，每個針目編 1 個長針，共編 4 個。

4

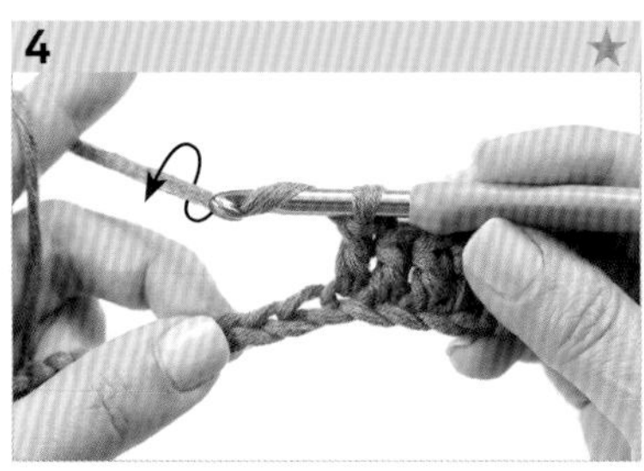

[第一段]2 長針併針

接著要編 2 長針併針。將鉤針鉤住線並插入下一個鎖針半目裡。

TIP 這個鉤織法是先編 2 個未完成的長針，然後再同時編在一起，藉此減少針數。

5

鉤針鉤住線並朝箭頭方向拉出來。確認鉤針上的線圈是否有 3 個。

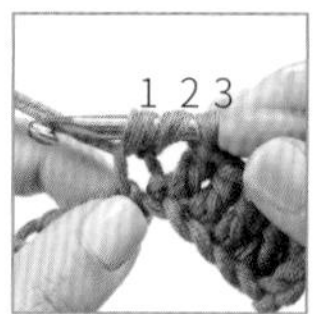

6

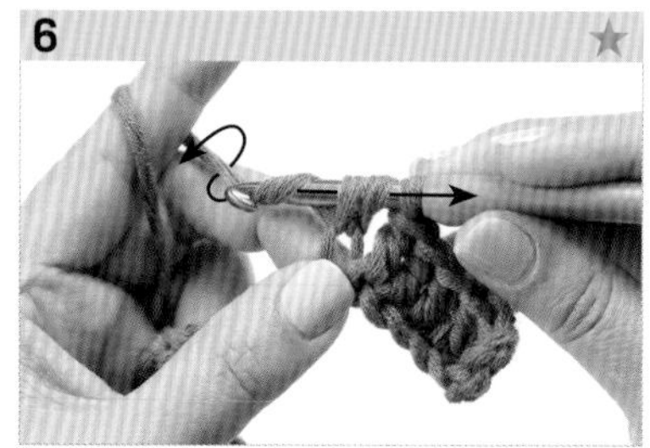

[第一段] 第一個未完成的長針

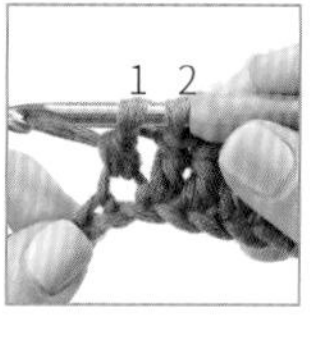

鉤針鉤住線並只從 3 個線圈中的前兩個拉出來。確認鉤

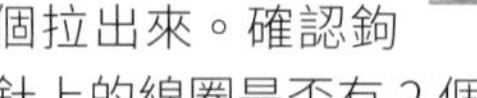

針上的線圈是否有 2 個。

7

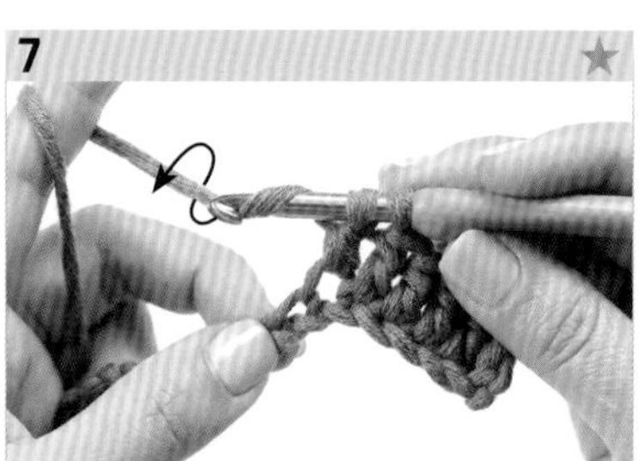

鉤針鉤住線並插入下一個鎖針半目裡。

8

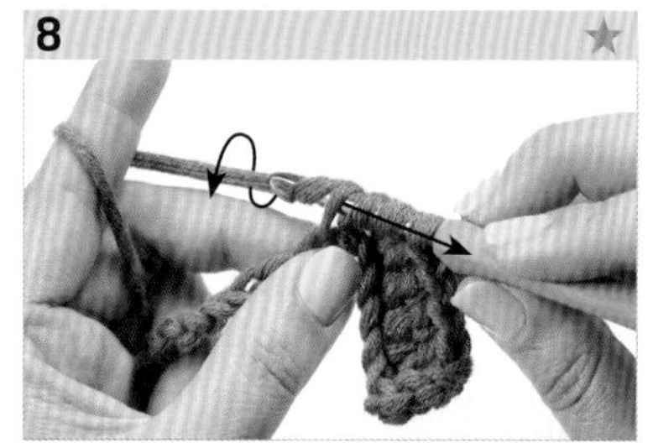

鉤針鉤住線並朝箭頭方向拉出來。確認鉤針上的線圈是否有 4 個。

9

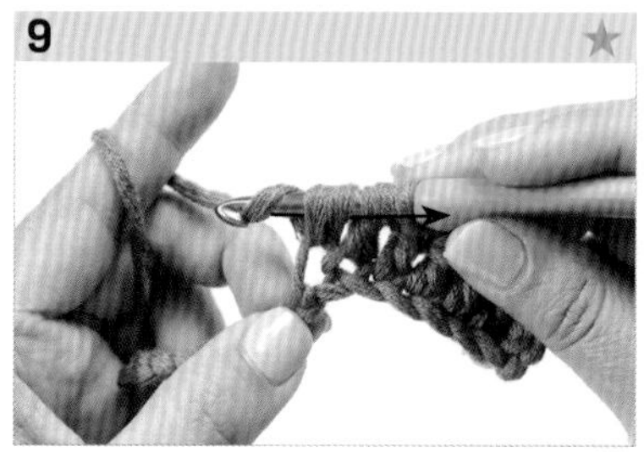

[第一段] 第二個未完成的長針

鉤針鉤住線並朝箭頭方向拉出來。確認鉤針上的線圈是否有 3 個。

10

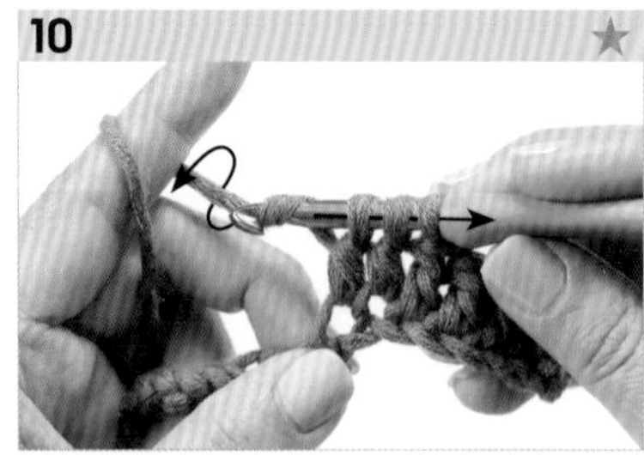

鉤針鉤住線並一次從未完成長針中拉出，減少針數編成 1 針。確認鉤針上線圈是否為 1 個。

11

2 長針併針是減少針數的方法。再編一個 2 長針併針。原本的 4 針就變成 2 針了。

12

從下一個針目開始，每個針目分別編 1 個長針。共編 4 個。

[第一段]

2 長針加針

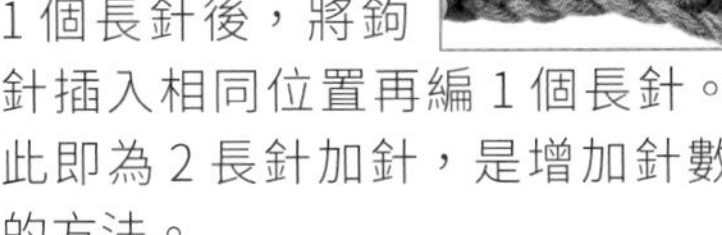

在下一個針目裡編 1 個長針後，將鉤針插入相同位置再編 1 個長針。此即為 2 長針加針，是增加針數的方法。

下一個針目再編 1 個 2 長針加針。

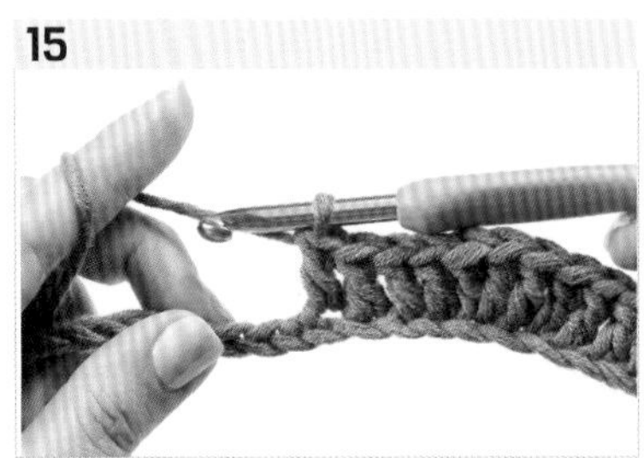

從下一個針目開始，每個針目分別編 1 個長針。共編 4 個。

同**步驟 4-10**，編 2 個 2 長針併針。

TIP 將 4 針減為 2 針。

從下一個針目開始，每個針目分別編 1 個長針。共編 4 個。

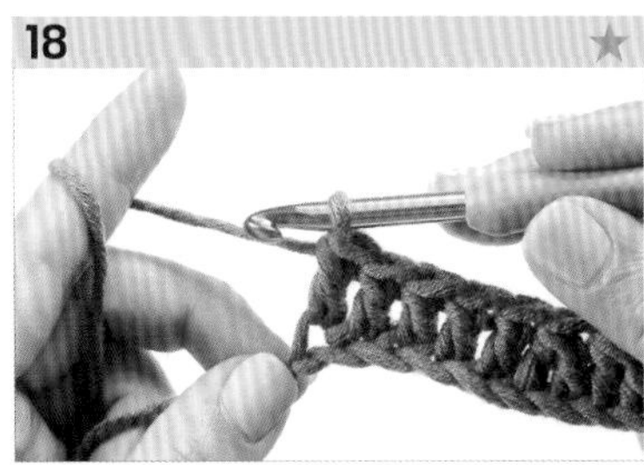

到最後一個針目時必須要編 2 長針加針才行。先編 1 個長針。

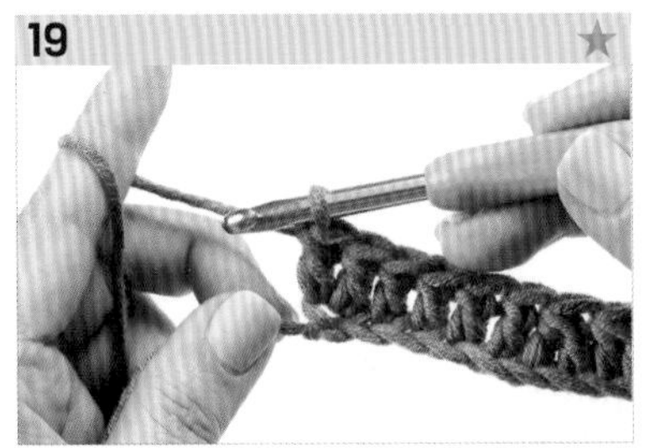

將鉤針插入相同的位置，再編 1 個長針。第一段即完成。

[第二段] 立針

先編 3 個鎖針，做為長針的立針。

[第二段]2 長針加針

為了編 2 長針加針，必須在立針立起的位置編 1 個長針。先把鉤針鉤住線，將織片翻面。

22

鉤針必須要插入第一個針目的頭裡，請先確認好位置。

TIP 從第二段開始，要插入針目頭的兩條線裡來進行編織。

23

編 1 個長針。

24

[第二段] 長針

從下一個針目開始，每個針目分別編 1 個長針。共編 4 個。

25

[第二段]2 長針併針

為了將 4 針減成 2 針，需要編 2 個 2 長針併針。

26

[第二段] 長針

從下一個針目開始，每個針目分別編 1 個長針。共編 4 個。

27

[第二段]2 長針加針

為了從 2 針增加為 4 針，需要編 2 個 2 長針加針。

28

[第二段] 長針

從下一個針目開始，每個針目分別編 1 個長針。共編 4 個。

29

[第二段]2 長針併針

為了將 4 針減成 2 針，需要編 2 個 2 長針併針。

30

[第二段] 長針

從下一個針目開始，每個針目分別編 1 個長針。共編 4 個。

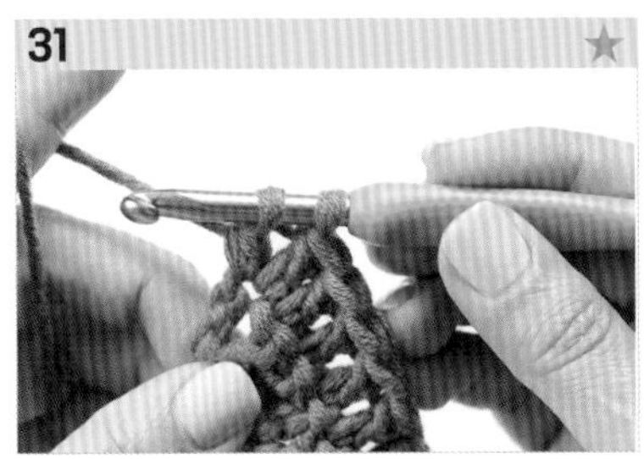
31

[第二段]2 長針加針

為了增加最後一個針目的針數，要編 1 個 2 長針加針。編到 2 長針加針的最後一個步驟之前先暫停，準備換線。

32

[第二段] 換線

鉤針鉤住新線並編 2 長針加針。

33

[第三段]2 長針加針

編出第三段的立針後翻面，為了編 2 長針加針，要在立針立起的位置編 1 個長針。

34

查看編織圖，按照規則減少和增加針數，逐漸完成第三段。

35

[第三段]2 長針加針

為了增加最後一個針目的針數，要編 1 個 2 長針加針。

END

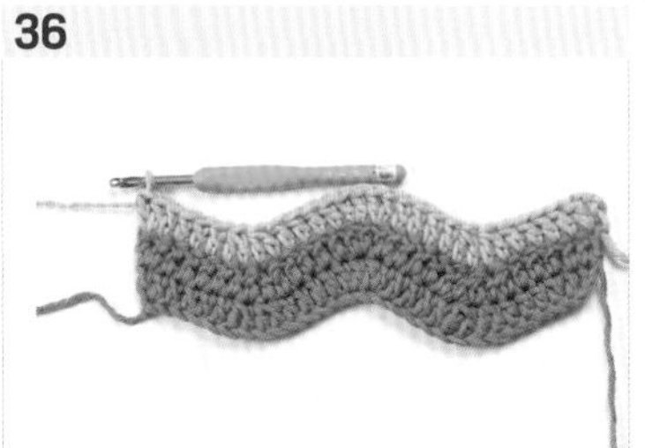
36

修剪毛線並用毛線縫針收尾。編得很細密的三段波浪紋花樣織片就完成了。

LEVEL★★★

手機袋

只要能靈活運用減針和加針，編織就會變得更有樂趣。
編出波浪紋花樣織片後將側面和底面連接起來，再編出手提線，
就能將手機咻地一聲裝進小巧可愛的袋子裡囉！
如果把手提線編長一點，還可以掛在脖子上，
很適合給經常忘東忘西的小孩子使用。

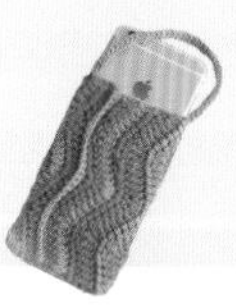

READY

準備物 Hera 純羊毛毛線、毛線專用 6 號鉤針、毛線縫針、剪刀
使用的鉤織法 引拔針、鎖針、長針、短針

TIP 編手機袋的手提線時，先將鉤針插入織片，接著鉤著線拉出來，用鎖針編織即完成。

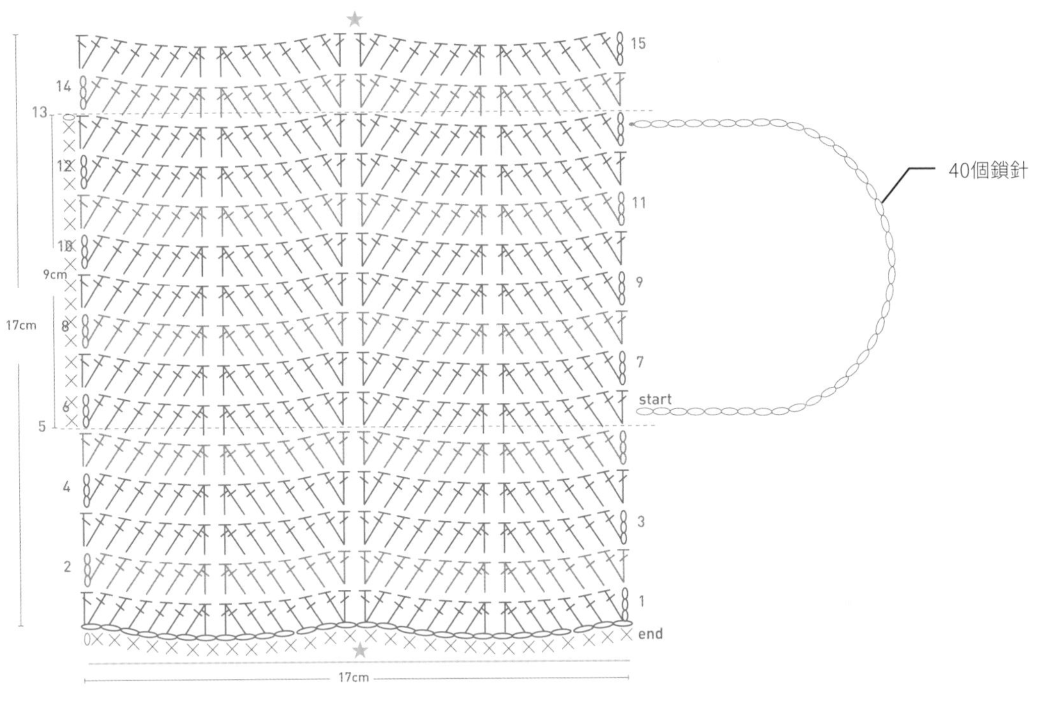

START

1

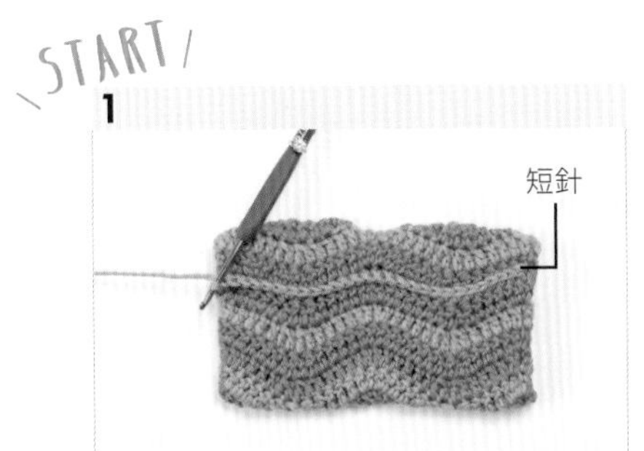

將編好十五段的波浪紋花樣織片由下往上折五段，並由上往下折二段，折疊好之後每個針目分別編 1 個短針，將側面連接起來。

2

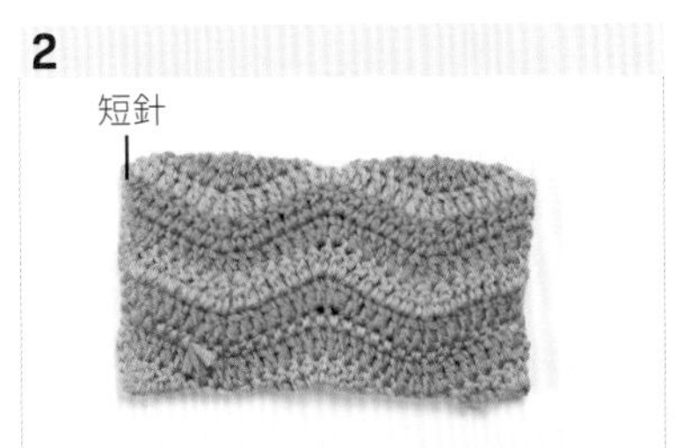

用來當作底部的部分也用短針縫合法連接好。

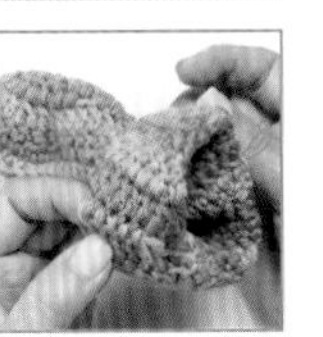

TIP 每 1 針長針裡編 2 個短針來連接。

END

3

從袋子開口處的一端開始編 40 個鎖針做為手提線，並於另一端編引拔針固定到袋子上。修剪毛線並用毛線縫針收尾，完成。

LEVEL★★

鏤空的條紋

和每一個針目都要插入鉤針的細密條紋不一樣，
鏤空的條紋是將鉤針插入鎖針針目底下的空洞處去編織，必須包覆住整個鎖針。
一起試著來編出布滿孔洞的條紋樣式吧！

\ SKILL /
3

READY

準備物 混紡毛線（羊毛＋棉）・粗線・蜂巢黃及萊姆綠、毛線專用 8 號鉤針、毛線縫針、剪刀

使用的鉤織法 鎖針、長針

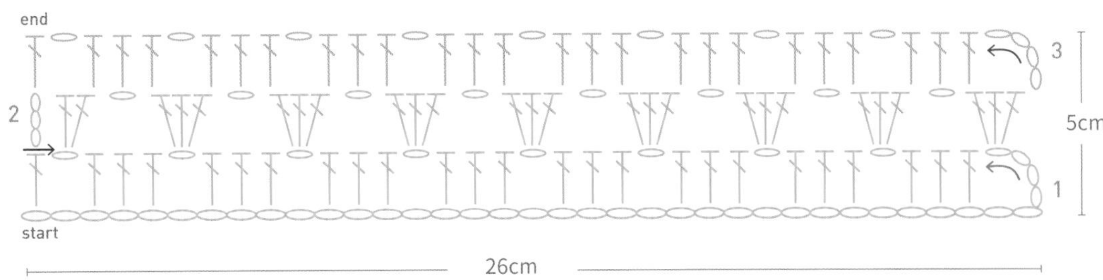

[start] 寬鬆的鎖針

[第一段] 鎖針、往綠色箭頭方向編長針

[第二段] 鎖針、往藍色箭頭方向編長針

[第三段] 鎖針、往紅色箭頭方向編長針

[end] 修剪毛線並用毛線縫針收尾

TIP 從第二段開始，必須要將鉤針插入鎖針針目底下的空洞處來編織。

1

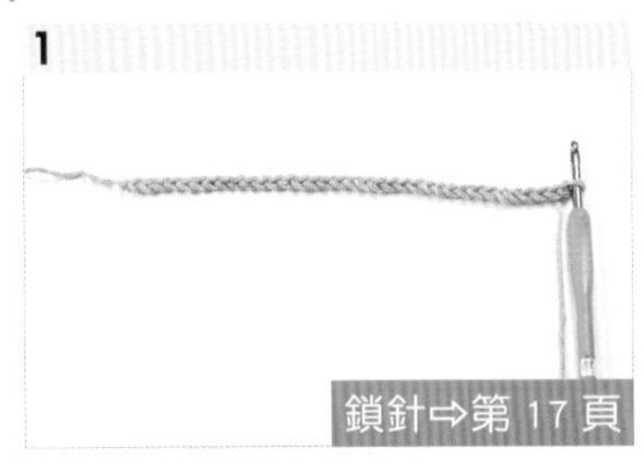

編 35 個鎖針起針。

2

[第一段] 立針

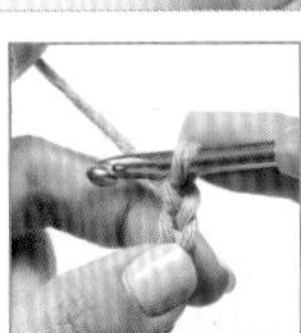

編 3 個鎖針做長針的立針，再編 1 個製造空間的鎖針。

3

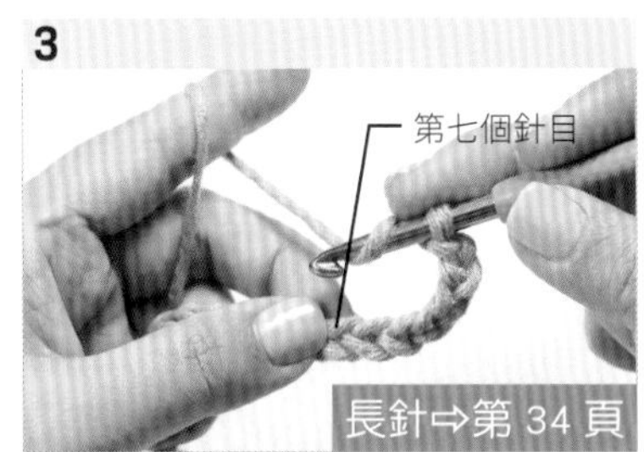

[第一段] 長針

準備開始編長針。將鉤針鉤住線並確認鎖針第七個針目的位置。

TIP 空間鎖針 1 針、立針 3 針、基底針目 1 針、鎖針 1 針，總共要越過 6 針。請仔細確認針目位置。

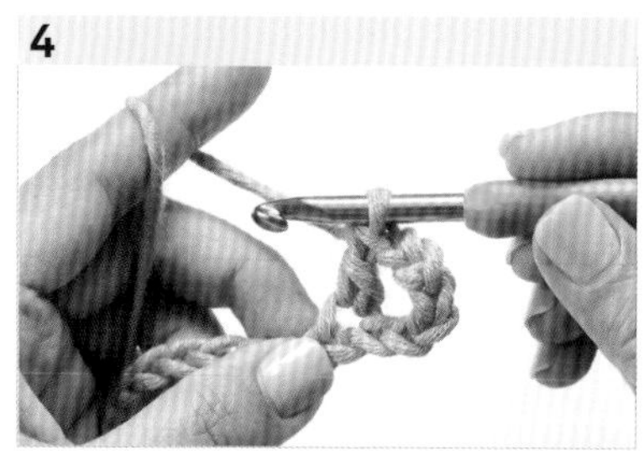

將鉤針插入第七個鎖針的半目裡，編 1 個長針。

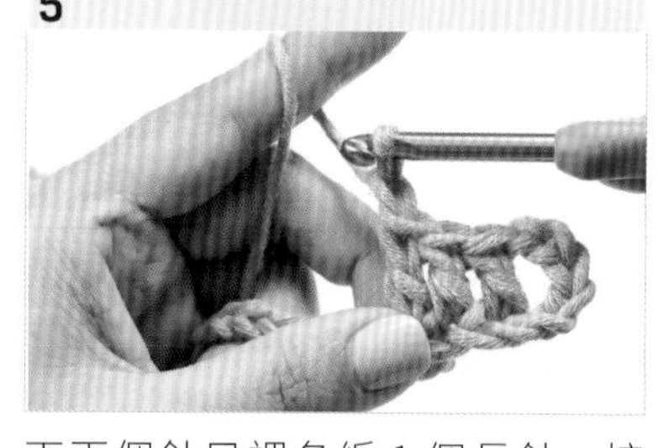

下兩個針目裡各編 1 個長針，接著編 1 個空間鎖針。

看著編織圖並配合規則，以編 3 個長針、1 個空間鎖針的順序進行，重複編 7 次。

將鉤針插入最後一個針目的鎖針半目並編 1 個長針。

翻轉織片，將背面翻到前面來。

8

[第二段] 立針

先編 3 個鎖針做為長針的立針。

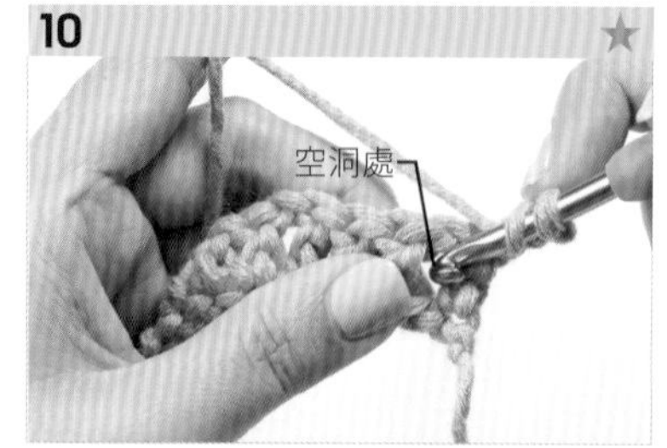

[第二段] 長針

將鉤針插入鎖針針目底下的空洞處，編 1 個長針。

在相同的位置再編 1 個長針。

TIP 由於長針的立針也算進針目數，所以等於編了 3 個長針。

編 1 個製造空間的鎖針。

13

照著編織圖的規則，在每個鎖針針目底下的空洞處編 3 個長針，再編 1 個空間鎖針，重複 7 次。

14 ★

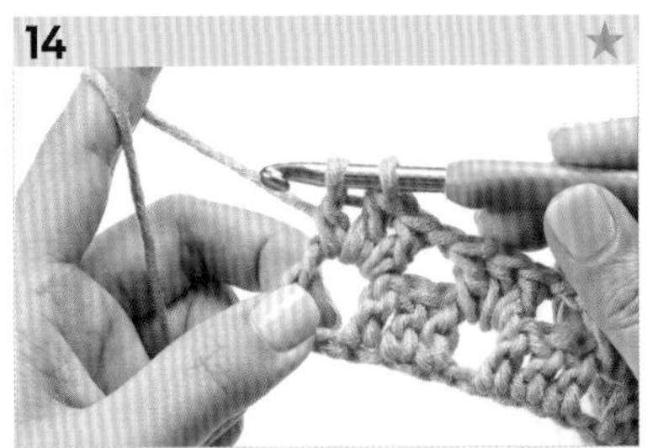

為了要在最後一個針目更換毛線，編完 2 個長針後，要編 1 個未完成的長針。

15 ★

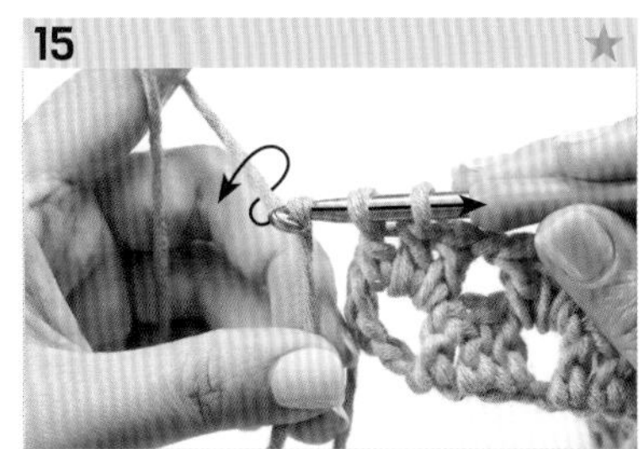

[第二段] 換線

鉤針鉤住新的線並朝箭頭方向一次拉出，把黃線剪掉。

16

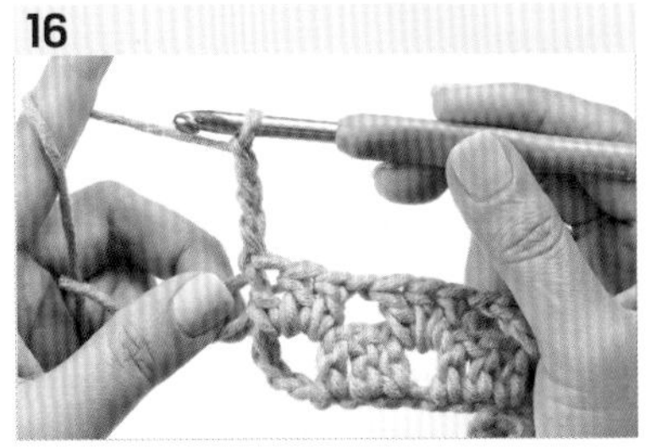

[第三段] 立針

先編 3 個鎖針做為長針的立針，接著再編 1 個製造空間的鎖針。

17

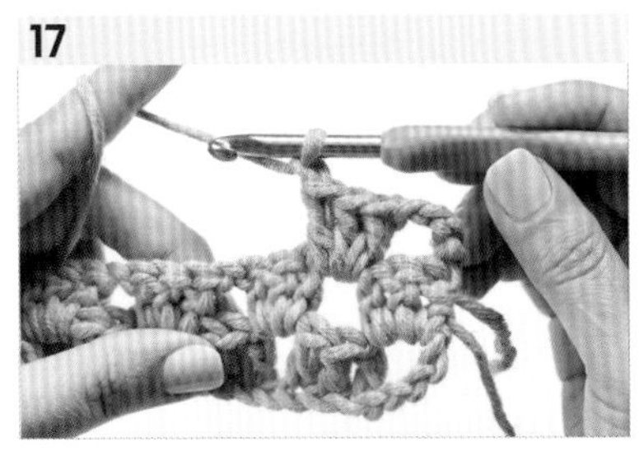

翻轉織片，在第二段鎖針針目底下的空洞處編 3 個長針，再編 1 個製造空間的鎖針。

18

照著編織圖的規則，在每個鎖針針目底下的空洞處編 3 個長針，再編 1 個空間鎖針，重複 7 次。

19

將鉤針鉤住線並插入第二段立針針目的裡山和半目兩條線裡，編 1 個長針。

END

20

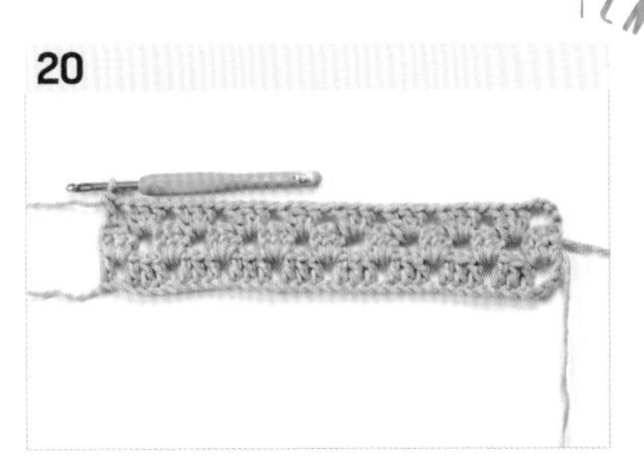

修剪毛線並用毛線縫針收尾。鏤空的三段條紋花樣織片就完成了。

LEVEL★★★

針織領巾

針織領巾是從起針開始往上編出段，進而完成的作品，
如果編得比編織圖更長更寬的話，也能當成圍巾使用。
織片第一段是編在鎖針半目上，
第二段開始則是將鉤針插入鎖針針目底下的空洞處，然後包覆住整個鎖針。
試著為寵物編織小小的領巾、為孩子編織圍巾，甚至是為朋友編織披肩吧！

READY

準備物 Hera 純羊毛毛線、毛線專用 6 號鉤針、毛線縫針、剪刀

使用的鉤織法 鎖針、長針

START

1

先編 127 個鎖針起針，之後開始往上增段，共五段。可以將每一段都換不同顏色的線來編，也可以最後一段再換上重點顏色的線。編好後修剪毛線並用毛線縫針收尾。

TIP 為了不要讓起針針目捲在一起，請編寬鬆一點。

2

配合脖子大小，將領巾尾端從孔洞拉出來。

END

3

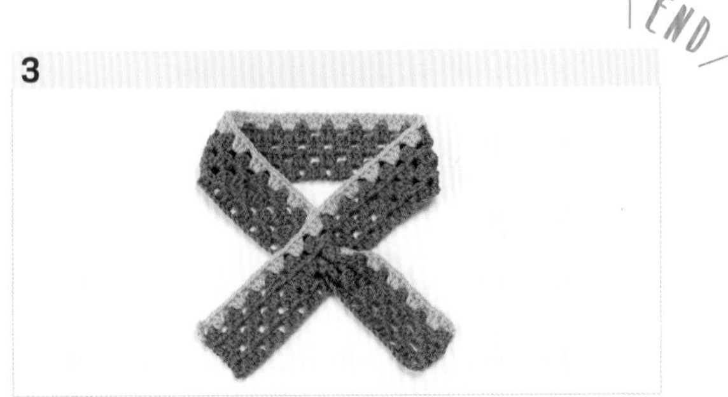

針織領巾就完成了。

TIP 清洗領巾時，請用中性洗衣精單獨機洗，或者是輕輕地搓揉手洗。

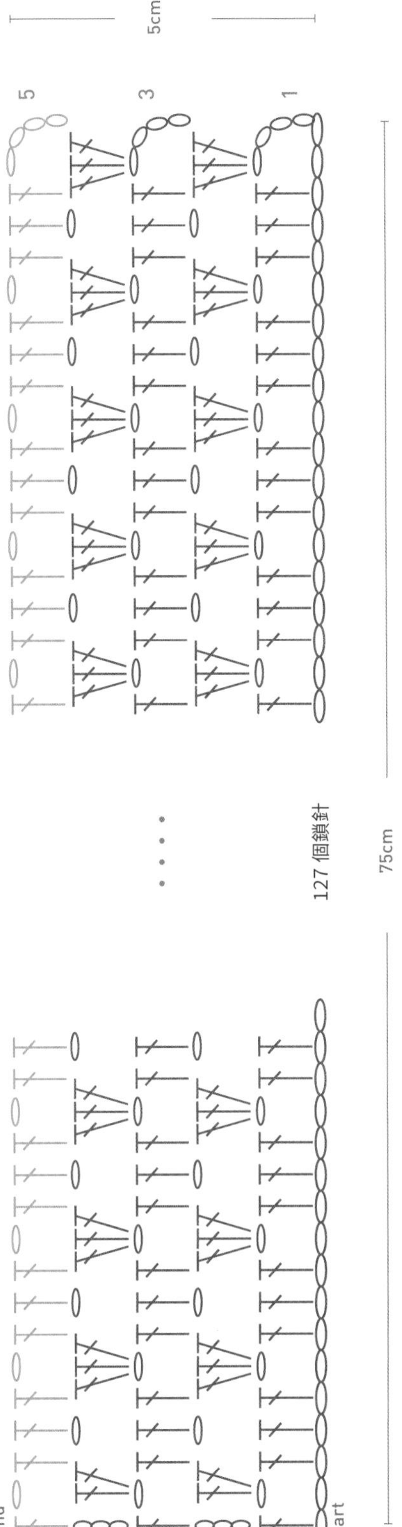

LEVEL★★

鏤空的波浪紋

和編滿整面條紋的花樣織片不一樣，
鏤空織片是將鉤針插入鎖針針目底下的空洞處，包覆鎖針而編成的。
雖然第一段必須掌握第一個針目並細數針目，仔細地編織才不會出錯，
但是第二段以後編織法都相同，所以可以解除緊張，愉快地進行。
用鏤空的波浪紋能做出母女斗篷、披風、披肩等等。

SKILL 4

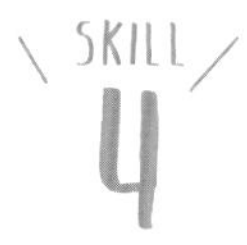

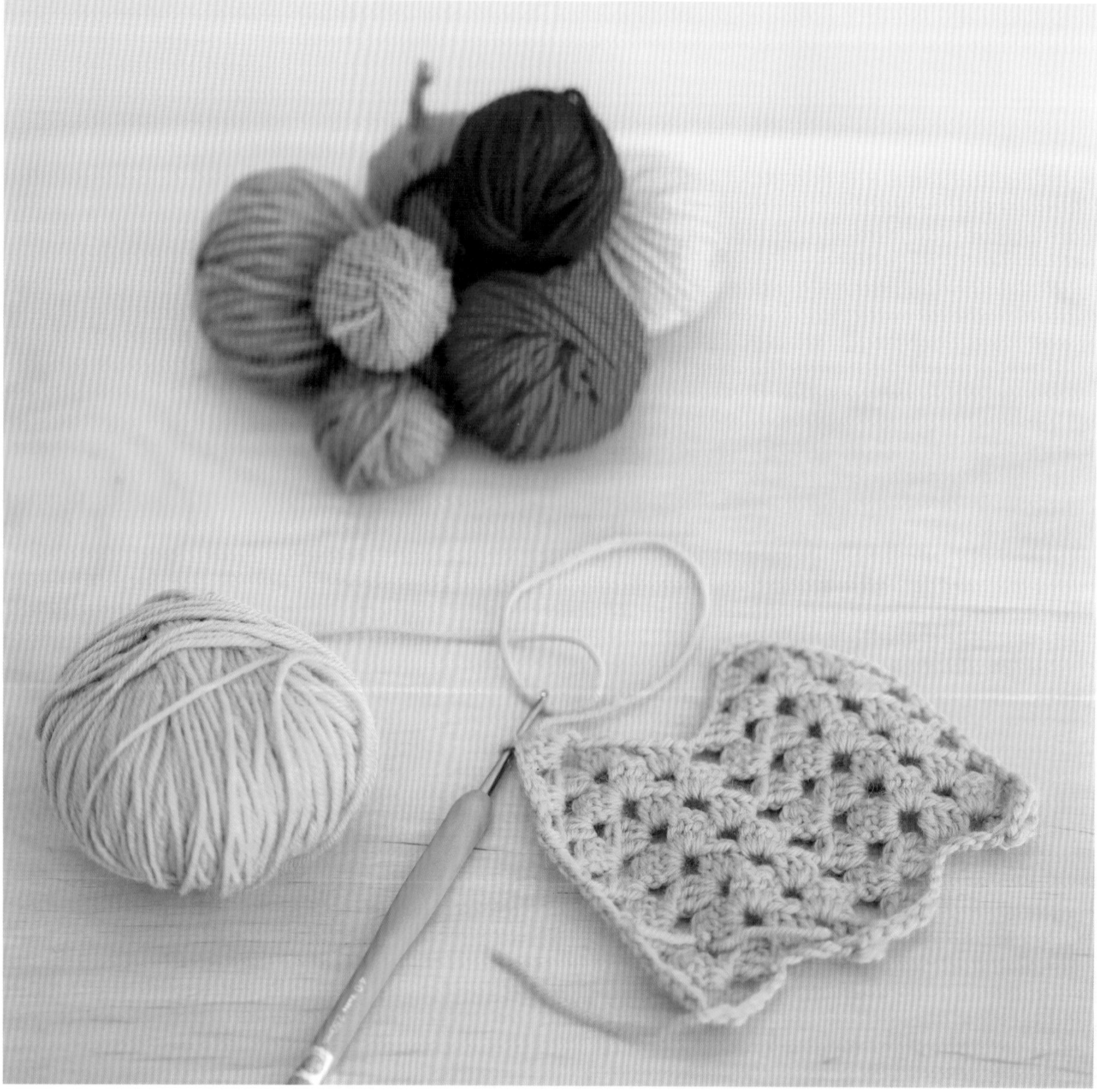

READY

準備物 混紡毛線（羊毛＋棉）・粗線・深天藍及糖果粉紅、毛線專用 8 號鉤針、毛線縫針、剪刀

使用的鉤織法 鎖針、長針

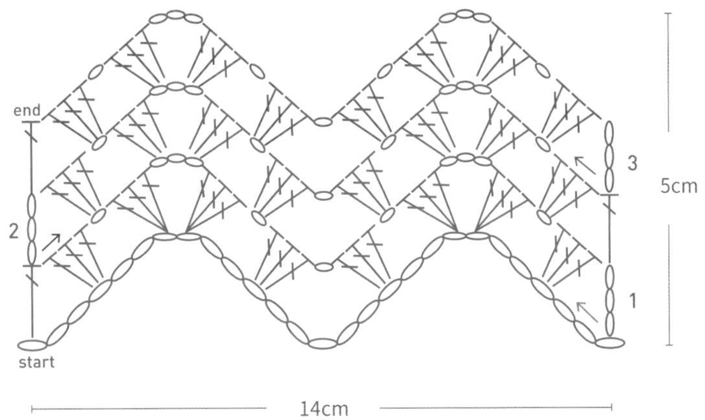

[start] 寬鬆的鎖針
[第一段] 鎖針、往綠色箭頭方向編長針
[第二段] 鎖針、往藍色箭頭方向編長針
[第三段] 鎖針、往紅色箭頭方向編長針
[end] 修剪毛線並用毛線縫針收尾

TIP 編第一段的時候要仔細確認鎖針針目的個數變化。

START

1

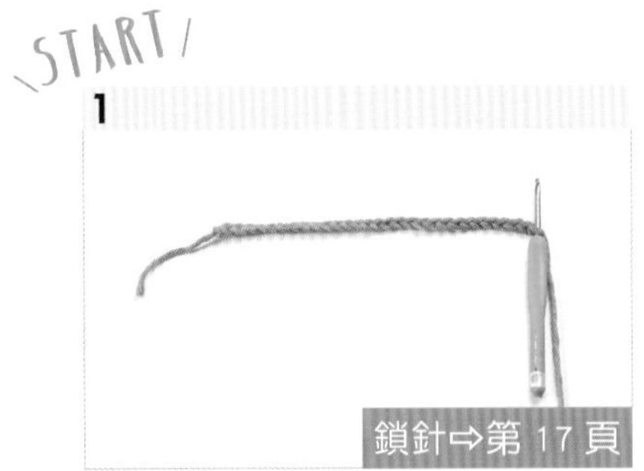

鎖針⇨第 17 頁

編 27 個鎖針起針。

2

[第一段] 立針

先編 3 個鎖針，做為長針的立針。

3

長針⇨第 34 頁

將鉤針插入第七個鎖針的半目裡，並編 1 個長針。

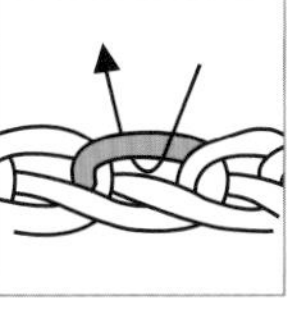

TIP 插入的位置是指完成立針後從上往下數的第七個針目。

4

在相同的位置再編 2 個長針，然後編 1 個製造空間的鎖針。

5

[第一段] 增加針目

往旁邊數到第三個針目位置，將鉤針插入鎖針半目裡編 3 個長針。

6

接著編 3 個空間鎖針。

TIP 鎖針將變成波浪紋的頂點。

7

在下一個鎖針半目編 3 個長針。這樣就能確認已經增加針目。再編 1 個製造空間的鎖針。

8

[第一段] 減少針目

往旁邊數到第三個針目位置，在鎖針半目編 3 個長針，再編 1 個製造空間的鎖針。

9

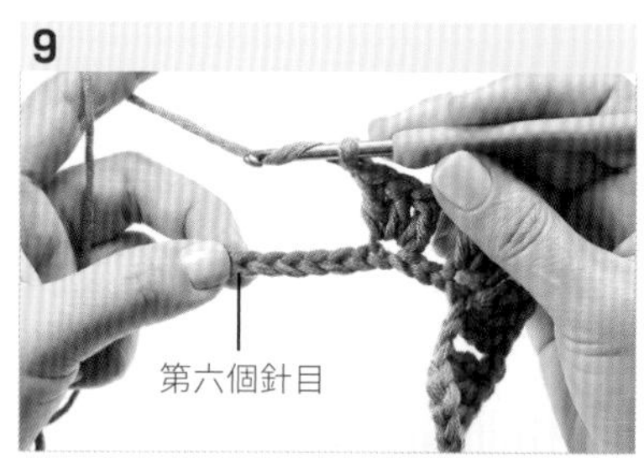

往旁邊數到第六個針目位置，在鎖針半目編 3 個長針，再編 1 個製造空間的鎖針。

10

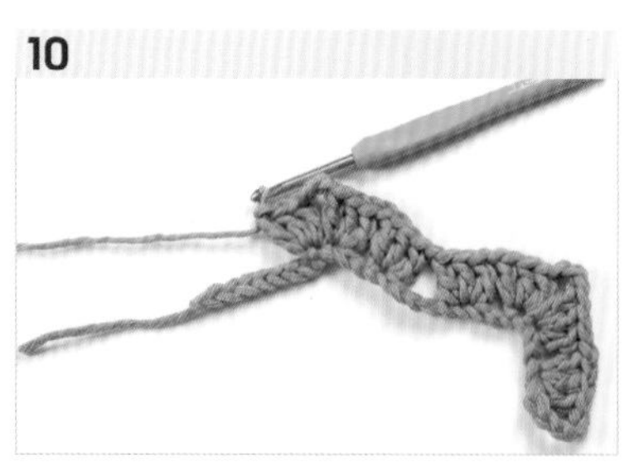

[第一段] 增加針目

往旁邊數到第三個針目位置，在鎖針半目編 3 個長針，再編 3 個空間鎖針。在下一個鎖針半目編 3 個長針，再編 1 個空間鎖針。

11

往旁邊數到第三個針目位置，在鎖針半目編 3 個長針。

12

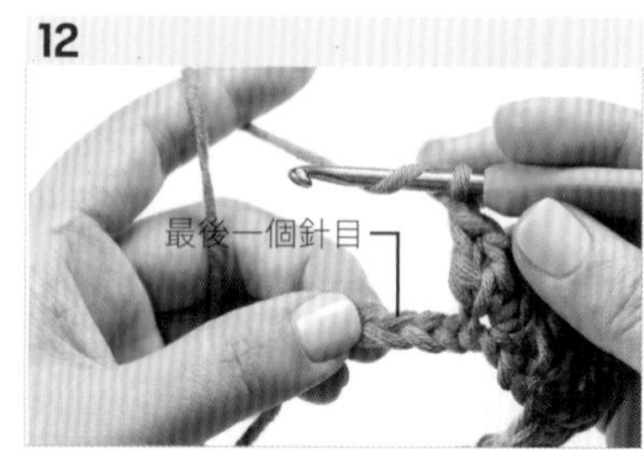

在最後一個鎖針半目編 1 個長針。

TIP 編第一段時請查看編織圖，注意起針的針目數變化。

13

[第二段] 立針

先編 3 個鎖針，做為長針的立針。

14

翻轉織片，將背面翻到前面來。

15

[第二段] 長針

將鉤針插入鎖針針目底下的空洞處，編 3 個長針。接著為了製造空間，要編 1 個鎖針。

TIP 從第二段開始就要將鉤針插入鎖針針目底下的空洞處，將整個鎖針包覆起來編。

16

在下一個鎖針針目底下的空洞處，編 3 個長針、3 個空間鎖針、3 個長針、1 個空間鎖針。

17

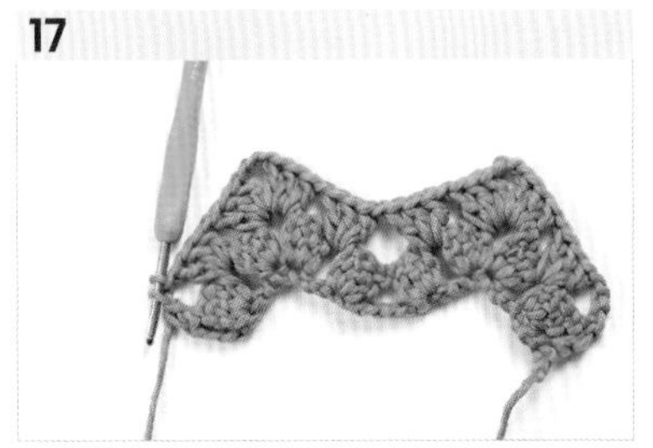

請查看編織圖，一邊注意針數的變化，一邊按照規則編出第二段。為了在第二段的最後一個針目換線，請編 1 個未完成的長針。

18

[第二段] 換線

鉤針鉤住新的線並一次拉出來，然後剪掉藍色的線。

19

[第三段] 立針

先編 3 個鎖針，做為長針的立針。

20

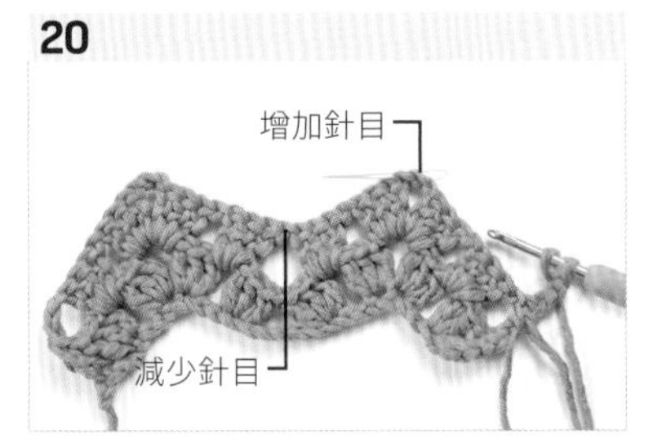

翻轉織片。請對照著編織圖，一邊注意針數的變化，一邊慢慢地進行編織。

END

21

修剪毛線並用毛線縫針收尾。鏤空的三段波浪紋花樣織片完成。

LEVEL★★★

披肩

請試著用鏤空的波浪紋編織小披肩，
如果編得更長更寬，就能編出柔軟的大披肩。
計算起針並仔細編出第一段後，
第二段開始只要將鉤針插入上一段鎖針針目底下的空洞處，
規律地進行，編織過程就不容易出錯喔。

READY

準備物 Hera 純羊毛毛線、毛線專用 6 號鉤針、毛線縫針、剪刀

使用的鉤織法 引拔針、鎖針、長針

TIP 也請嘗試用細的毛線及號數小的鉤針來編織披肩看看。

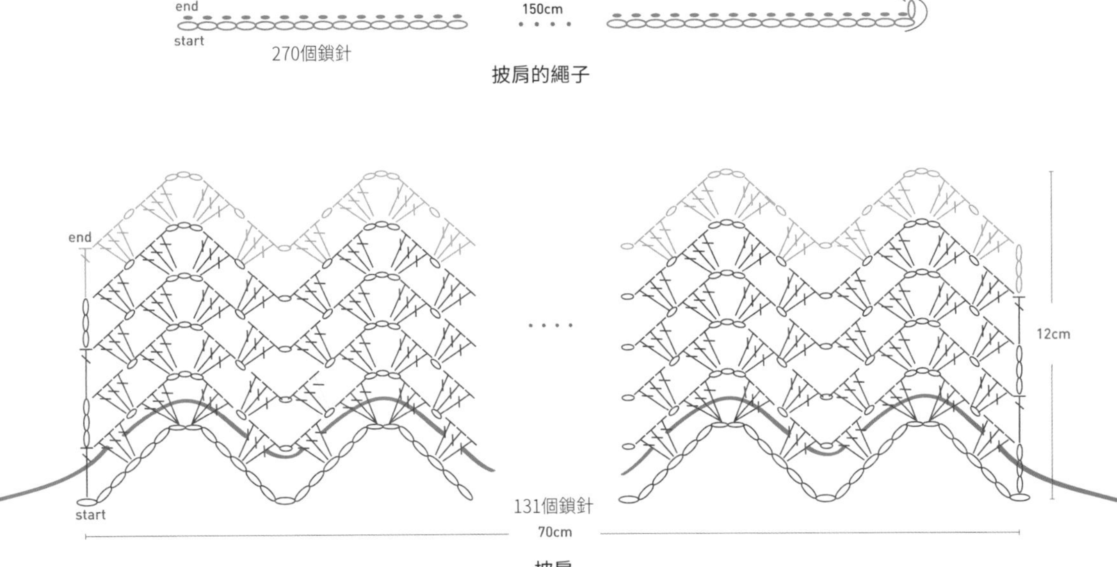

END

1

準備米灰色的線，用鎖針、引拔針編出 1 條繩子。另外編好 1 片鏤空的波浪紋花樣織片。編鎖針起針時請注意不要讓針目捲在一起，由於之後要按照第一段的針目個數做增減，所以需要仔細地進行編織。從第二段開始將鉤針插入空洞處來編，並前後翻轉織片，直到編完足夠的寬度。

2

整理完織片的線頭後，按照圖片所示，將繩子穿過披肩的孔洞。

3

繩子的兩頭對齊，綁上蝴蝶結，披肩就完成了。

TIP 雖然是一樣的編織圖，但是不同粗細的毛線或不同號數的鉤針，就能做出大小不一的披肩。另外也可以在邊緣掛上毛球或花朵做裝飾。

LESSON

4

結合生活實用性的鉤織小物

已經熟悉了基本鉤織法，
也編織過不同形狀的花樣織片，
現在就試著做出更多立體小物吧！
從鑰匙圈、玩偶等可愛小東西，
到包包、籃子、束口袋等實用品，
甚至是毛毯都可以挑戰看看喔。

\PROPS/
1

櫻桃鑰匙圈

編織出圓形的櫻桃加上可愛的裝飾，
讓人想一口吃掉！
請自由地更換顏色，
並試著做出笑臉、蘋果、青蘋果。
也可以在鑰匙圈裡
放進會發出聲音的鈴鐺。

READY

LEVEL★★

準備物 毛線專用 6 號鉤針、毛線、毛線縫針、棉花、縫線、鑰匙圈、鈴鐺

使用的鉤織法 用兩個線圈編織的輪狀起針、短針、鎖針、引拔針、2 短針加針、2 短針併針

TIP 由於櫻桃裡要塞棉花，所以必須編得相當細密才行。如果覺得很難縮小孔洞，請更換小一號的鉤針來編。

段	針目
1	6
2	12
3	18
4	24
5	30
6	30
7	30
8	30
9	24
10	18
11	12 放進棉花
12	6

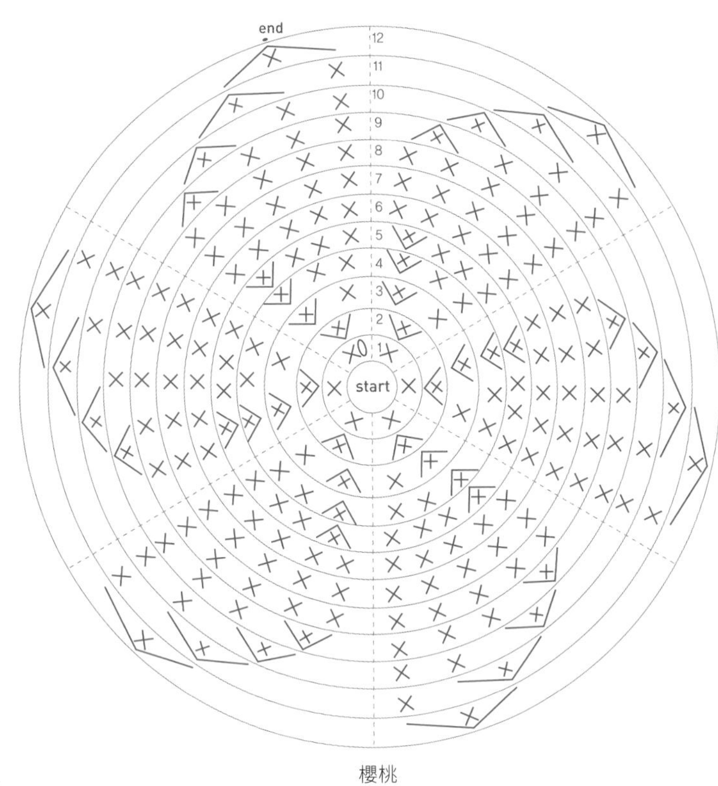

櫻桃

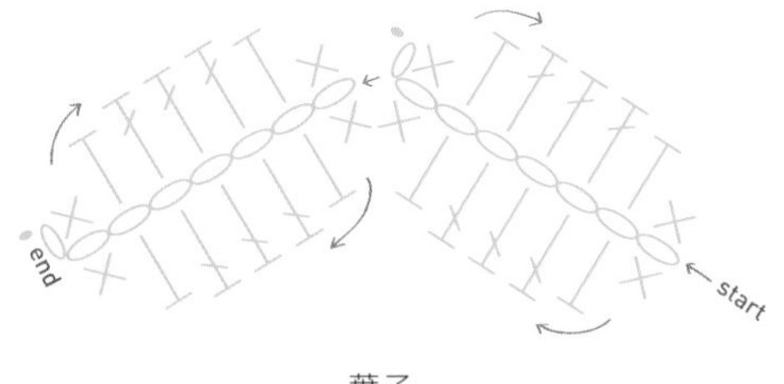

葉子

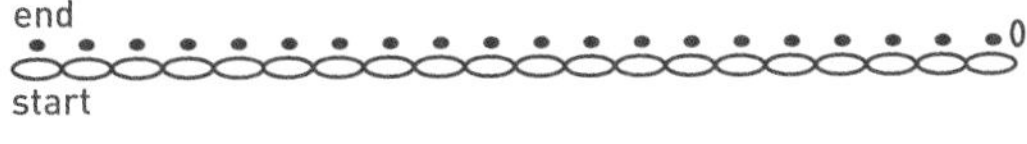

梗

\START/

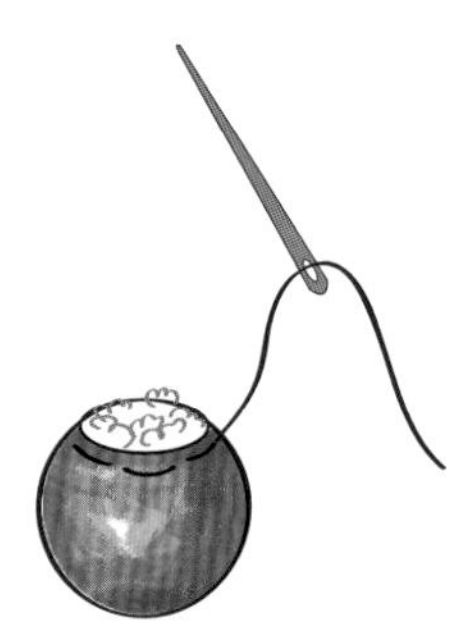

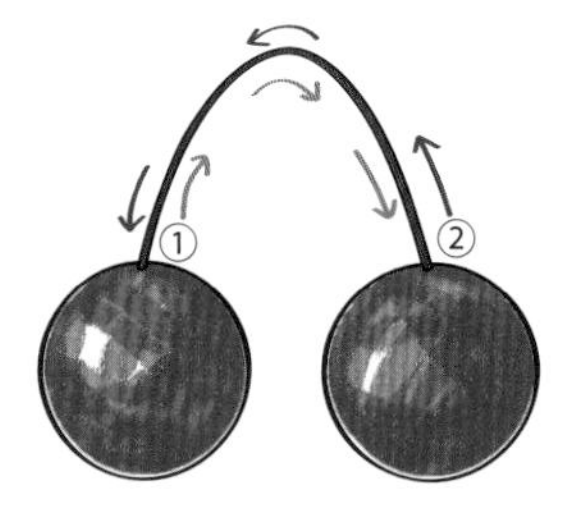

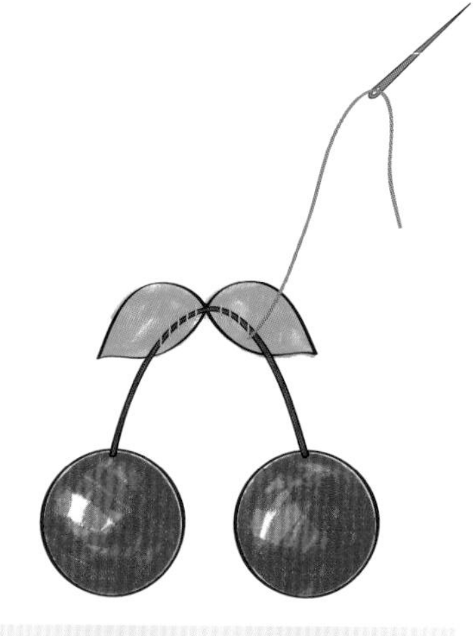

1

用紅色毛線編織櫻桃，一直編到第十一段，做出圓形的樣子，放進棉花後，再繼續編完第十二段，最後用毛線縫針縫合開口。完成 2 顆櫻桃。

TIP 請用手輕輕地捏取棉花並放進去，盡量不要讓形狀變形。也可以放進會發出聲音的鈴鐺代替棉花。

2

接著要製作櫻桃梗。① 將鉤針鉤住線並從左邊的櫻桃頂端穿過，編 20 個鎖針後，將鉤針插入右邊的櫻桃頂端並編引拔針，再用鎖針做連接，② 往回編 20 個引拔針。

TIP 與其先將梗編好再連接，不如一開始就把鉤針插入櫻桃，把線穿過後直接編就好。

3

再來是要將編好的 2 片葉子連接到梗上面。用毛線縫針將葉子縫在梗的中間 10 個針目上。

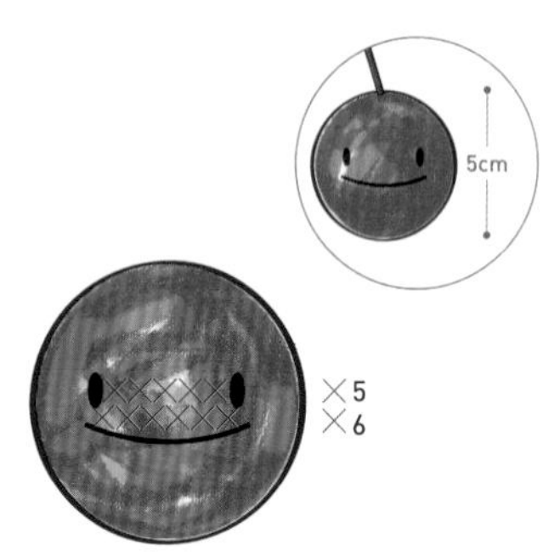

\END/

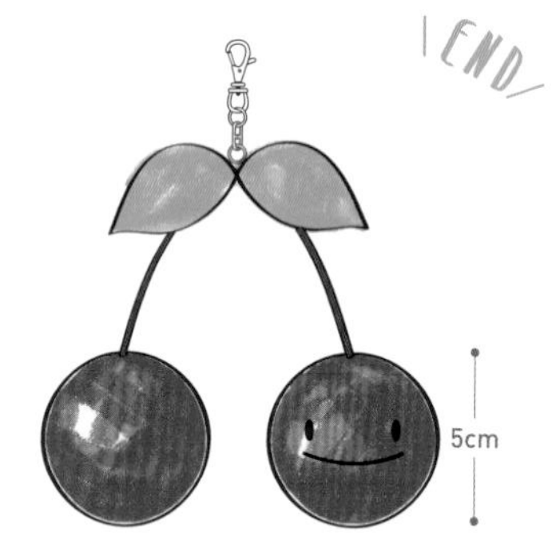

4

接下來要繡上眼睛和嘴巴。將黑色毛線穿過毛線縫針並打結，將縫針插入針目和針目之間的縫隙並拉緊，把打結的線頭藏到棉花裡面。眼睛繡在第五段，嘴巴繡在第六段。

5

掛上鑰匙圈後就完成了。

\PROPS/

2

水滴吊飾

雖然和櫻桃的形狀很相似，
但是因為針目數不一樣，
可以做出尖尖的水滴模樣。
放進適量的棉花並收尾後掛到藤圈上，
就可以變身成室內的裝飾物，
或者跟窗簾一起掛在窗邊也很不錯。
一起慢慢地編織出美麗的水滴狀吊飾吧！

READY

LEVEL ★★

準備物 毛線專用 6 號鉤針、毛線、毛線縫針、剪刀、棉花、藤圈

使用的鉤織法 用兩個線圈編織的輪狀起針、短針、鎖針、引拔針、2 短針加針、2 短針併針

TIP 一邊掌控形狀，一邊輕輕地捏取棉花放進去。盡量不要讓形狀變形，並放適當的量。

段	針目
Start	輪狀起針
1	6
2	12
3	18
4	24
5	30
6	30
7	30
8	24
9	24
10	24
11	18
12	18
13	18
14	12 放進棉花
15	9
16	3
繩子	100個鎖針
	100個引拔針
End	引拔針

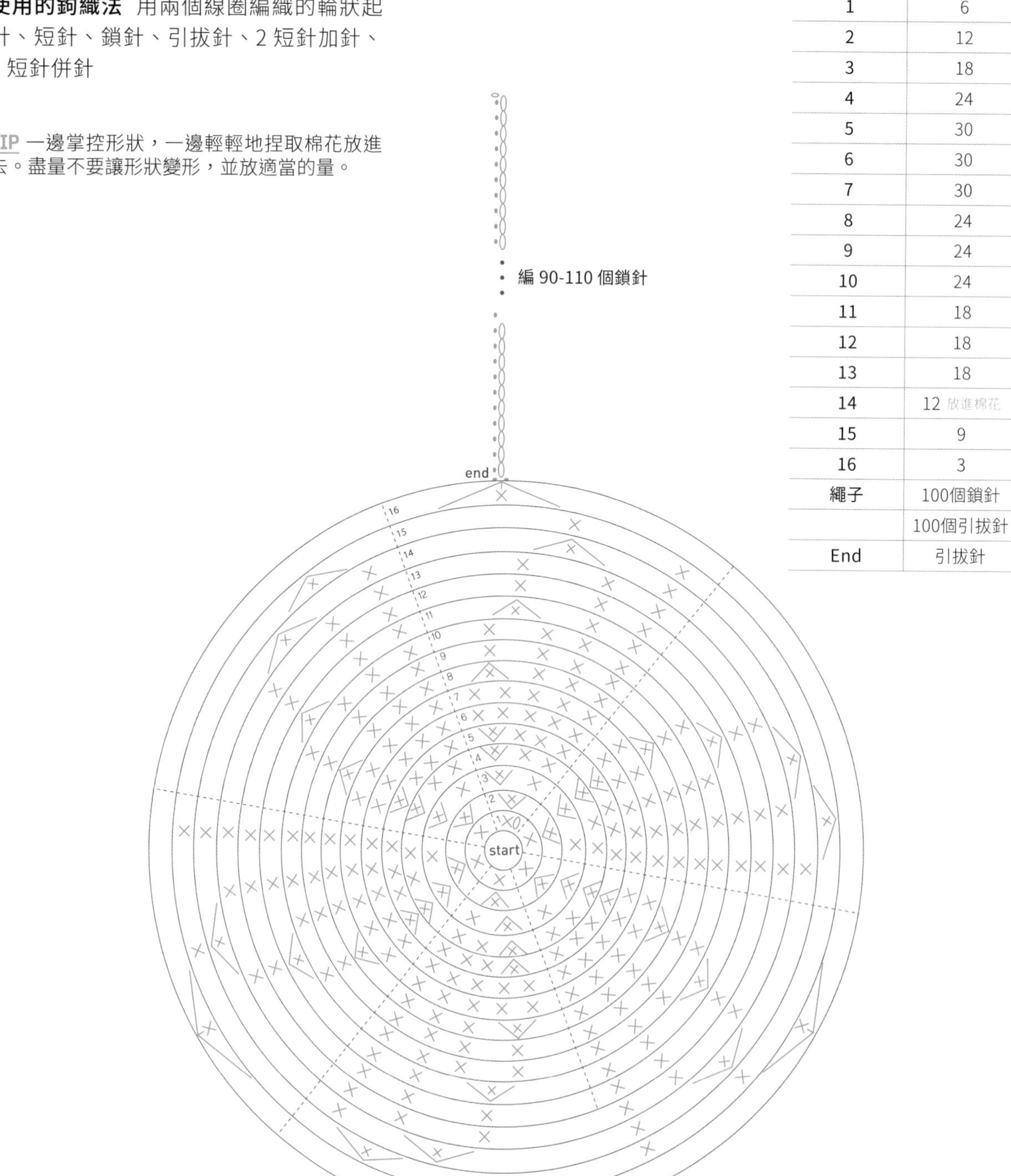

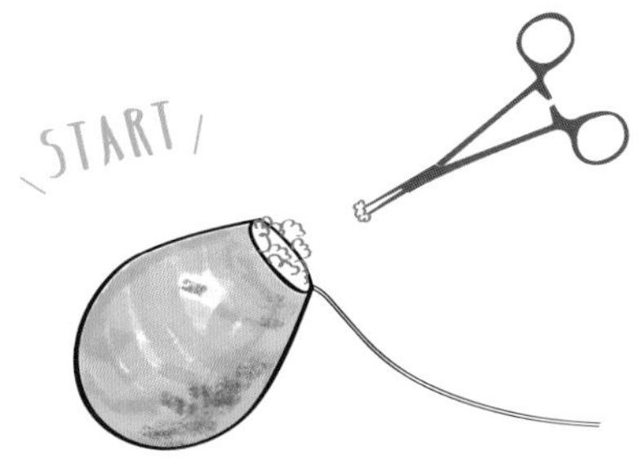

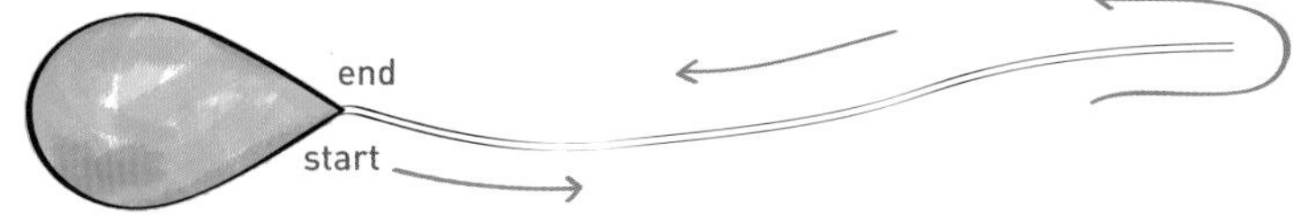

1

將水滴編到第十四段之後，從底部開始慢慢地放進棉花。一邊減針一邊做成水滴形狀。

TIP 如果放太多棉花，織片會被撐開讓棉花外露；如果放太少棉花，形狀又會看起來不漂亮，所以要注意棉花量必須要適當。

2

編 100 個鎖針做出繩子。鎖針編完之後，回頭在每個鎖針上面分別編 1 個引拔針。小心別漏掉針目或在已編過的針目又再編一次，會讓繩子顯得凹凸不平。

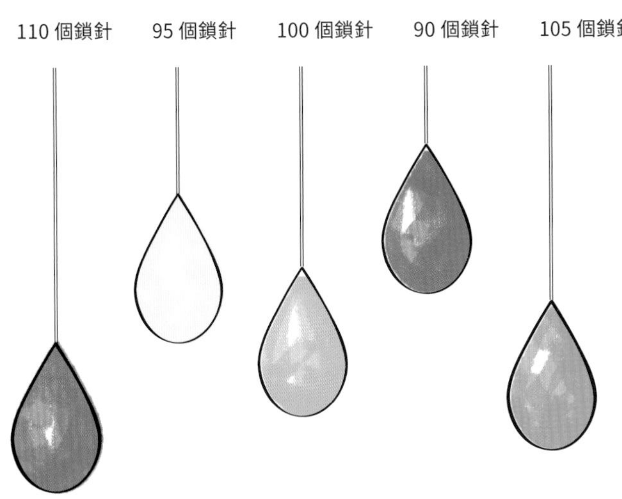

3

如果在好幾個水滴吊飾上分別編出 90-110 個鎖針，就能做成不一樣的長度。

4

綁到藤圈上就完成了。

\PROPS/
3

泡泡先生玩偶

編成彩虹顏色的不倒翁泡泡先生，
即使只是靜置在一旁，
看起來也是懶懶散散的樣子，
不覺得很可愛嗎？
如果已經成功做出小尺寸的玩偶，
也可以挑戰看看大一點的。

READY

LEVEL★★★

準備物 毛線專用 6 號鉤針、毛線、毛線縫針、剪刀、返裡鉗、刺繡線、不織布、眼珠、縫線、棉花

使用的鉤織法 用兩個線圈編織的輪狀起針、短針、鎖針、引拔針、2 短針加針、2 短針併針

TIP 先編頭再編屁股。手臂是另外編好，再連接到身體上。

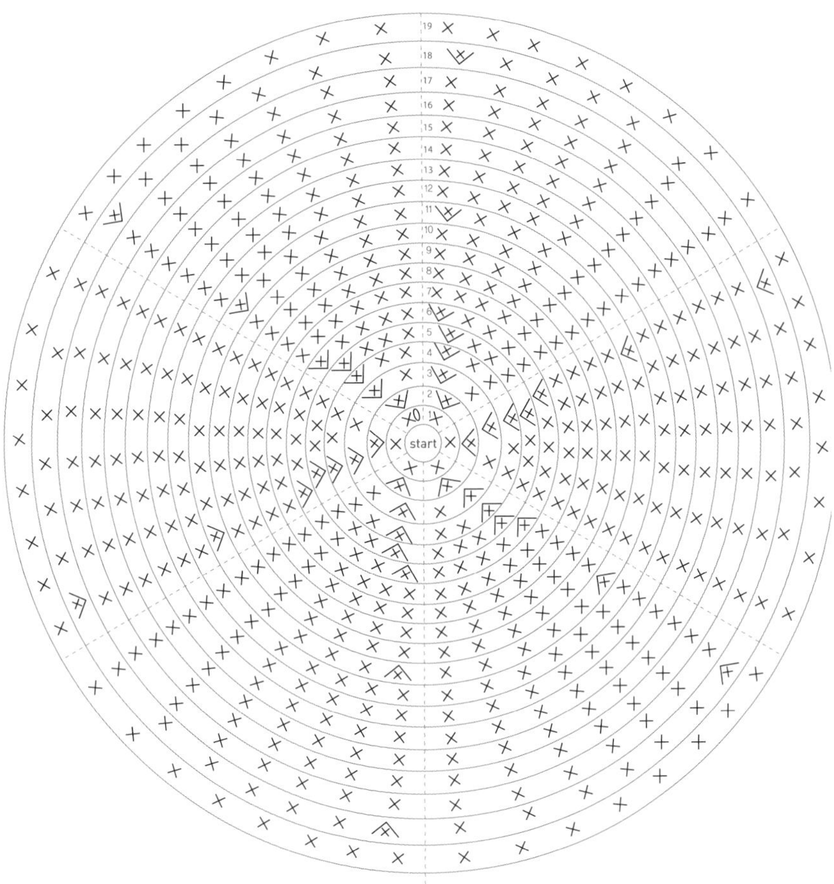

泡泡先生的頭

段	針目	段	針目	段	針目	段	針目
Start		13	42	26	60	39	54
1	6	14	42	27	66	40	54
2	12	15	42	28	66	41	48
3	18	16	42	29	66	42	48
4	24	17	42	30	72	43	42
5	30	18	48	31	72	44	36
6	36	19	48	32	72	45	30
7	36	20	48	33	72	46	24
8	36	21	54	34	72	47	18 放進棉花
9	36	22	54	35	66	48	12
10	36	23	54	36	66	49	6
11	42	24	60	37	60	50	3
12	42	25	60	38	60	End	引拔針

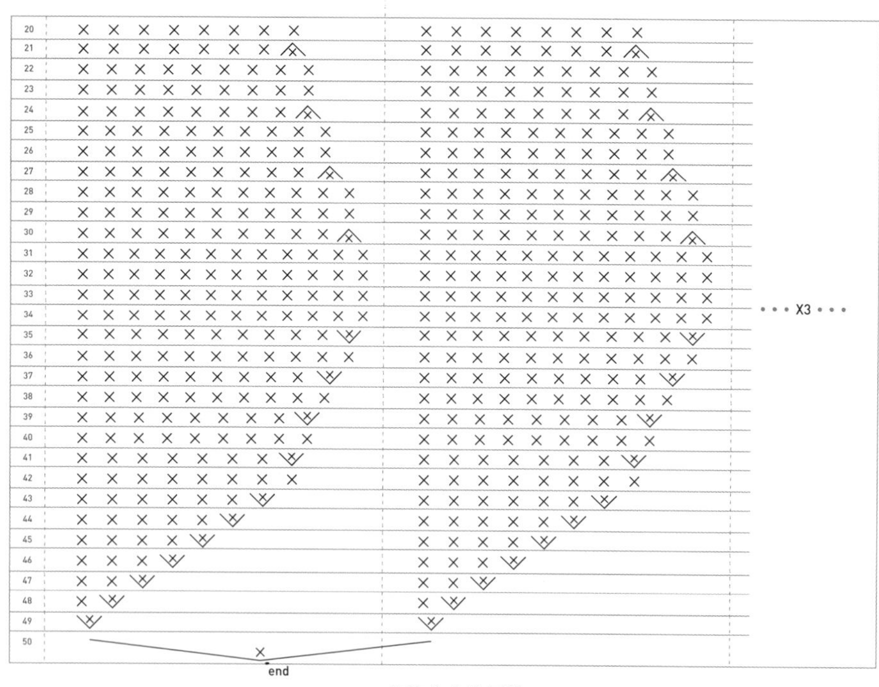

泡泡先生的屁股

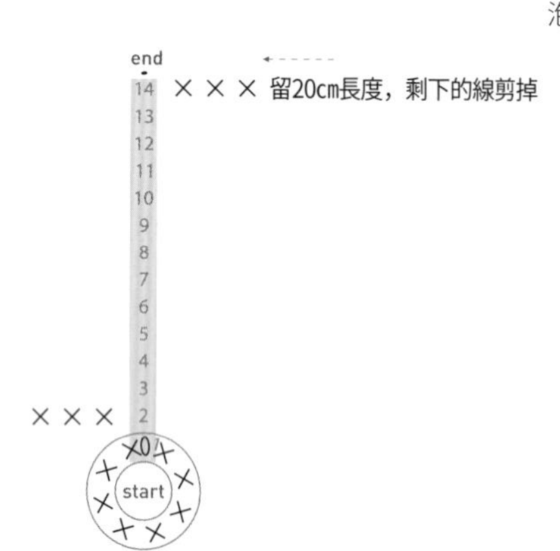

泡泡先生的手臂

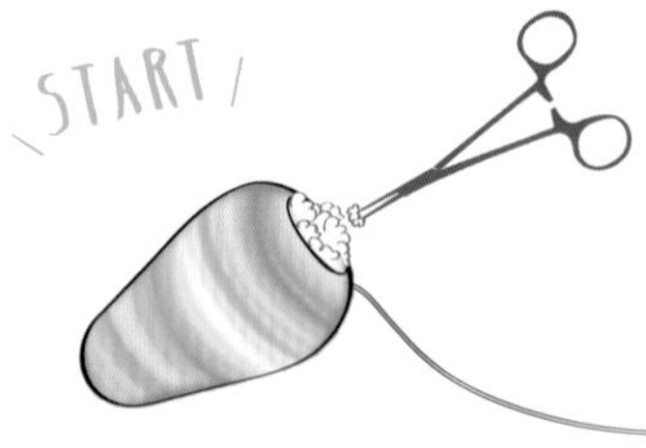

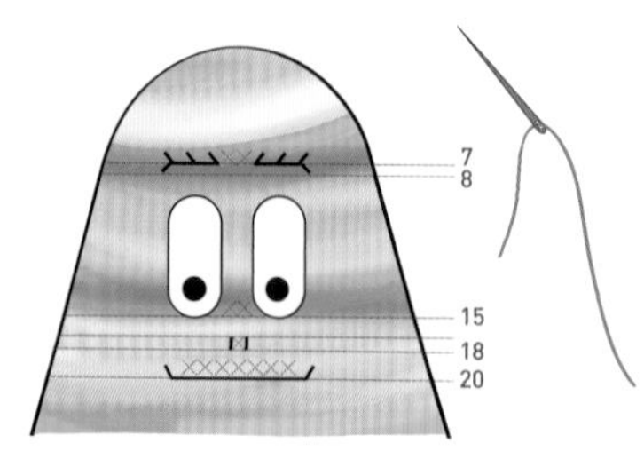

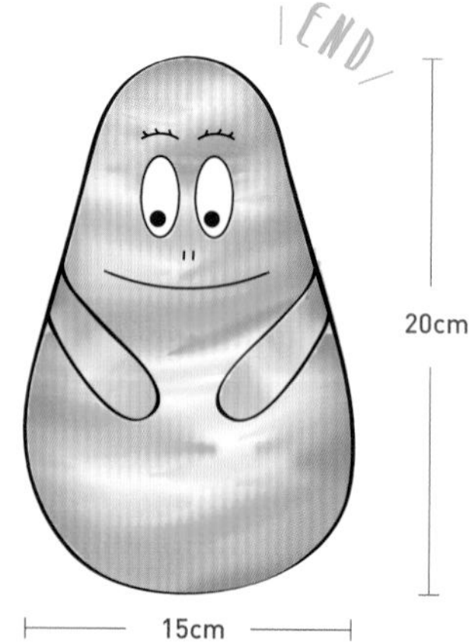

1

將身體編到第四十七段第十八針目之後，開始一邊仔細地填充棉花，一邊減針做收尾。

TIP 如果編到最後一段才把棉花一次塞進去，編好的織片會被撐鬆，變得不好看。

2

臉部的眉毛、鼻子、嘴巴繡好之後，再將眼珠縫上去。刺繡時請一次繡完。

3

編好兩隻手臂後，用毛線縫針以捲針縫縫上去並整理收尾。泡泡先生就完成了。

毛球籃子

只編出籃子看起來稍微單調，
但加上彩色毛球裝飾後就會讓人愛不釋手。
不管是裝毛線、水果、玩具或任何物品，
都是漂亮又合宜。

READY

LEVEL★★

準備物 毛線專用 6 號鉤針、毛線、毛線縫針、毛球、縫線

使用的鉤織法 用兩個線圈編織的輪狀起針、短針、鎖針、引拔針、2 短針加針

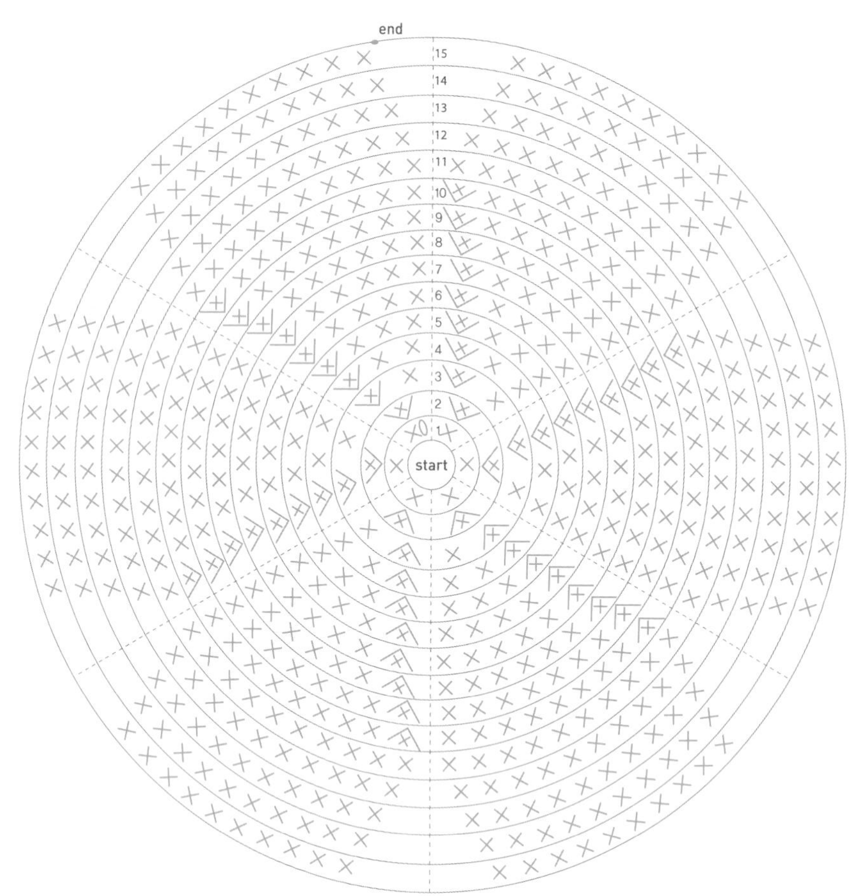

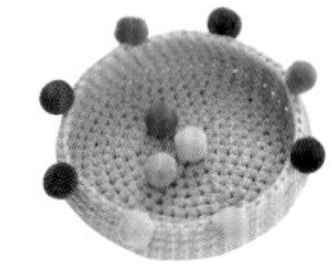

START

END

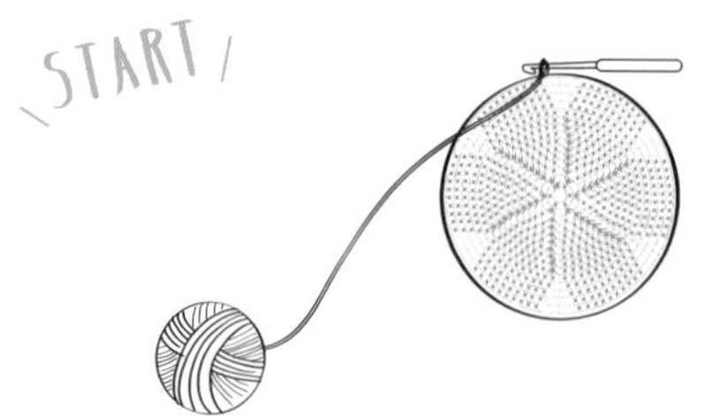

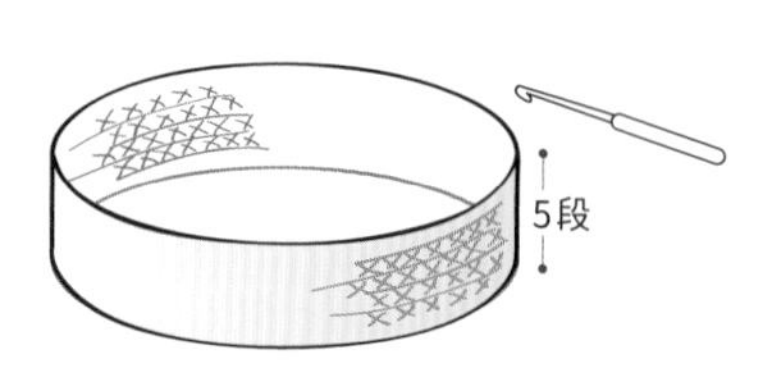

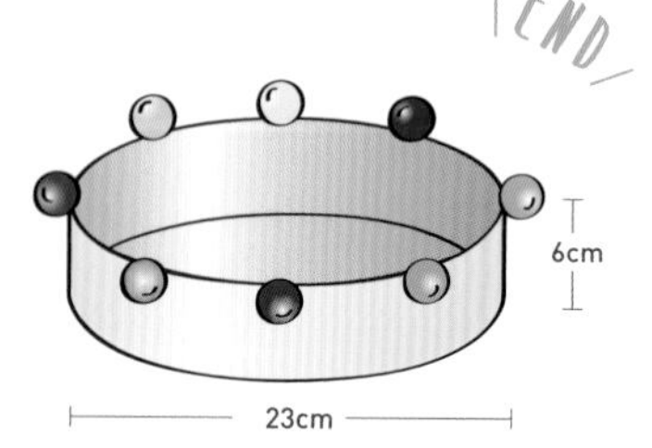

1

以輪狀起針開始，用短針從第一段編到第十段，編出底部。

TIP 如果編織過程正確，完成的底部會是六角形而非圓形。

2

從第十一段開始不再增加針數，將剩下的五段往上編成圓筒的樣子，編完後用引拔針收尾。

3

用縫線和毛線縫針將毛球連接上去。毛球籃子就完成了。

\PROPS/

編織的時候如果毛線亂成一團或隨意滾動，
是不是覺得很麻煩呀？
來做一個專屬自己的毛線束口袋吧！
把毛線裝進去後可以掛在手腕上，
編織時就會相當方便。
也能做成隨身暖暖包喔！

READY

LEVEL★★★

準備物 毛線專用 6 號鉤針、毛線、毛線縫針、剪刀

使用的鉤織法 用兩個線圈編織的輪狀起針、短針、鎖針、引拔針、2 短針加針

束口袋的拉繩

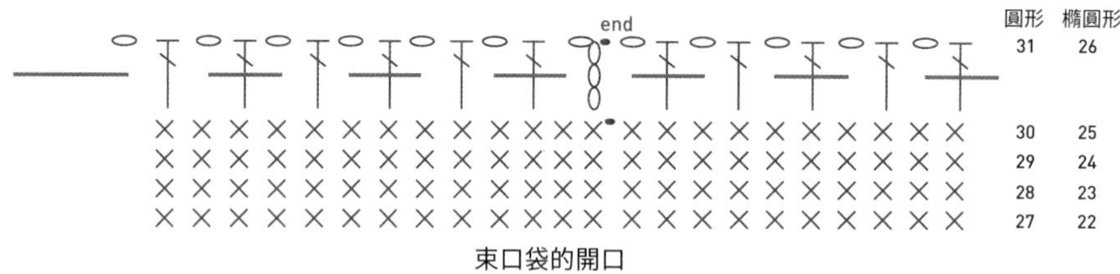

束口袋的開口

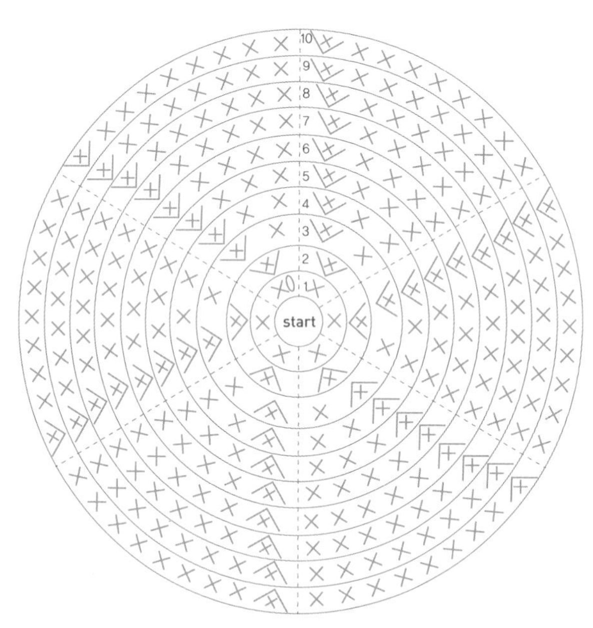

束口袋的圓形底部、身體

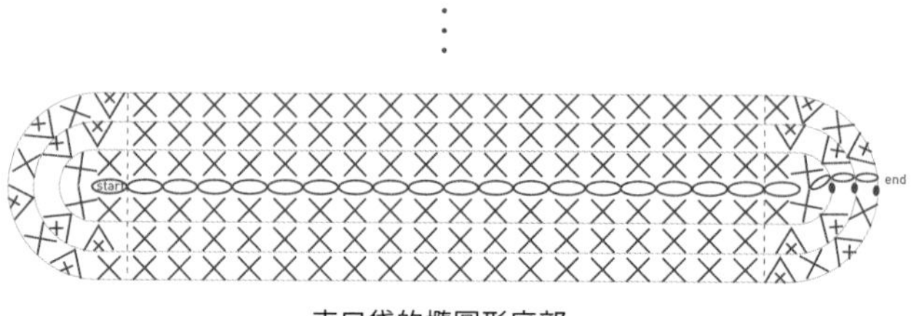

束口袋的橢圓形底部

眼珠子

眼白

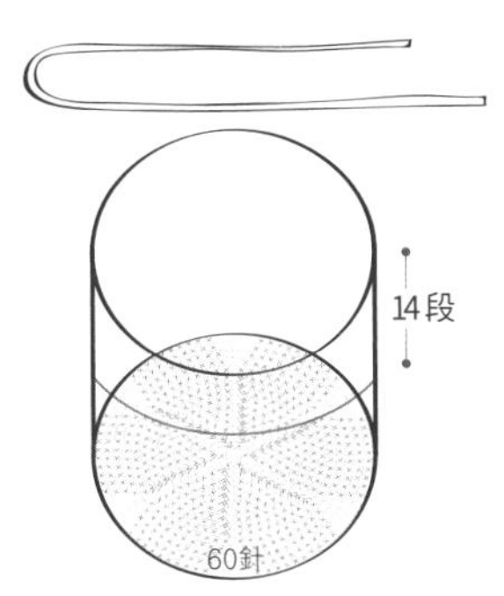

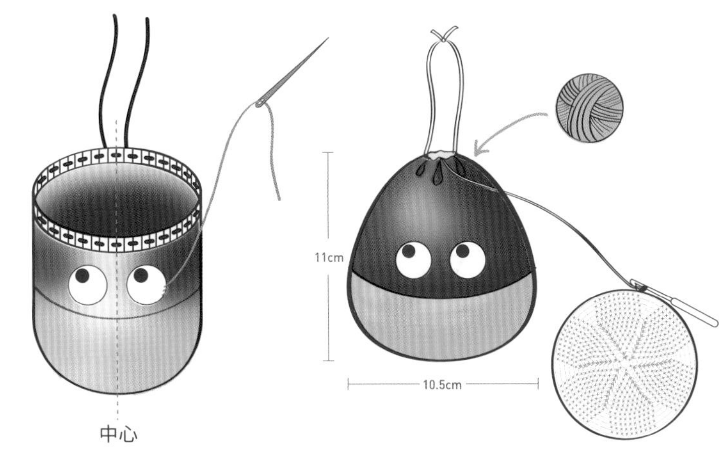

1

編 110 個鎖針、110 個引拔針，編出 1 條繩子，做為束口袋的拉繩。束口袋的圓形底部與身體是以輪狀起針開始，用短針編十段，接著用相同的顏色再編三段，剩下的十四段換線後再繼續編。

2

編好束口袋的開口後穿入繩子。並用捲針縫將編好的眼珠、眼白縫上去。

3

在繩子的尾端打結。把毛線放進去就完成毛線束口袋。

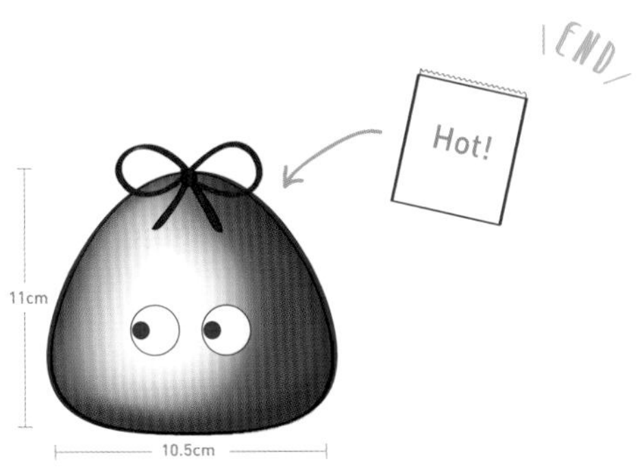

4

也可以用橢圓形底部製作束口袋。只有底部的編織圖不一樣，開口的部分是相同的。放入暖暖包暖手很合適！

\PROPS/

6

補丁圖案手提包

先編出細密的底部，
然後一圈一圈往上增加，
一口氣編出本體和把手吧。
最後用可愛的圖案拼接上去做裝飾，
實用的基本款鉤織包就完成囉！

READY

LEVEL★★

準備物 8㎜的大鉤針、毛線、毛線縫針、剪刀、縫線

使用的鉤織法 短針、鎖針、引拔針、長針

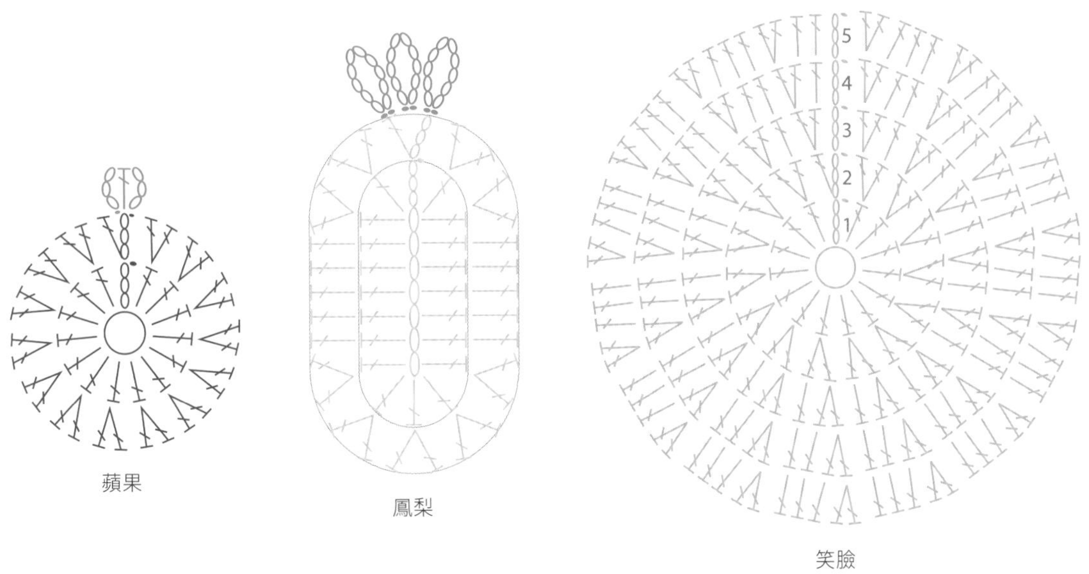

蘋果

鳳梨

笑臉

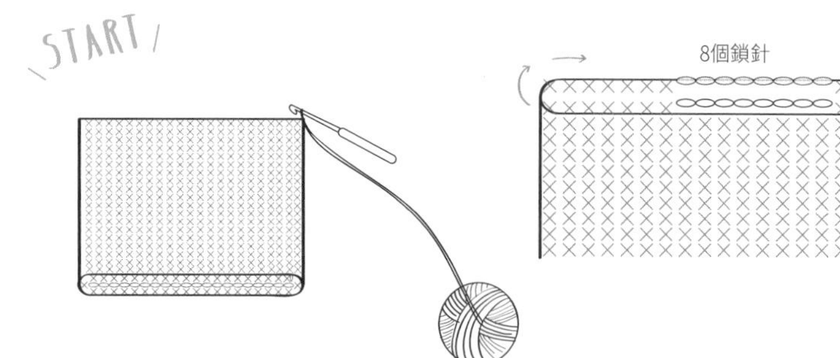

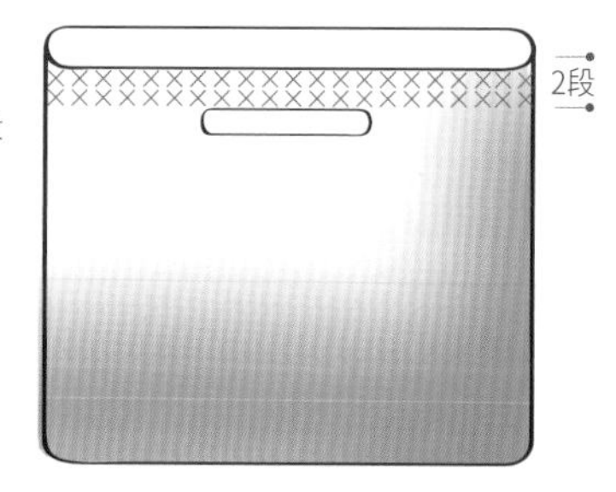

1

用鎖針起針後，以短針編出底部。左右兩端要各編 3 個短針，總共編 42 個短針。

2

一圈圈往上編十九段，留意不要讓中心歪斜，編出本體。接著編把手，先編 6 個短針，再編 8 個空間鎖針（空下 8 個針目），再接著編 13 個短針、8 個空間鎖針，再編 7 個短針，就會編出要當作把手的洞了。

3

再編二段短針將把手收尾。手提包就完成了。

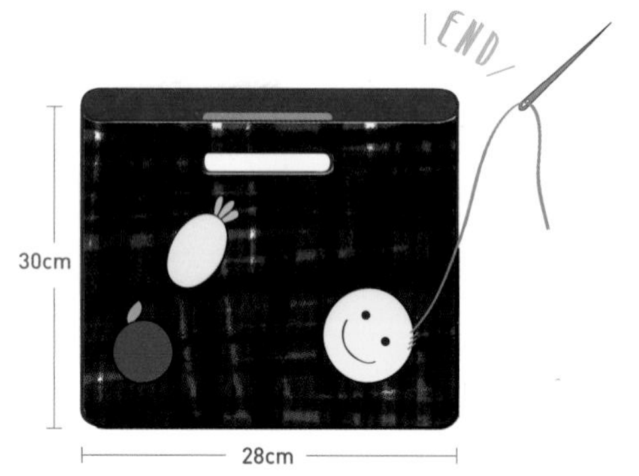

4

用裁縫線與毛線縫針將編好的補丁圖案縫上去。

\PROPS/

7

圓形板凳套

如果圓形板凳套編錯針目，
織片就會捲曲或變窄，
結果反倒不好使用。
但是只要先了解規則後再編織，
就是個能輕鬆完成的物品，
請不要害怕，試著挑戰看看吧！

READY

LEVEL★★

準備物 毛線專用 6 號鉤針、毛線、毛線縫針、剪刀、圓形板凳

使用的鉤織法 用兩個線圈編織的輪狀起針、長針、鎖針、引拔針、2 長針加針、2 長針併針

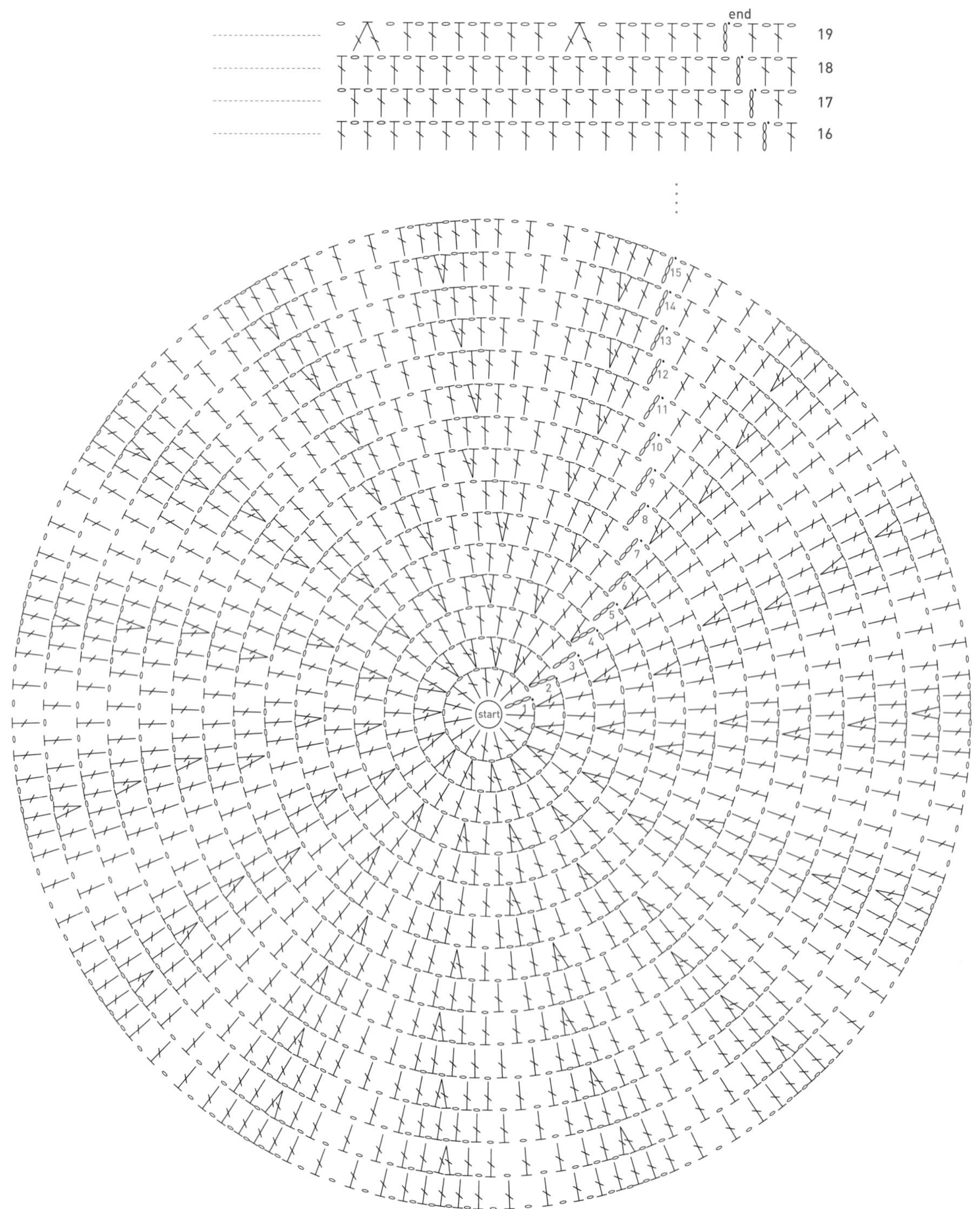

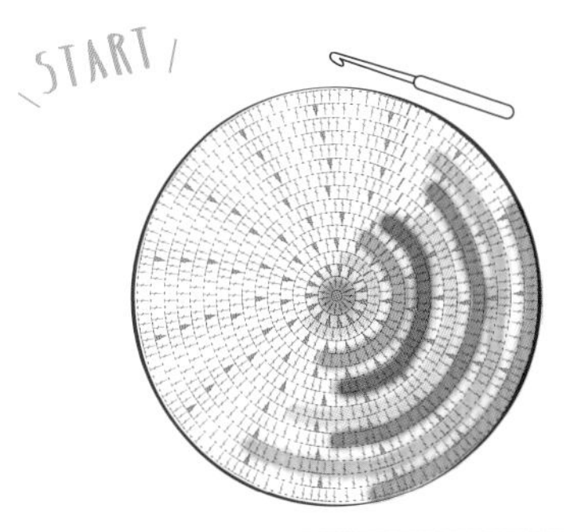

1

先編圓形板凳套的底部。以輪狀起針開始，用長針、鎖針及加針技法進行編織。

2

接著要編圓形板凳套的側面。不需增加針數，直接編出跟板凳高度一樣的高度。

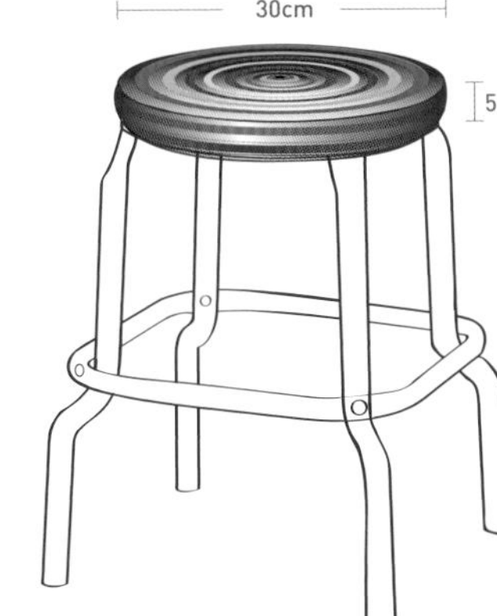

3

編完側面之後，配合板凳的樣子進行減針編織。

4

套到板凳上就完成了。

TIP 根據不同粗細的毛線、鉤針的大小及編織者的力道，即使是參照同一個編織圖，也可能編出不同的尺寸。若編得太小則多編一段，太大就少編一段，調整到符合板凳為止。

段	針目
Start	輪狀起針
1	15
2	30
3	30
4	45
5	45
6	60
7	60
8	75
9	75
10	90
11	90
12	105
13	105
14	120
15	120
16	120
17	120
18	120
19	105
End	引拔針

PROPS 8

迷你小花束口袋

這是所謂裝滿福氣的袋子。
可以塞滿甜甜的糖果送給小朋友，或放入牛軋糖送給父母親。
不管內容物是什麼，只要帶著滿滿的心意來贈送，都會讓人快樂跟幸福。

準備物 毛線專用 5 號鉤針、毛線、毛線縫針、剪刀

使用的鉤織法 用兩個線圈編織的輪狀起針、長針、鎖針、引拔針、2 長針加針

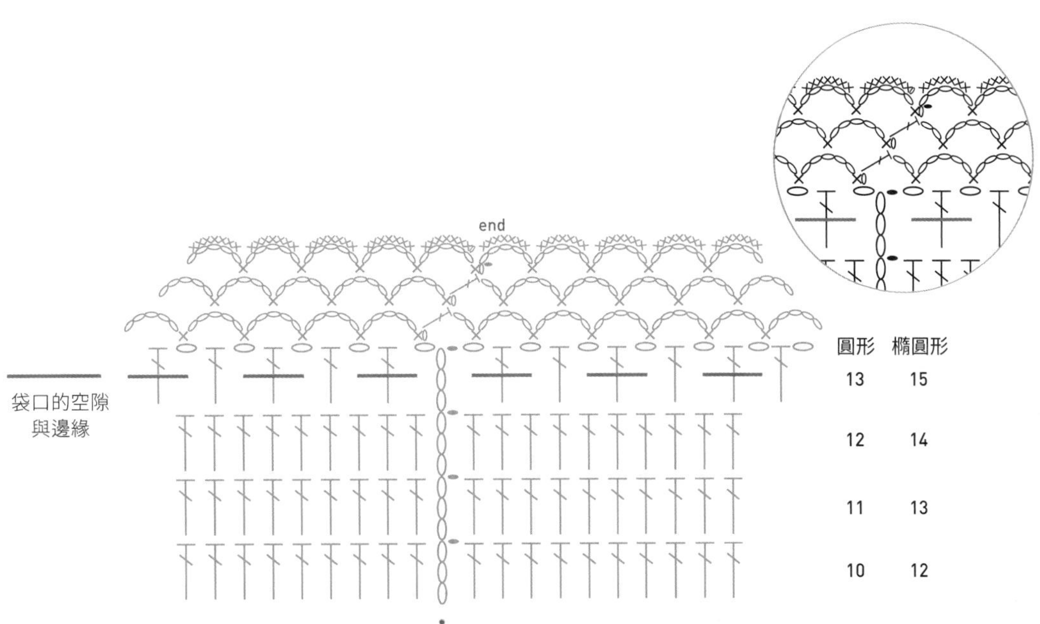

圓形	橢圓形
13	15
12	14
11	13
10	12

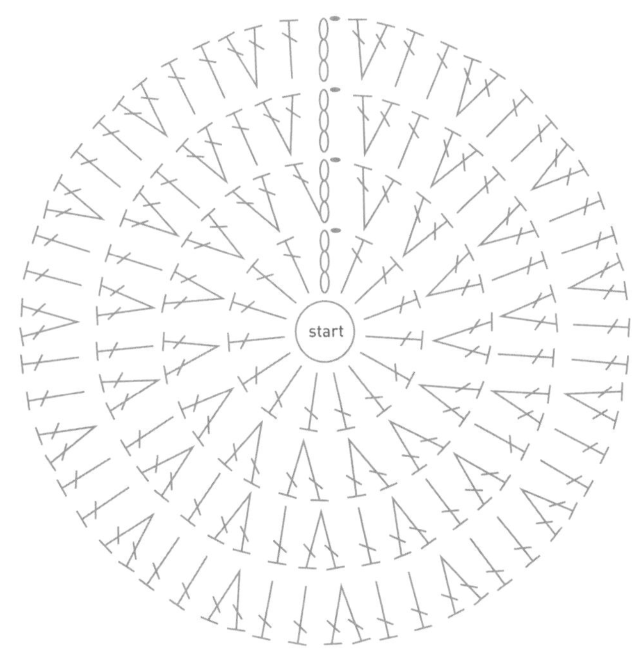

束口袋的圓形底部

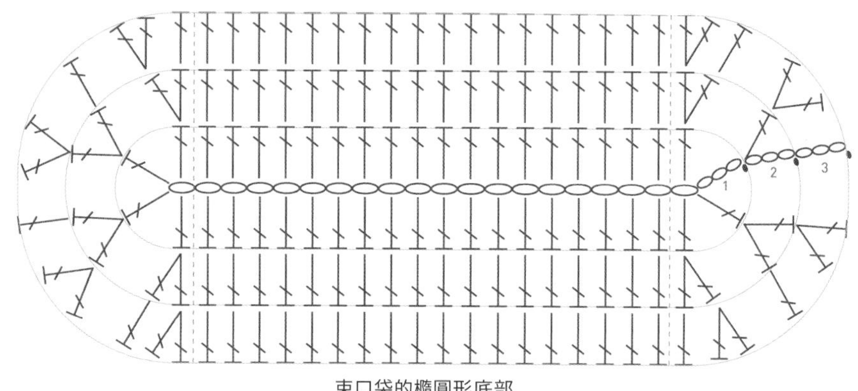

束口袋的橢圓形底部

迷你小花

束口袋的拉繩

START

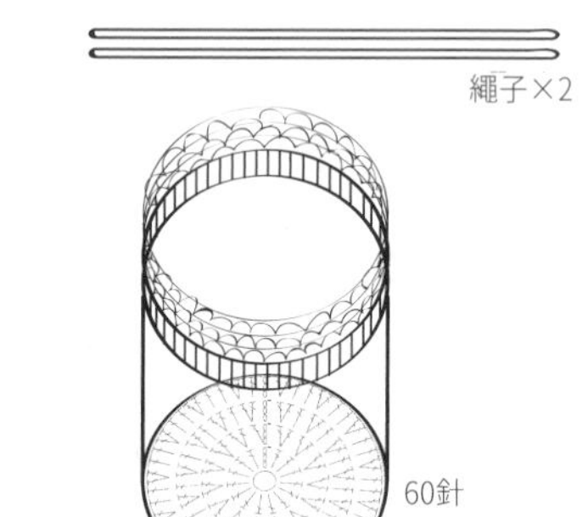

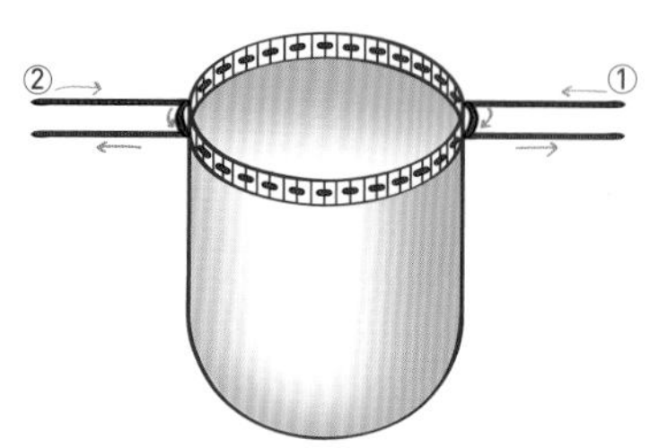

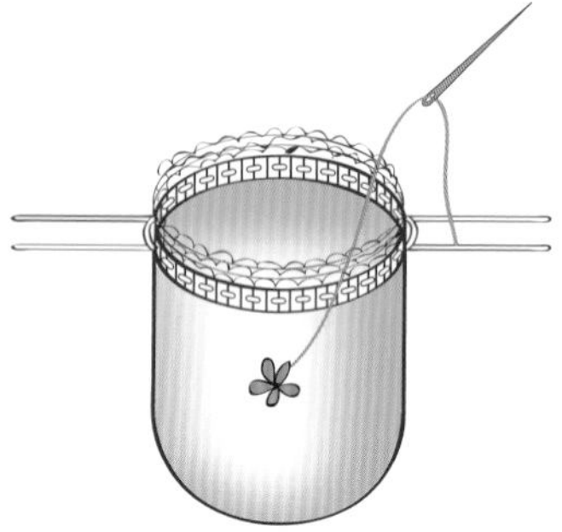

1

依照編織圖編出 2 條繩子、圓形底部和身體，以及繩子要穿過的袋口空隙與邊緣。

2

將 1 條繩子依序從上方、下方穿過袋口的空隙，穿過 1 圈後，再依照同樣方式穿另 1 條繩子，但上下位置須與第一條繩子相反。

TIP 將繩子交叉穿進空隙中。

3

編 8 朵不同顏色的迷你小花，並用捲針縫縫到袋子上。

END

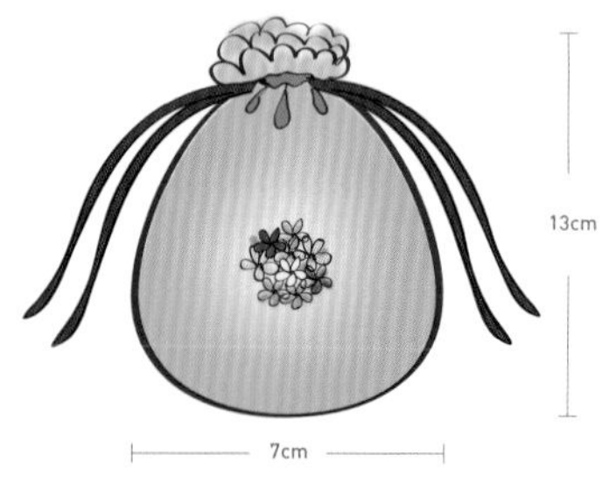

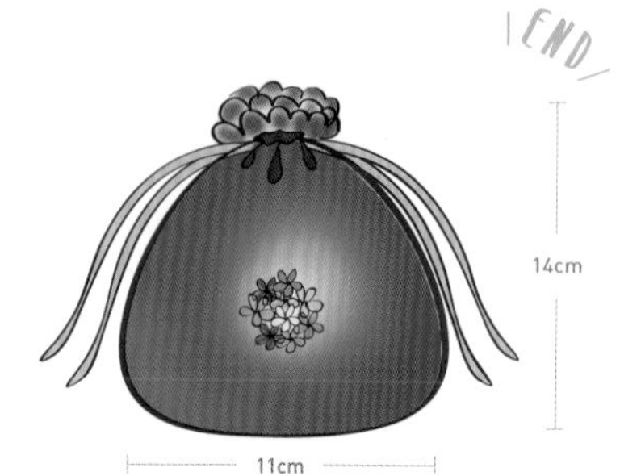

4

迷你小花束口袋，完成。

5

也可以試著製作以橢圓形為底部的迷你小花束口袋。

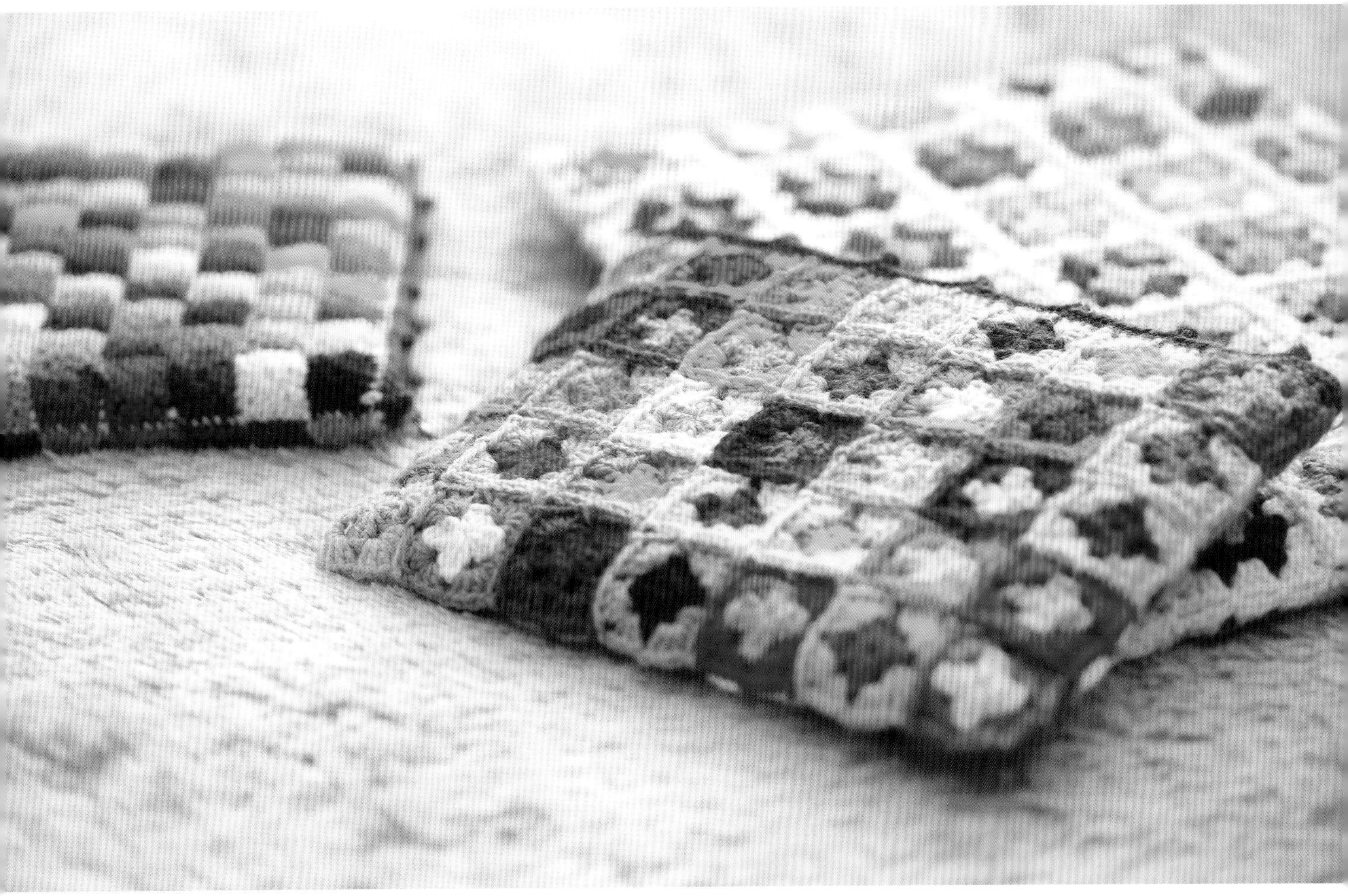

PROPS
9

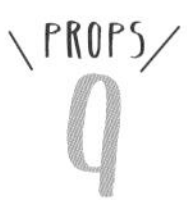

繽紛大筆袋

從鉤織工具到書寫用品，通通都可以放進去的大筆袋。
首先要編出 160 個小的花樣織片，接著用捲針縫一針一針連接起來並翻面。
雖然也可以把縫合的面直接露在外面，但另一面會比較漂亮，建議還是翻過來吧。
再加上內裡和拉鍊後，使用上又更方便了。

READY

準備物 毛線專用 5 號鉤針、毛線、毛線縫針、剪刀、縫線、內裡布、拉鍊

使用的鉤織法 用兩個線圈編織的輪狀起針、長針、鎖針、引拔針

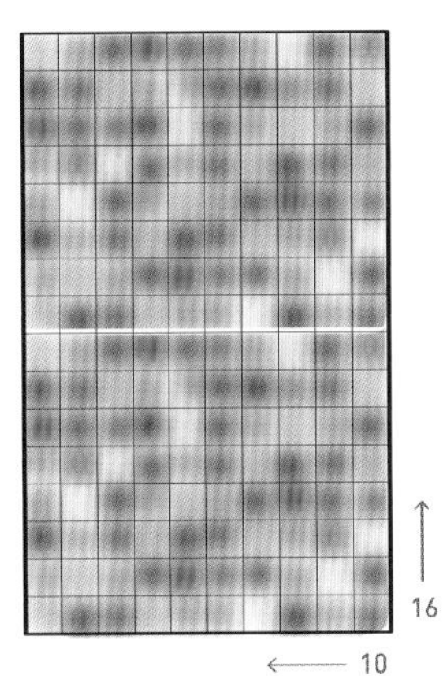

1

先編 160 片一段的花樣織片，然後依照寬 10 個、長 16 個排列好。

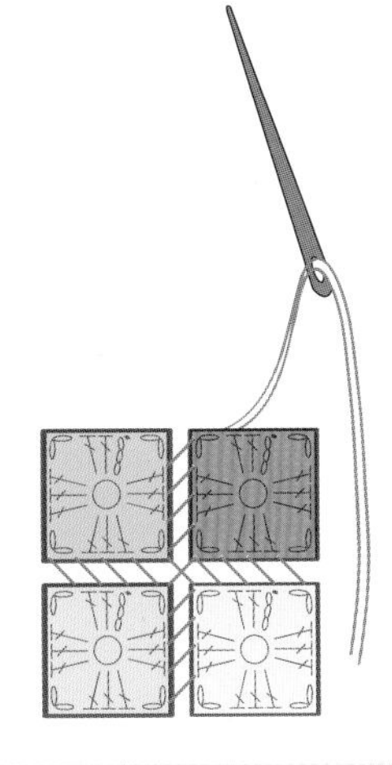

2

利用毛線縫針連接花樣織片，先以橫向縫合連接 16 條，再縱向縫合至完成。

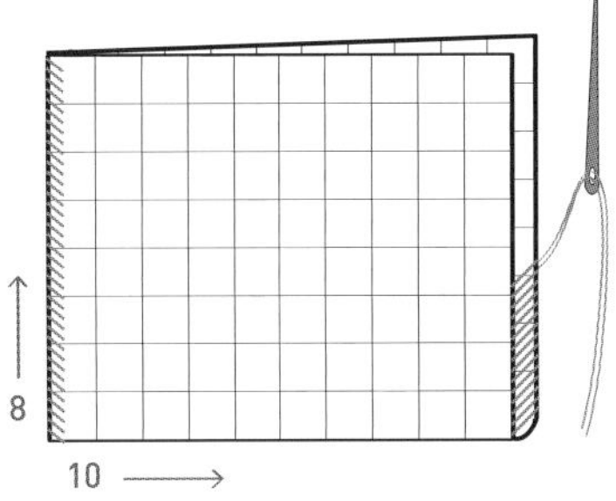

3

將接合好的花樣織片對半折，並用捲針縫將左右兩邊縫合，形成袋子狀。

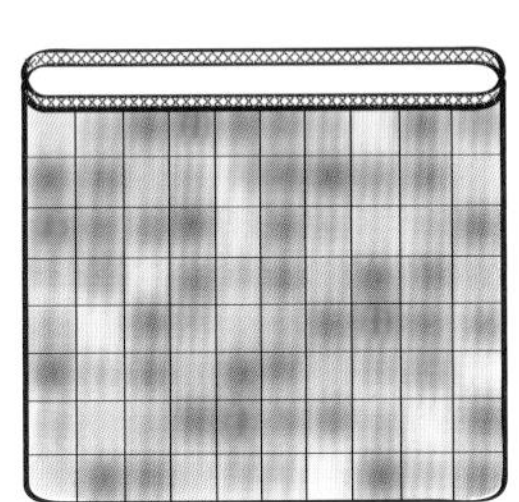

4

袋子由內往外翻面。開口處編一段短針做收尾。

TIP 為了不讓縫合線外露，而且要顯露出獨特的編織紋路，請將袋子翻過來。

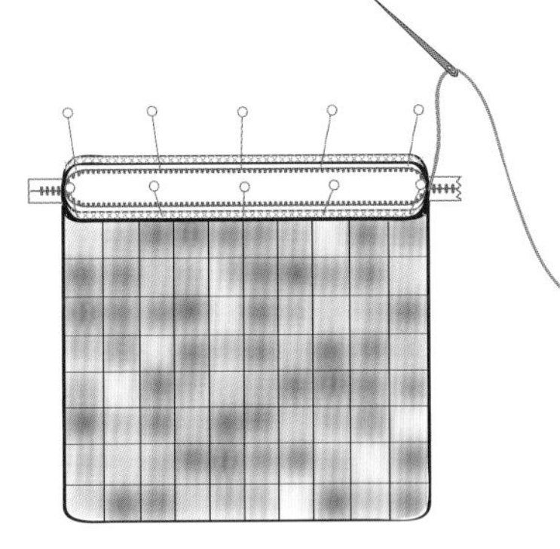

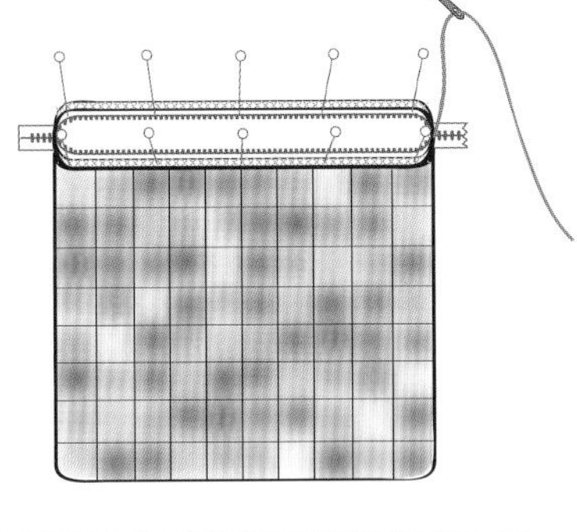

5

用固定針將準備好的內裡布和拉鍊固定在袋子裡，再運用平針縫做縫合。

6

大筆袋就完成了。

\PROPS/
10
面紙盒套

這裡要介紹以活用度高的鏤空四角形花樣織片做成的面紙盒套。
示範做法是在編花樣織片的同時，用引拔針連接另一片花樣織片。
但如果覺得很難照著做，可以先把花樣織片分別編好，
再用捲針縫一針一針地縫合也沒問題。

READY

LEVEL★★★★

準備物 毛線專用 5 號鉤針、毛線、毛線縫針、剪刀

使用的鉤織法 用兩個線圈編織的輪狀起針、長針、鎖針、引拔針

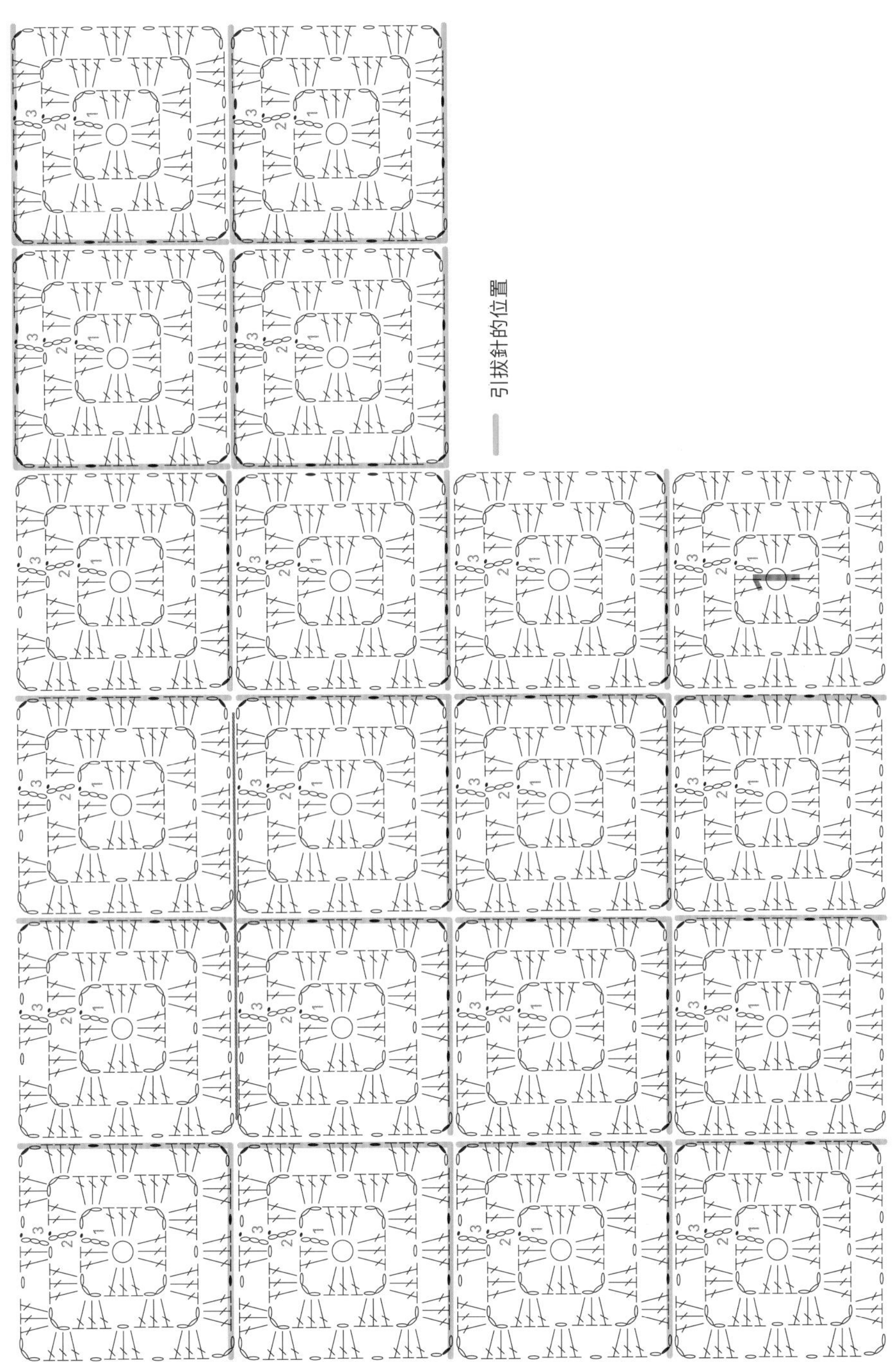

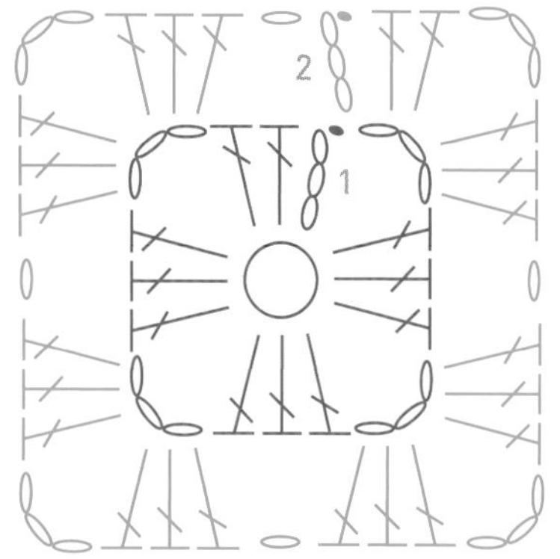

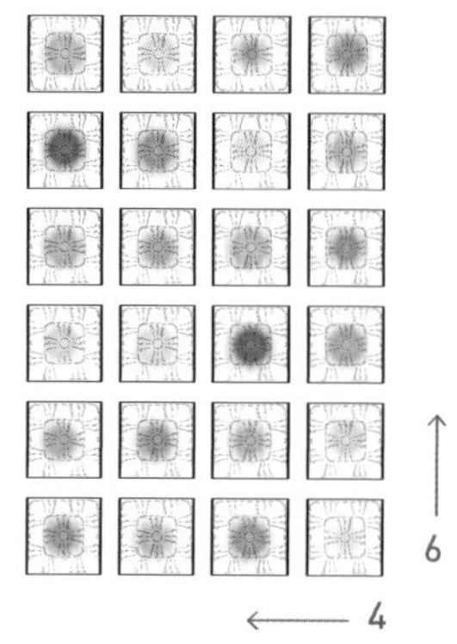

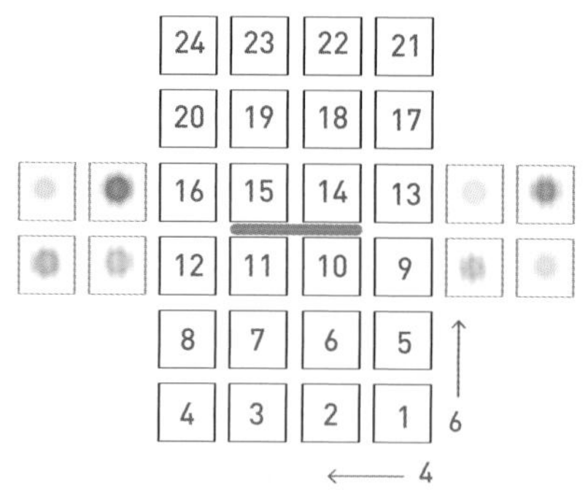

1

先編 32 片二段的鏤空四角形花樣織片。將其中 24 片以寬 4 片、長 6 片的方式來排列。

2

按照圖中的順序編出 24 片花樣織片的第三段，並同時用引拔針連接起來。

TIP 面紙抽出口的 4 片花樣織片不需要連接。

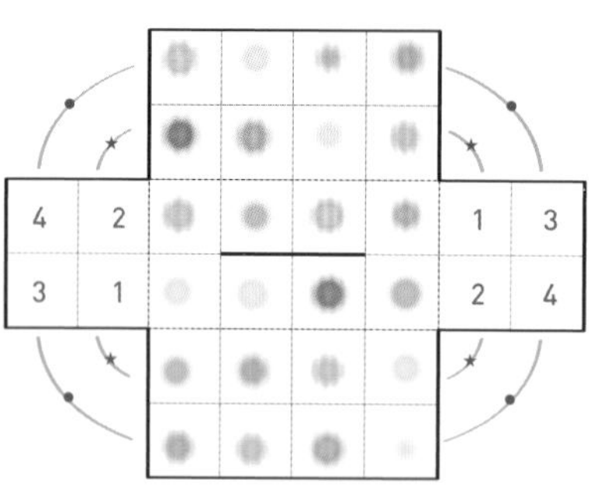

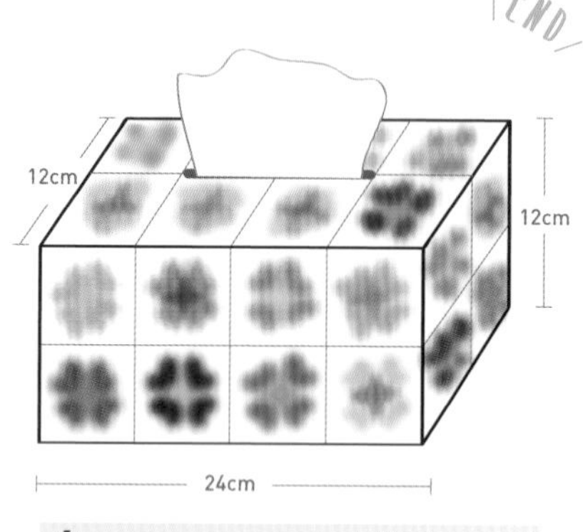

3

先將左右兩邊各 4 片的花樣織片縫合，再將面紙盒套的四個垂直邊縫合，讓平面的花樣織片變成長方體。

4

套到面紙盒上就完成了。

PROPS

11

花樣毛毯

若是對鉤針編織懷抱著很大的抱負，挫折也可能相對會很大。
例如原本想要編織「夢想中的毛毯」，因此買了各種顏色的毛線，
但現實卻是連編出三十個花樣織片都覺得好麻煩。
在編織立體花樣織片前，為了能夠均勻地編出每一針，
必須先以四角形花樣織片鍛鍊力道才行。
請用單色和不同的配色來練習吧。

READY

LEVEL★★★★

準備物 毛線專用 5 號鉤針、毛線、毛線縫針、剪刀

使用的鉤織法 用兩個線圈編織的輪狀起針、長針、鎖針、引拔針

一邊編花樣織片一邊用引拔針縫合

引拔針的位置

START

7
9

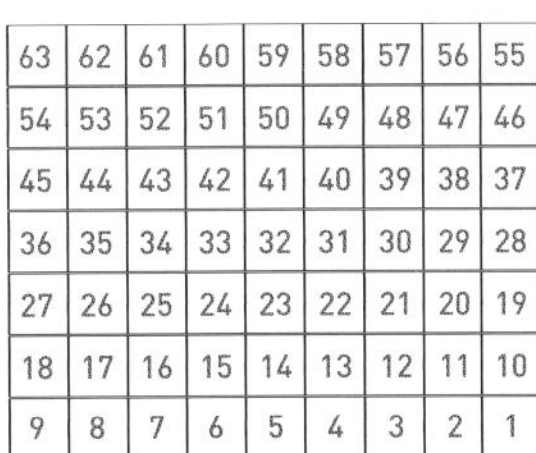

63	62	61	60	59	58	57	56	55
54	53	52	51	50	49	48	47	46
45	44	43	42	41	40	39	38	37
36	35	34	33	32	31	30	29	28
27	26	25	24	23	22	21	20	19
18	17	16	15	14	13	12	11	10
9	8	7	6	5	4	3	2	1

1

共編 63 片五段的花樣織片，分別是單色 21 片、兩種配色 21 片、五種配色 21 片。依照圖片模樣，以長 9 片、寬 7 片的方式排列好。

2

按照順序編出花樣織片的第六段，並將 63 片花樣織片用引拔針連接起來。

END

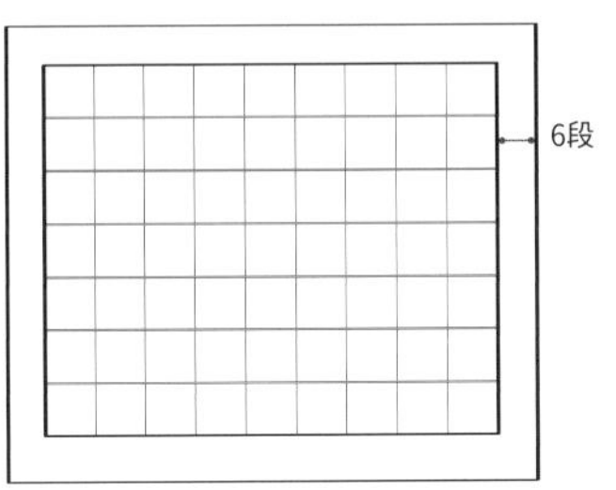

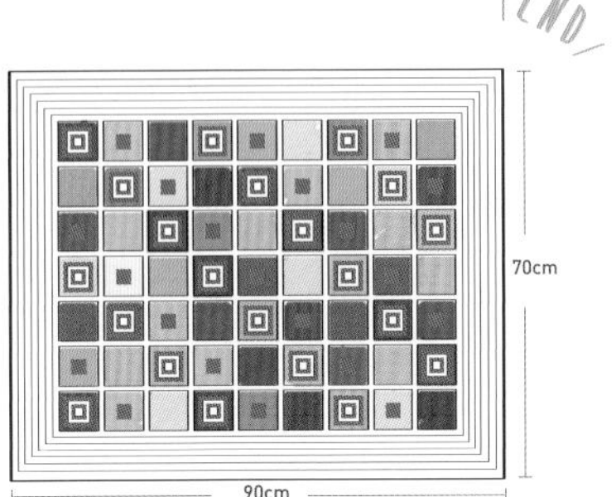

3

外圍再編六段當作邊緣。

4

用花樣織片拼接出的毛毯，完成。

台灣廣廈國際出版集團
Taiwan Mansion International Group

國家圖書館出版品預行編目資料

【全圖解】初學者の鉤織入門BOOK：只要9種鉤針編織法就能完成23款實用又可愛的生活小物（附QR code教學影片）/ 金倫廷著. -- 新北市：蘋果屋, 2018.12
面；　公分
ISBN 978-986-96485-7-8（平裝）
1. 編織　2. 手工藝

426.4　　107016915

【全圖解】初學者の鉤織入門BOOK

只要9種鉤針編織法就能完成23款實用又可愛的生活小物（附QR code教學影片）

作　　者／金倫廷
翻　　譯／陳采宜
編輯中心編輯長／張秀環・**編輯**／許秀妃
內頁排版／亞樂設計
製版・印刷・裝訂／東豪・弼聖・秉成

行企研發中心總監／陳冠蒨
媒體公關組／陳柔彣
綜合業務組／何欣穎
線上學習中心總監／陳冠蒨
數位營運組／顏佑婷
企製開發組／江季珊、張哲剛

發 行 人／江媛珍
法律顧問／第一國際法律事務所 余淑杏律師・北辰著作權事務所 蕭雄淋律師
出　　版／台灣廣廈有聲圖書有限公司
地址：新北市235中和區中山路二段359巷7號2樓
電話：(886) 2-2225-5777・傳真：(886) 2-2225-8052

代理印務・全球總經銷／知遠文化事業有限公司
地址：新北市222深坑區北深路三段155巷25號5樓
電話：(886) 2-2664-8800・傳真：(886) 2-2664-8801
郵 政 劃 撥／劃撥帳號：18836722
劃撥戶名：知遠文化事業有限公司（※單次購書金額未達1000元，請另付70元郵資。）

■出版日期：2018年12月
ISBN：978-986-96485-7-8
■初版14刷：2024年5月
版權所有，未經同意不得重製、轉載、翻印。

쪼물딱 루씨의 기초 코바늘 손뜨개
Copyright © 2017 by Kim Youn-Joung
All rights reserved.
Original Korean edition published by BACDOCI Co., Ltd.
Chinese(complex) Translation rights arranged with BACDOCI Co., Ltd.
Chinese(complex) Translation Copyright © 2018 by Apple House Publishing Company
Through M.J. Agency, in Taipei.